Axure RP 7原型设计精髓
Prototyping Essentials with Axure

[美] Ezra Schwartz 著
Elizabeth Srail

七印部落 译

华中科技大学出版社
中国·武汉

图书在版编目 (CIP) 数据

Axure RP 7 原型设计精髓 /（美）施瓦特，（美）施瑞尔著；七印部落译 . —武汉：华中科技大学出版社，2015.7

ISBN 978-7-5680-1127-3

Ⅰ . ① A… Ⅱ . ①施… ②施… ③七… Ⅲ . ①网页制作工具 Ⅳ . ① TP393.092

中国版本图书馆 CIP 数据核字 (2015) 第 179513 号

Copyright© Packt Publishing 2014. First published in the English Language under the title 'Prototyping Essentials with Axure'. The Chinese translation edition Copyright© Huazhong University of Science and Technology Press 2015.

湖北省版权局著作权合同登记　图字 :17-2014-183 号

Axure RP 7 原型设计精髓

作　　者	[美] Ezra Schwartz、Elizabeth Srail	
译　　者	七印部落	

策划编辑	林　航		责任编辑	熊　慧
作者照片	[美] Niran Fajemisin		封面设计	杨小勤
责任校对	张　琳		责任监印	周治超

出版发行　华中科技大学出版社（中国·武汉）
　　　　　武昌喻家山（邮编 430070 电话 027-81321915）

录　　排	武汉金睿泰广告有限公司
印　　刷	湖北新华印务有限公司
开　　本	787mm×960mm　1/16
印　　张	30.25
字　　数	508 千字
版　　次	2015 年 9 月第 1 版第 1 次印刷
定　　价	96.00 元

推荐序

Introduction

    Axure RP 7 是至今为止最重要的一个 Axure 版本，这让我想到 2003 年年底发布的 Axure 2。Axure 第 2 版将基于 HTML 的编辑器切换到流程图编辑器，奠定了原型生成的基础，因此，在之后的十年里，我们才能够基于第 2 版进行不断的功能改进，如动态面板、条件逻辑和团队共享工程等。在 Axure RP 7 中，我们放眼未来 10 年软件和用户体验设计的发展，对 Axure 所生成的 HTML 原型进行完全重新设计。

    这些年来，我们很荣幸得到成千上万客户的大力支持，获取了大量的反馈意见和功能需求。我们对每一个客户的需求进行跟进、评审和分类，聚焦下一个版本要发布的核心优先功能。客户也给了我们一个独特的视角，让我们了解各个企业如何进行软件设计和开发。从中，我们很清晰地看到用户体验已经无比重要！

    在产品设计的早期阶段，必须对产品想法进行快速测试和迭代改进。一旦产品设计想法巩固，大家就会期待能真正扮演设计师、投资者和使用者的角色去体验和感受产品。我认为 Axure RP 7 在实现这个目标上迈出了坚实的一步！在 Axure RP 7 中，形状控件（Shape Widget）共支持 17 个事件（Events），而之前的 6.5 版本只支持 3 个事件。Axure RP 7 中还提供了 Repeater 控件，用于显示重复的项目列表，实现列表的排序和过滤功能。另外，Axure RP 7 还提供了满足响应式设计需要的适配视图（Adaptive Views）功能，能够基于不同的 Web 浏览器尺寸，自动适配控件的大小、样式和位置。

    为了更好地支持设计师和开发人员，我们对 AxShare 原型服务器进行了更新升级，使其能够支持添加自定义的 JavaScript 和 HTML 代码，从此打开了对交互和控件进行手工编码的大门,也使得 Axure 能够集成第三方的解决方案,如数据分析和用户测试。你甚至已经可以为 AxShare 服务器上的 HTML 原型指定一个自定义的 URL 访问域名!

目前全球已经有超过 8 万用户取得 Axure 的正式许可权,2015 年我们期望用户数量超过 10 万。Axure 公司非常荣幸能够有像本书作者 Ezra 和 Elizabeth 这样的客户和拥护者。他们是 UX 用户体验领域和 Axure 社区的真正领袖。在他们的帮助和支持下,我们坚信 Axure 拥有美好未来!

Victor Hsu

Axure 联合创始人

序

Foreword

　　写一本关于软件的书就像在流沙上建造摩天大厦。一年前我们就开始写这本书，那时 Axure 7 才刚刚推出。我们以为写这本书应该会非常简单快速，只要在 Axure 6 的版本上更新一下即可。直到后来看到 Axure 的新功能，例如，中继器和自适应视图，才发现我们太低估新版 Axure 了。

　　当我们开始写这本书的时候，响应式 Web 设计（RWD）还不是非常普及。尽管如此，我们也注意到了很多用人单位在招聘 UX 设计师时都会要求能够精通 HTML/CSS 和 JavaScript 以制作原型。这种令人沮丧的需求源于对 UX 行业的深深误解。而 Axure 7 的适配视图和中继器的出现扭转了这种局面，让 UX 设计师可以轻松快速地制作原型。

　　Axure 的新功能意味着我们要重新思考线框图和原型的制作策略，以及 UI 规范文档的生成方法。同时，还要考虑到其对团队协作的影响。当我们两人中的 Ezra 在写《Axure RP 6 原型设计精髓》的时候，Elizabeth 是其技术评审。我们在使用工具方面都有非常丰富的经验，都是专家。然而，当开始写这本书的时候，我们遇到的挑战就是如何综合新版本和旧版本。

　　我们很快意识到除了新功能以外，Axure 7 还做了很多功能的增强和改进，让这个工具的原型设计流程变得更加完整。例如，你不再需要创建一个动态面板来控制一个控件的可见性（显示或隐藏），因为可见性已经成为所有控件的样式，并可以直接操控。这些改进看起来很微小，但对使用 Axure 的人来说，它们让原型或线框图的构建效率和质量都得到了非常大的提升。这也意味着我们需要重新适应和学习

Axure 的技能。

为了让挑战更加有趣一点，对于本书的新内容我们酝酿了好几个月，通过一系列的 Alpha 和 Beta 版本，并且和 Victor、Paulc 以及公司里的其他成员一起讨论，我们发现之前写的草稿有些过时，因为我们已经发现了一些更好的方法。

目前网上已经有很多丰富的 Axure 视频教程，所以我们决定减少一般软件书籍（包括本书的前一版）中的步骤式介绍，试着更多去讲"为什么"，更少去讲"是什么"。

当 Axure 7 于 2013 年 12 月发布的时候，我们感到了时间的紧迫。但是，我们觉得在完成本书的写作之前，非常有必要花更多时间好好消化一下这个软件。尽管要承受经济上的损失，但出版社的编辑也还是非常支持我们的想法的。

总之，尽管面临着各种挑战，且要协调工作和生活，我们还是想要专注地写好一本书，一本我们都想要去阅读的书。这本书是关于如何更好地与利益相关者交流协作，如何在设计过程中管理预期，如何掌握对项目的规划、评估以及产出顶级交付物的。

我们希望你能在这本书里找到它的价值，也期望听到你的意见和改进建议。

Ezra Schwartz 和 Elizabeth Srail

仅以此书献给 Axure 社区里那些用一颗开放的心在做设计的无私分享者。

——Ezra Schwartz 和 Elizabeth Srail

目录
Table of Contents

前言
Preface

用户体验设计从未如此让人激动，原型设计也从未如此具有挑战性。原型可以让你在开始投入视觉设计或编码之前，就发现用户体验问题，是追踪可用性问题最高效的方法之一。Axure RP 7 是用户体验行业中最重要的原型工具之一。

本书是一本详细、实用的 Axure 7 书籍，基于 Axure 7.0 的许多新功能，对《Axure RP 6 原型设计精髓》进行了彻底重写。IT 企业很需要精通 Axure 的专家，而熟悉 Axure 也是 UX 设计师的必备条件。本书摒弃晦涩的技术术语，强调方法和最佳实践，并且结合真实生动的场景和深入浅出的案例分析，帮助读者将 Axure 融入 UX 流程中。

本书内容
What This Book Covers

第 1 章原型基础。本章介绍了使用 Axure 进行原型设计的基础知识；列出在不同类型项目中，使用 Axure 时需要考虑的不同因素，形成了一个 UX 项目的风险检测清单；介绍在项目中和 UX 团队进行协作时，不同利益相关者的视角和看法；介绍在大型项目中，使用 Axure 的注意事项和技巧。

第 2 章初识 Axure。本章介绍 Axure 操作界面和 Axure 文件格式，介绍了线框图编辑区、站点地图区、模板区、控件区、控件属性区、页面属性区、动态面板和控件管理区，另外，还介绍了 Axure 7 中新出现的适配视图（响应式设计）、中继器（Reapter）、Web 字体。

第 3 章快速入门。本章介绍在 Axure 原型设计中，与需求和用例相关的不同内容；介绍设计目标和产出物、命名规范、流程图、导航、模板、动态面板和视觉风格；介绍跨设备 / 系统的 UI 框架。

第 4 章创建基本交互。本章详细介绍 Axure 基本交互设计，包括事件、情景和行为动作。

第 5 章高级交互。本章介绍一些高级功能，如触发事件、变量、条件、拖曳和动画。

第 6 章控件库。本章介绍模板和控件库（内置控件库和第三方控件库）。通过本章的学习，你可以创建自己的控件库和管理控件库，以及管理视觉设计模式库。

第 7 章管理原型变化。本章介绍如何制定应变清单、评估工作量，以及如何让团队工程回滚，并介绍了自定义样式、格式刷，用参考线和网格对齐视觉设计的方法。

第 8 章 UI 规格文档。本章介绍页面和控件注释字段、注释策略，配置文档生成器。

第 9 章协同设计。本章介绍 Axure 团队项目、团队中的最佳实践，以及 AxShare 共享服务器。

附录从从业者的亲身实践出发，通过对 Axure 用户进行采访调查，整理出 Axure 故障排除指南和原型构建教程。

阅读本书需要的准备
What You Need For This Book

为了亲自尝试创建本书中的示例项目，你需要做好以下准备。

- 安装好 Windows 版本或 Mac 版本的 Axure 7。为了使用团队项目功能，你需要使用 Axure 7 Pro。你可以从 *www.axure.com* 官网下载 30 天免费试用版，Axure 公司还会非常慷慨地延长免费试用期。在 Axure 官网查看安装 Axure 所需要的详细系统配置要求。

- 为了生成 UI 规格文档，Windows 设备上需要安装 Word 2000 或更高版本。在 Mac 设备上需要安装 Word 2004 或更高版本。

- 推荐在 Windows 或 Mac 设备上使用 Chrome 浏览器，Firefox 也不错。

本书读者对象
Who This Book Is For

本书主要面向以下人员。

- UX 从业者、业务分析师、产品经理和 UX 项目相关人员。

- 为企业或机构服务的咨询人员或内部员工。

- UX 个人从业者或 UX 团队成员。

- 使用传统绘图工具和技术，寻求交付更高质量线框图和原型的 UX 从业者。

- 想要显著提高效率和专业技能、交付富交互原型和详细规格文档的 UX 从业者。

本书假设你只是大概了解 Axure，正打算在下一个项目中使用 Axure，或要求在当前项目中尽快上手 Axure。本书假设你对 UCD 方法和原则有一定的了解。

读者反馈
Reader Feedback

我们欢迎读者反馈意见，我们期望知道你对本书的想法——你喜欢的和不喜欢的。只要发送私信至译者的新浪微博 @ 七印部落，让我们知道你的所感所想，请在私信中说明所反馈的书籍名称。

如果你有兴趣写书或者推荐优质外文书籍或其他资源（视频、文章等），也请私信给新浪微博 @ 七印部落。

下载案例

Downloading The Example Code

你可以在 *http://prototypingessentials. weebly.com* 下载本书的 **demo** 案例文件。或登录译者的豆瓣小站（*http://site.douban.com/160740*），在公告栏中可下载整理好的、带中文说明的示例文件。

第1章
原型基础
Prototyping Fundamentals

无论你身处何处

请告知周遭的人群

潮水正在涌动

即将把你淹没

如果不想殒命

最好开始游泳

否则你会石沉大海

因为谁也无法阻挡

时代的变革

——Bob Dylan

摘自专辑《变革的时代》（The times they are a-changin'）

1.1 时代在变革
The Times They Are A-Changin'

自《Axure RP 6 原型设计精髓》第一次出版以来，一些好的或不好的消息也随之而来。好消息是，Axure 在全球 126 个国家已有超过 8 万份正版授权许可，在

2013 这一年就有超过 100 万个 RP 文件（包括同一文件的更新版）上传到 AxShare[1]。而不那么好的消息是，响应式 Web 设计（Responsive Web Design，RWD，由程序开发人员发明）的出现，要求 UX（UX 是 User Experience 的缩写，中文翻译为：用户体验）设计人员在使用如 Axure 这样的原型工具时，不仅能够创建交互式 HTML 原型，还要满足响应式 Web 开发需要，去创建能够适配不同屏幕尺寸的响应式 HTML 交互原型。这让 UX 设计人员面临着巨大挑战，要在 Axure 中创建能够互动且响应不同屏幕大小的原型，有点捉襟见肘。原型设计这份工作，好像又要慢慢交还给开发工程师去完成了。

这是怎么了？人机交互的一场深刻变革正在席卷全球。多年前，由英特尔公司和微软公司 Windows 驱动的台式机和笔记本电脑主导着"生态系统"，而今这些硬件和软件巨头身上却是伤痕累累。扳机扣动的时间是 2007 年 1 月 9 日，那一刻 iPhone 诞生了。第二声枪响则发生在 2010 年 1 月 27 日，那一刻苹果公司推出了 iPad。从那时起，iOS 和 Android 设备占据着世界各地设备的销量主流。

世界正迅速进入移动时代，英特尔公司和微软公司很快失去了原有的统治地位，我们正在经历着这样的时代变革。在用户体验上，移动设备依附了个人情感，使得移动设备更加流行。移动设备在个人和社交、工作、休闲娱乐、内容发现、消费和学习等方面，建立起虚拟和现实世界的连接，大大增强了人们的使用体验。

几十年来，用户界面是一个个不同大小和类型的窗口，由一个个小部件组成，通过鼠标和键盘进行交互。主流界面的尺寸和分辨率呈现越来越大的趋势。然而，界面并非只是一个个部件的组装这么简单。

几年前的界面设计复杂性远不及现在的。现在的界面类型在激增，出现了很多通过手指、手势、声音、眼睛，甚至通过大脑进行的界面交互方式。

"随时 - 随地"是 20 世纪 90 年代最受欢迎的营销口号，而随着全球技术的发展，"随时 - 随地 - 任何系统 - 任何设备"成为现实。各家企业在争先恐后地适应这一现实，很多企业仍然正在为之不断努力。

不管投资规模大小，所有类型的软件都在努力提升自己的设计和体验。经过多

---

[1]   译注：AxShare，即 axureShare，用来访问 Axure 原型的共享服务器。

年不断的积极努力，商业和工程相关人员终于认可了 UX 行业。这是因为良好的 UX 可以缩短产品的整体生命周期成本，增加市场份额、用户满意度和忠诚度。简单来说，差的用户体验有损商业利益。

当前正在抓狂的是哪些人？正是这些用户体验人员！UX 在软件开发生命周期中所赢取的黄金时间（设计与设备无关的原型时所节省的时间），可能会被前端开发人员统统消耗掉。前端开发人员采用了一种实用的方法来应对这种挑战，而 UX 圈子里仍在争论 Visio 和纸面静态原型的优缺点。

前端开发人员应该赢得 UX 人员的很大尊重，他们是提升用户体验的最佳合作伙伴。Gary DuVall，这位杰出的表现层架构师谈论了保持技术不断发展所面临的挑战，以及前端开发人员如何帮助设计师一起提高用户体验。例如，在一个响应式项目中遇到了涉及表格的问题，前端团队通过研究和实验，找到了一种可行的方法让设计师使用，完美地解决了问题。

编写本书时，在 Web 上设计与系统及设备无关的体验时，响应式 Web 设计（RWD）是最佳选择。这让开发人员有了很大用武之地，而 UX 设计人员却好像倒退了好几年：由前端开发人员创建原型，设计人员却无法进行最初的交互设计实验。图 1-1 描述了这两种原型设计方式。

- **方式A**：完全依赖于前端开发人员表达交互的想法，UX 设计师面临被边缘化的风险。在A方式（图1-1）下，UX设计师创建静态线框图，由前端开发人员做成 HTML页面。这种方式不仅会浪费时间和金钱，在交互沟通上也会出现很多问题。

- **方式B**：UX设计人员自己开发原型，自己学会HTML、CSS、JavaScript，毕竟还没有UX工具可以很好地进行响应式设计。

经常可以看到这样的 UX 设计师的招聘广告：负责计划和实施用户研究，设想和引领设计，创建线框图，创建优秀的 HTML-CSS-JavaScript 原型，编写详细的文档。一句话概括，就是要找一个可以做多个专业事情却只能领一份工资的人。这体现了对 UX 认识的误解！

我相信，UX 设计师的主要工作应该是对用户体验进行构思、实验和传播。能够

和开发人员紧密合作，对现代软件开发技术（如 HTML、CSS）有很好的理解，也是
UX 设计师所必须具备的能力。但 UX 从业人员不该被当作"多面手"来对待，否则
UX 人员很可能会成为"杂而不精的人"，难以成为某一方面的专家。另外，UX 从
业人员也需要强大且专业的 UX 设计工具。

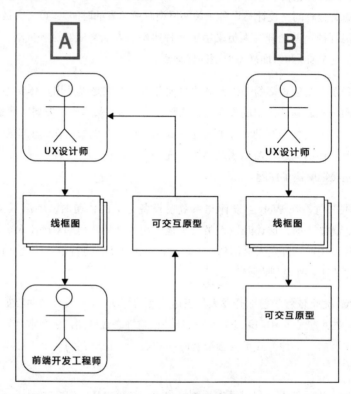

图1-1　两种原型设计方式

1.2　使用Axure
The Axure Option

除了前面提到的两种原型设计方式，我们建议采用第三种方式（方式 C），使用
Axure 7 进行原型设计。在这种方式下，UX 设计师不会将原型控制权被迫舍弃给前

端开发人员，也不用编写代码。虽然 Axure 7 的学习曲线较为陡峭，但掌握之后就很有利于 UX 设计。Axure 7 可以让你从概念设计开始，一直到实现高保真线框图，还可以进行响应式设计。Axure 7 也增加了一些新功能，如果你是 Axure 老用户，那么可能需要放弃一些曾经熟悉的老方法，比如对动态面板的使用。

然而，从我的使用经验来看，你会很快熟悉这些新功能，因为它们都在你所熟悉的统一框架之内。如果你熟悉编码，就会发现 Axure 对 JavaScript 和 CSS 的支持也很强大。假如你不懂任何代码，仍然可以不用编写任何代码，就创建出迷人的响应式 Web 原型。

> 我们塑造了工具，工具又塑造了我们。

> ——Marshall McLuhan

当使用工具构思和表达用户体验时，Marshall McLuhan 的这句话特别耐人寻味。编写本书的驱动力，产生于我自己对 Axure 的使用体验。早前，我们就吃惊于 Axure 可以自由地设计、测试、迭代和演示完整的可点击原型，而现在又可以进行响应式体验的原型设计。这些是不需要前端开发人员的帮助就能完成的，我们可以把精力聚焦在用户和体验上，而不用在编程语言和技术上苦苦挣扎。

我和伊丽莎白（Elizabeth）以及许多其他 Axure 用户有着同样的经验。自从第一次使用 Axure，并在短短数小时内完成了第一个原型后，我们就再也没有选择过别的工具（在那之前我们一直使用 Visio 来画线框图）。同时，我们发现 Axure 除了能创建交互原型外，还帮我们解决了一个大麻烦，即创建和更新 UI 规格文档。

如果你曾使用过 Visio、Word 和截图工具来创建规格文档，就会知道这种传统方式有多烦琐。首先在 Visio 线框图上添加脚注编号，然后对线框图进行截图、保存并导入 Word 中，最后在 Word 里编写相关注释。一旦对线框图进行修改，前面这些工作就都需要重来一遍。如果处理项目中的每个线框图都需要经历以上步骤，其工作量之大可想而知。

虽然 UX 设计的本质就是一个迭代的过程，但规格文档的更新过程既耗时又费力，这对项目中的每个人来说都很麻烦。使用 Axure 的规格文档生成功能，可以大大减少工作量。可以在 Axure 的自定义界面中为线框图进行脚注编号、截图，并将全部内容进行组织。尽管配置规格文档也需要一些尝试，但所耗费的精力远低于传统手工方式。此外，一旦配置好规格文档，就不再需要为此投入精力。

Axure 的团队协作大大提升了 UX 项目中人员之间的沟通效率。有别于以往的工具，Axure 考虑了每位项目成员的利益，而这点是软件项目成功的关键。任何规模的项目都需要多种 UX 资源的通力合作，因此 Axure 推出共享项目功能（Shared Projects）。

事实上，Axure 能在 UX 设计师中流行起来主要有两点原因：首先，UX 用户体验已成为软件开发过程中不可缺少的一部分；其次，技术进步带来了用户体验的创新，越来越多的企业认识到用户体验的商业价值，于是开放预算，UX 专业人员的需求也就随之出现。

预算和按时交付的压力也在逐渐增大，两者很难平衡。有时，过分紧凑的时间表和以用户为中心的设计之间会产生严重冲突。以用户为中心的设计本身就很耗时费力，需要进行用户调研、迭代设计、用户验证。Axure 的出现使我们可以在有限的时间内交付优秀的产品，为客户提供更多的价值，从而保证公司的利润。

这很重要。因为如果你为了更新一种原型和一个文档，使工作时间延长了几倍，这无疑是在提高成本。Axure 有助于 UX 团队控制成本、提高生产力、保证利润。通过简单的学习，就能巧妙地使用 Axure 的自定义模式、模板和自动化功能来大幅度提高效率。

总之，正如 Marshall McLuhan 所言，Axure 是由 UX 设计师们耗费近十年时间精心打造出的工具，而这款工具又在影响着成千上万的 UX 设计师。编写本书时，Axure 已被广泛使用，全球已经有几万份正版许可软件运行在 Mac 和 Windows 系统上。Axure 已经成为行业中公认的 UX 设计工具。Axure 对用户的影响到底有多大？相信使用过的人都深有体会。

本章会为大家简单介绍一些方法，让大家在进行原型设计时可以更好地组织和管理原型。我们会涉及以下内容：

- 在1.4.1小节"UX项目风险检查清单"中，会讨论各种不同的风险因素。让你在UX项目开始前，就预测可能存在的风险及应对策略。

- 在1.5节"Axure原型策略清单"中，会介绍如何让你在未启动Axure工具之前，就已经计划好Axure项目文件如何构建。不同类型的项目会采用不同的方法来创建Axure原型。

- 为了让你更加明白UX项目需要良好的团队协作，会带你去了解UX项目的利益相关者们（如商业运营、项目主管、视觉设计师、开发工程师和其他UX角色），让你更加明确自己在项目中所处的位置。UX工作需要和多方合作才能完成。

1.3　UX设计师产出的UX原型

UX Prototyping By UX Designers

我的好朋友 Rich Macefield 是一位 UX 专家，他给我讲述了他精彩的埃及之旅。在那次埃及旅行中，他并没有加入参观吉萨金字塔的拥挤人群中，而是去看了边上的建造于公元前 27 世纪的非常小的金字塔。这些小金字塔可以看作是著名金字塔的原型。早在 15 世纪，阿尔伯蒂（Leon Battista Alberti）就在他的经典著作《建筑十书》（On the Art of Building in Ten Books）中给出过佐证：公元前 1 世纪，凯撒大帝彻底摧毁了位于罗马内米（Nemi）的一栋庄园里的房子，因为这座房子完全不符合初始设计方案。在这本书中，他还提到"那些历史悠久的、由最优秀的建筑师设计的建筑，在建造前，不仅要有草图和设计稿，还要有用木头或其他材料制作的模型……"。

也许有人认为，这是因为凯撒大帝作为罗马帝国的统治者，反复无常、滥用职权、脾气暴躁。但我们也可以把凯撒大帝看成是典型客户，由于需求没能得到满足，客户相当地生气。

2000 多年后的今天，我们依旧会遇到客户与需求的问题。通常，客户对软件的界面和功能有明确的想法。有时，客户的想法并不清晰，但迫切需要这样一款软件来满足其具体业务或其他需求。

在计算机科学发展的早期，人们发现它和建筑学有着明显的相似之处，并从中引进了一些术语和称谓，如架构（Architect）、构建（Build）、配置（Configuration）等。事实上，与建筑设计师一样，开发一款软件也会面临很多挑战，例如，要考虑有限的预算和工期，以及要确保让客户满意。

虽然已经从建筑学中引入了一些术语，但是想要引入建筑学中那些严谨的方法和流程，还需要更长的时间。例如，今天我们所熟知的用户界面模型和用户体验设计，是在软件开发生命周期的后期才引入的。这可能也解释了多数建筑物没有倒塌，但大多数软件项目会失败的原因。建造一幢 100 层的摩天大楼与开发一款大型企业软件相比，哪个更有可能在几年内取得成功？摩天大楼的胜算会高很多。

换句话说，摩天大楼的建造过程是严谨、高效和流程化的，是按照设计蓝图和纸板模型建造的。软件开发则混乱得多（也许航空软件除外），我们还有很多路要走，这是一个发展的过程。

事实上，自人类结束穴居的生活方式以来，就在地球上建造了数十亿的各类建筑，其中只有一小部分建筑是出自建筑师的设计。但今天看到的很多非建筑师设计的建筑经历了几千年风雨仍屹立不倒，可见建筑并不一定需要建筑师（具体可参见 Donald Harington 的《阿肯色州欧扎克建筑》（The Architecture of the Arkansas Ozarks），这本书精彩地讲述了建筑的发展过程）。

Alberti 还提到："有了这些建筑模型，还可以清楚地检查建筑周边地区的环境、区域形状、建筑数量及顺序。模型搭建后，通过不断改变各元素的大小和位置可以产生新的思路和方案，直到思路和方案趋近完美并达到客户所期望的。此外，构建模型还能提供一个可靠的成本指标，这对成本计算来说很重要。"这样的模型，在软件的 UX 原型设计中也同样需要。

此外，由 Michael Baxandall 撰写、牛津大学出版社出版的《15 世纪意大利的绘画与经验》（Painting and Experience in Fifteenth-Century Italy）一书中也有为客户制作原型的例子。这本书写的是 15 世纪画家 Filippo Lippi 的故事。在 1457 年，Lippi 受一位意大利银行家兼艺术赞助商 Giovanni di Cosimo de' Medici 的委托，创作了一幅三联画。同时，Lippi 还为其绘制了一张草图，展示如何用木头将这幅三联画做成雕刻画，并标明了雕刻画的高度和宽度等。

1.3.1　交互式原型

Prototyping Interaction

事实证明，原型不是今天才发明的。原型的价值贡献、投资回报率和原型技术术语至少已有上千年历史。然而，相比传统原型设计，软件原型设计需要丰富的用户体验，这正是对 UX 设计师的巨大挑战。

在过去，大多数建筑物不需要和用户进行动态交互。无论是否有人进入，建筑物都只会静静地矗立在那里。然而，建筑的新时代即将来临，当你进入一栋建筑物时，空间环境会根据房屋主人身份的不同而发生变化。

具有丰富用户体验的软件原型则要复杂得多，具体反映在以下几方面：

- **情景化**。原型要模拟用户在界面上的操作流程，系统也要对用户操作作出响应。通常，流程要考虑多方面因素，带有很多条件，并要经过多步才能顺利完成。今天的UX设计师能够使用的交互模式，已经比十年前要丰富得多。

- **多种屏幕大小**：必须考虑屏幕大小，例如，小屏幕手机、中等屏幕平板电脑、大屏幕个人计算机，以及那些超大屏设备。屏幕大小影响着用户体验，而用户在完成某一项任务时，又会期望在各个屏幕上有一致的功能和体验。

- **页面内异步刷新**。在20世纪80年代，软件以客户端/服务器（C/S）模式为主，任务的普遍流程是从一个窗口跳转到另一个窗口。在20世纪90年代Web模式下，常见的Web导航是从一个页面超级链接到另一个页面。现在，随着页面中数据的异步更新，多个页面之间切换的情况有所减少。页面内异步刷新，使原型设计复杂度大大增加。

- **不同权限用户的个性化体验**。根据不同的用户权限，原型会有不同的应对措施。对于非注册用户，该网站可能会显示特殊优惠条件吸引用户注册。对于已注册登录用户，可能会依据以往用户所设置的偏好提供给用户相应的信息。对于付费用户，则可以访问更多内容。渐渐地，原型会模拟所有这些情况。

- **可扩展性**。许多应用程序是分阶段部署的，因此，可以基于战略目标、实际预算、技术限制等，对项目的投入进行优先级排序。原型往往反映了完整的产品愿景，但一个好的原型也必须支持设计人员精简或扩展的功能。

- **本地化**。在全球经济形式下，所开发的应用程序必须易于本地化，以适应当地语言、文化和偏好。设计出的原型需要支持多种语言。

- **异常处理**。原型需演示出应用程序在交互过程中出现异常（这种异常可能由用户触发，也可能由系统触发）的情况。这也是交互原型最难实现的一项功能。

和建筑学一样，软件也是一门不断发展的艺术和科学。而不同于建筑的是，软件开发的许多方法和技术在不断快速地演变，还很难建立一种固定的开发模式。建筑的架构和建设已经发展了几百年，才有了今天的成熟建筑模式。

1.4 项目风险评估

Project-level Forecasting

失败的方式可能有无数种……而成功的方式可能只有一种。

——亚里士多德

托尔斯泰也写过："幸福的家庭大抵相同，而不幸的家庭却各有其不幸。"

今天我们将类似现象总结为安娜·卡列尼娜原则（Anna Karenina Principle）。简单来说，任何原因都可能导致项目失败。相反，若想要一件事情成功，则需要规避所有风险因素和问题。

1.4.1 UX项目风险检查清单

A Weighted Risk Checklist For UX Projects

在开始投入一个 UX 项目之前，可以拟出一张风险检查清单。这可以帮助你提前预估将要发生什么，采用哪些合适的步骤就能利用好潜在的机会并避免潜在的陷阱。

我们提出的风险检查清单具有以下特点：

- 所列出的风险因素是UX项目普遍遇到且相关的。

- 每一个风险因素只有两种可能的结果选项。

- 每个选项会被加权（为选项定义风险级别，称为权重）。

- 在每一对选项中，基础选项的权重为1。

- 风险不是简单的好或坏，风险是由于复杂性、混乱性、沟通偏差和其他因素导致的时间和费用预算的超支。

- 在开始启动项目之前，需要知道每个风险因素的权重。

- 权重累加后的总分即是风险预估值。数值越大，风险越高。

这个方法不是要阻止你所进行的工作，而是让你在做事情时，能考虑到更多风险因素。在生活中，做任何事情都会存在风险。

风险因素

表 1-1 的目的是让你尽可能地做好准备（对应于图 1-2）。你可以根据自己的情况添加或删减里面的列表项，关键是你要有一个列表。这是一个可以重复使用、可测量的工具，帮助你识别项目风险，将项目最佳实践带给下一个项目。

表 1-1　风险因素及权重

序号	风险因素	基础风险	权重	更高风险	权重
1	你的雇佣关系	员工	1	顾问	2
2	你的客户类型	非企业	1	企业	2
3	UX 报告给……	商业	1	工程	2
4	是否企业级项目	否	1	是	2
5	是新产品还是重新设计	重新设计	1	新产品	2
6	是否涉及业务处理	否	1	是	3
7	是否属于响应式	否	1	是	5
8	是否本地化	否	0	是	1
9	是否已有业务需求	是	2	否	5
10	UX 资源	只有你	1	UX 团队	2
11	沟通和协同工具	Google Docs 或类似	1	微软套件	1~3
12	UX 文档和可追溯性	只需轻量文档和不需要追溯	1	需要详细和可追溯	3~8
		最小的可能	12	最大的可能	30~37

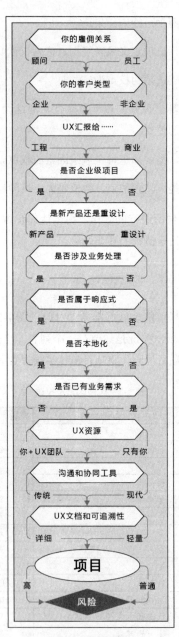

图1-2　风险因素

得分

将表 1-1 中各项得分相加，会得到一个预估总分。项目完成后，可以对清单进行回顾。将实际情况与预测情况进行对比，有利于对项目进行总结。表 1-2 是对不同总分的解释示例。

表 1-2　风险预估评分

得分区间	按照你自己的经验得到的项目风险预估
0~12	绿色（低风险）
12~17	黄色
18~23	橙色
24~37	红色（高风险）

如果你有之前项目的一些经验，则可以参考之前的经验制定清单并打分。

1.5　Axure原型策略清单

Axure Construction Strategy Checklist

没有必要在每一个 UX 项目中都重复制作策略清单，因为项目在很多方面有共通性。在使用 Axure（或任何其他工具）开始一个 UX 项目前，先要仔细考虑那些对未来会有重要影响的方面，使用合适的方法，充分发挥 Axure 的优势，避免那些潜在的隐患给未来造成麻烦。

这些要考虑的要素有一个重要的共性：在项目开始时，就可以对它们进行全面控制。将这些需要考虑的要素形成一个检查清单，这个检查清单是由所要承诺的交付物驱动的。

表 1-3 列出了在使用 Axure 过程中许多重要的交付物或工作产物。表格中的项目会被备注为"机会"或"风险"，以做到心中有数。该表还不完全详尽，所以如果你觉得有必要，可以插入更多项目。

表 1-3　Axure 交付物或工作产物

序号	类别	交付物 / 工作产物	备注
1	图表	调研报告	机会
2	图表	人物角色 / 用户类型及任务	机会
3	图表	概念模型	机会
4	图表	用例库	机会
5	图表	任务流程库	机会
6	图表	站点地图	机会
7	线框图 / 原型	对当前网站的启发式评估	机会
8	线框图	线框图	机会
9	线框图 / 原型	模式库	机会
10	线框图 / 原型	愿景原型	风险
11	线框图 / 原型	低保真原型	机会
12	线框图 / 原型	高保真原型	风险
13	线框图 / 原型	可用性测试原型	风险
14	文档	轻量注释（HTML）	机会
15	文档	详细规格文档（Word）	风险

1.5.1　赢得机会

Showcasing Opportunities

以下方面可以为你的工作增添更多的价值，从而赢取更多的机会。

- **流程和图表（flows and diagrams）**。流程和图表是在Axure中创建和聚合所有想法，而不是在Visio或OmniGraffle中创建单独的PDF文档。虽然Axure的流程图表功能还不是很强大，但在你进行设计和原型评审时，能够在Axure中随时查看流程图表，会方便很多。我们发现，在早期投入大量时间和精力产出的流程图表，很快会被遗忘。将流程图表作为Axure文件的一部分，这些流程图表就可以随着工作的进行而不断同步、演变。

- **对当前网站的评估**。在进行新网站的设计之前，首先应该对已有网站进行详细分析。使用Axure可以简单快速地将已有网站的当前状态形成集锦（圈出要点）、见解和报告。可以辅助利用Axure的自定义注释字段（Custom Annotation Fields），以结构化的方式对任何设计进行分解和剖析。

- **模式库**。Axure可以创建和管理控件库，为整体应用的界面和交互一致性提供帮助。另外，通过对控件和模板的重用，可大大提升线框图和原型的创建效率。

- **交互式原型**。UX设计师"武器库"中最有杀伤力的武器是对交互体验的模拟。一次又一次，我们目睹着可点击原型带给用户和利益相关者的影响。将交互式模拟原型呈现在用户和利益相关者面前，进行初始概念的验证，可以为自己赢得更多机会。

- **轻量注释文档**。也许是受敏捷方法的影响，人们越来越不愿意阅读详细厚重的文档。带有轻量注释的文档——伴随HTML原型一起生成的注释说明，受到用户和利益相关者的青睐。不用再阅读数百页的文档，通过可视化原型所结合的UX描述，就可以全面了解应用。

1.5.2　考虑风险
Considering Risks

　　下面是一些非常耗费资源和时间的产出物。通常情况下，在整个项目中可能要创建好几个以下产出物，这会影响项目的预算和进度。

- **愿景原型**（Vision Prototype）。愿景原型是在前期给老板和投资者看的，具有诱惑力和说服力，从而把自己的项目和想法卖出去。它具有大胆的想象力，一旦动手进行详细的需求和设计，就会发生很大变化。常常要进行重构，甚至要完全从头开始。

- **高保真原型**（High Fidelity Prototype）。要尽早确定原型的范围和深度，避免耗费大量的时间和精力在整个原型的细节上。哪怕原型是高保真原型，也只是一个完整产品的"样品"。

- **可用性测试原型**（Usability Testing Prototype）。要明确哪些关键流程和页面是要在可用性测试过程中进行验证的，并有针对性地进行原型设计。重点要着眼于维持整个数据流和上下文的交互。

- **详细规格文档**（Detailed Specifications）。如果要生成这样的文档，那么要尽早考虑和规划，避免在原型设计的最后才考虑生成详细文档，否则会面临很大危机。

1.6　Axure实践

Practical Axure

我的一些同事声称 Axure 可以做任何事情，而另一些人则往往是在准备制作线框图时才打开 Axure。常见的问题是，什么时候使用 Axure 及 Axure 适合怎样的项目或任务。接下来会详细讨论 Axure 的应用。

1.6.1　简单应用

Small Projects

使用"简单"一词，是因为大家在讨论项目需求时的第一句话都是"我们要创建一个简单的网站，设计一些非常基础的功能"，尽管后来项目逐渐由简单变得复杂。通常，大家认为页面数量少就意味着"简单"。然而，这种衡量方法并不科学。

- 现代Web应用程序包含的页面数量并不多（例如，首页、列表页、详情页），但是每个页面的转场层级和复杂度却很惊人。

- 需要制定内容策略。应对内容的优先次序和内容的组织方式进行区分，以适合设备组织内容。这意味着，对于任何给定的屏幕，至少要考虑三种布局。对于某些类型的应用，复杂性可能会成倍增加，因为要确保多个工作流程和多个屏幕上的保真度。

- 另一个衡量指标是应用程序的访问量（用户数量）。是否要根据"用户是否登

录"来动态改变页面内容和功能？是否有多种用户类型？是否涉及事务处理
（如交易）？如果这些问题的答案都是否定的，只需把许多页面用导航功能串
联起来形成一个应用程序，就能将其称为一个简单项目。

不管怎样，一定有一些简单的网站。Axure 是这类简单网站的最佳选择吗？很可
能不是，特别是在这个网站能一次搭建成功、不用频繁修改用户界面的情况下。为
一个简单网站创建内容，使用常见工具如 PowerPoint 会更加高效，你只需专注于内
容的创建而无须花费精力学习原型工具。此外，你也可以在现有平台如 WordPress
或 Squarespace 上部署出这类简单网站。这些平台让非技术人员也能通过预置或定
制模板来创建高复杂度的网站。

1.6.2　Web应用和门户网站

Web Applications And Portals

制作 Web 应用和门户网站的原型最适合使用 Axure。虽然有许多门户平台，但
企业通常要进行自定义开发和增强，才能满足其自身商业需求。对大多数企业而言，
这类项目被看成是重要的商业投资。下面列出了这类项目的共同特点。

- 为了确保项目能获得企业高层的认可，需要先创建一个简单的UX概念原型。实
  际项目中，UX的资源投入可能很小，但对项目的发展会产生重大影响。

- 这类应用程序涉及多个模块，这些模块往往代表企业中不同部门的利益。这些
  部门可能分布在世界各地，每个部门有自己的业务规则、需求和配套技术，这
  就需要高效且标准化的模块来确保应用程序的运行。

- 高保真原型的建立是一个复杂的过程。尽可能记录你的工作思路、指导准则，
  各个相关者的反馈意见、优先顺序，以及可能存在分歧的地方。

- UX设计师需要拥有全局观。有时，UX设计师沉浸在自认为伟大的设计中，不
  曾想各方意见如雪花般飞来；有时，UX设计师太冒进，对现有系统的约束和业
  务规则缺乏必要了解。因此，一个好的UX设计师，需要具备在务实和创新之间
  保持良好平衡的能力。

○   不要假设任何事情。对于自己不理解的术语和流程，要问清楚。

○   尽早指出潜在的差距和实施的风险。在Axure中，为有关控件添加风险字段
     的注释，在评审会议中对这些方面进行评审。

• 为了处理每个模块的复杂性和具体需求，UX团队还需要业务和技术相关人员的
  加入。

• 设立一个共享项目，与团队成员多沟通，保证应用程序的整体性和一致性。

1.6.3   移动应用

Web Applications And Portals

一直以来，苹果公司非常重视用户体验。随着移动设备和传统计算机之间体验
差距的逐渐缩小，新的交互模式（如手势）已被广泛运用。使用 Axure 的共享库，
可以轻松地为主流移动设备（如 iPhone、iPad 和 Android 设备）创建原型。

越来越多的公司想要将传统计算机上的 Web 程序扩展到移动设备上。可以使用
Axure 为这些 App 进行原型设计，并在移动设备上进行演示。

1.6.4   启发式评估

Heuristic Evaluation

在对一个应用进行重新设计时，UX 设计师的任务之一是对现有用户界面进行启
发式分析（Heuristic Analysis）。分析结果可以帮助决策者确定项目涉及的范围、预
算和时间表，并让 UX 设计师有机会熟悉应用程序和现有的用户体验。

可以在 Axure 页面中插入屏幕截图和网页链接，快速创建一个实际应用程序的
小型复制品。在屏幕截图的合适位置添加更多细节内容，如下拉列表、表单字段和
操作按钮，创建一个基于控件和图片混合的原型。在相关注释字段上添加注释，生
成一个 HTML 原型和一个 Word 文档，你可以使用此原型及文档向所涉及的部门展
示结果。

1.6.5 用户验证

User Validation

使用 Axure 可以创建交互式原型，用于用户验证活动，如焦点小组（Focus Groups）和可用性测试（Usability Tests，UT）。但务必要在制定项目预算和时间表时，将原型重构工作包含在焦点小组或可用性测试中，对于需要根据用户的登录状态进行界面变化的复杂应用程序来说，这点尤为重要。

- 确保在原型中创建可用性测试所需要的场景。如果没有创建，以后加入这些场景时就需要进行大幅修改，并且还需针对原型文件的结构进行修改。

- 如果这个原型文件还要用于生成规格文档，那么为可用性测试原型所进行的调整及添加的交互，会对生成的规格文档产生怎样的影响？

- 是否有必要为了进行可用性测试而单独复制一个原型文件？这取决于你在哪里进行创建。单独创建一个文件的好处是可以快速修改原型，而无须担心生成的规格文档会受影响。但这也意味着对原型文件进行任何修改时，还要在用于可用性测试的文件上进行手动更新。

1.6.6 交付物：原型和规格文档

Deliverables: Prototype And Specifications

如果只需要交付一个交互式原型及相关规格文档，可以参考以下几点（如果对指标中提到的功能和术语不熟悉，不用担心，本书后续章节会进行详细介绍）。

- 规格文档需要何种格式？是详尽的Word文档，还是一个轻便的基于HTML的带有注释的原型版本？

- 是否和开发团队中的每个成员详细讨论过规格文档的格式？如果没有，请尽快和他们确定格式。

- 向开发团队要一份以前使用的规格文档样例，以做参考。

- 交互原型的保真度要达到什么标准？交互性意味着要对不同的利益相关者提供不同的内容。他们会依照过去的经验提出要求。

- 如果该应用程序要面对不同的用户角色，是为每一个角色，还是只为某一个主要角色模拟出完整的用户体验？这一点是项目成败的关键，一定要事先了解清楚。

- 线框图的规划和构建：事先找出那些会因用户类型的不同而作出改变的部分，就可以知道怎样使用动态面板和模板。这样可以减少线框图的冗余和重复工作。

- Axure技能和技巧：为不同用户或不同流程模拟不同的用户体验，可能会涉及变量和函数的使用，还可能涉及模板、动态面板、触发事件的使用。如果知道保真度的标准和要求，就可以事先学习相关的Axure技能。

- 原型是否需要模拟一些类似于"输入提示"的高级功能，或者只需要对这类功能进行注释？在Axure中模拟这些功能并不难，但是去模拟这些常见的交互，一定要考虑时间和预算是否允许。

- 哪些界面需要进行原型设计？哪些界面只需要画出静态线框图？

- 通常，在实际工作开始之前会对工作范围进行讨论。最好与利益相关者约定好哪些界面或流程需要进行详细的交互模拟，哪些只用静态线框图进行注释。

- 如果计划先快速交付一个高保真概念原型，则待项目通过审批后再进行详细设计和规格说明，记得对原型文件中那些需要重构的部分进行重构。

  ○ 概念原型展示的功能和特性很多是不切实际的。通常，还需要花时间去验证所提出的用户体验是否真正满足底层业务流程或技术。在进行详细设计工作时，要根据实际业务的需求和技术限制来缩减概念原型中的许多设想。

  ○ 要特别注意管理员界面。大多数应用程序会有不同的管理功能，如允许超级管理员为其他用户分配访问权限等。由于只有极少数用户会使用这部分功能，因此在早期沟通中该功能可能会被忽略，只有在项目进行时才会发现。

○ 创建一张所有应用程序模块和关键界面的清单，与利益相关者就哪些界面要处理达成一致意见。确定设计范围后，它将成为一张原型设计和变化管理的蓝图。

1.7 大项目中的Axure技巧

Tips For Using Axure On Large-design Projects

以下一些技巧或提示，可以最大限度地发挥 Axure 在大型项目中的作用。

- Axure可以促进设计的一致性，但是无法强制，所以要通过管理手段确保设计的一致性。

- 让所有团队统一和正确地创建线框图，这至关重要。

- 创建线框图和动态面板时，要约定一个命名规范。管理审核时，要对这些命名的合理性进行审核。

- 对线框图的组织和结构进行统一，让所有团队使用这种统一的结构。

- 腾出时间，去培训新人，帮助他们掌握Axure使用技巧。

- 在项目开始时，尝试合理使用模板和动态面板，然后统一使用一种方法。在管理审核时，要验证执行情况。

- 注意在项目计划中，要留出维护Axure文件的时间。

- 在某些战略要点时期，如在进行重要可用性测试、进行重大设计修改之前，要对Axure项目文件进行重构。也可能需要在以下时间重构文件：

○ 在构建线框图和编写规格文件之间。

○ 在某个版本开发实现后。

- 可以为生成原型设定一种线框图结构，为规格文档设定另外一种结构。

1.8　UX和利益相关者的视角

UX And Stakeholders' Perspectives

黑泽明（Akira Kurosawa ）的经典电影《罗生门》通过多名当事人（包括一名死者在内）讲述同一个故事的方式，详细揭露了一起凶案。每个角色都是事件的直接见证者，虽然毫无疑问发生的是同一事件，而每个人从各自的角度阐述事件时却说法各异，甚至相互矛盾。

UX从业者会发现自己常处于一种"罗生门"状态，这是由于 UX 处于商业、技术、人和系统相互交叉的特殊位置。能否将各方利益进行融合和平衡，决定了 UX 的成败。

我的同事山姆·斯派塞（Sam Spicer），常提到同理心对 UX 人员是至关重要的。理解利益相关者的观点很重要，这不仅是为了得到一种好的设计方案，也是因为一个良好的合作环境能更好地处理频繁的变更和稍纵即逝的时间表压力。

1.8.1　管理人员

Leadership

无论公司类型和规模大小，要打造出高水平的用户体验和良好满意度，必须是自上而下驱动的。公司的首席执行官花一些时间来学习和理解 UX 的重要性，将会对公司的 UX 工作起到重要推动作用，从而真正落实到公司战略、资源和预算。

显然，你和高层管理人员的互动会随着你的资历、组织规模、所参与的项目的不同而不同。但以下是常见的情形。

- 对于小公司，项目往往是比较重要的，高层管理人员会非常关心，甚至经常直接介入影响设计产出。这也往往使你在项目管理和公司管理之间陷入两难，因为这两边分别是不同的人。Axure文件将作为"活文件"成为公司所有人的重要资产，捕捉用户体验上的关键决策。将图表、流程图、线框图和相关文档合并到一起，可以更好地支持设计决策。

- 在大型公司，你可能只能和直接管理项目的高层管理人员进行互动，因为公司的层级很多。然而，核心项目还是会被最高管理层所关注，因为公司非常想要这个项目成功且项目投入很大。你的工作要交给公司最高层进行审核。不管你的观众是谁，你产出的工作成果必须是高质量的，即使只是高层面的概念化实验方案。

1.8.2　项目经理

Project Management

项目经理负责跟踪项目进度，清理项目过程中的"障碍"，帮助推进项目进展和完善解决方案。在很多 UX 项目中并没有一个专门的项目经理，这在中大型项目中会导致一些问题。

- 如果没有一个项目经理角色，就要特别引起注意，因为需要你自己投入更多的时间，制订出一个合理的项目计划。

- 如果有项目经理角色，则需要你和项目经理一起对整个计划进行评审，将未能考虑到的一些UX环节进行标记。例如，在许多项目计划中，从概念原型到详细设计原型过程中没有考虑Axure文件重构所需要的时间，也忽略了原型的迭代和修改的时间。有时，还可能忽略了可用性测试的准备工作，如人员招募的时间。早期多花时间在项目计划上，后期就可以对项目进行更好的跟踪。

1.8.3　软件开发

Engineering

用户体验设计和软件开发是相辅相成的过程。然而，我们发现 UX 和开发之间存在"断层"。产生问题的原因有很多，但解决这些问题的基本手段是沟通。

令人惊讶的是，在大型项目中，只有在高保真原型制作完成并被业务方认可后，交互设计师和开发人员才能很好地工作在一起。

问题是原型完成后，开发团队的压力会被低估：这个神奇的应用程序可以立刻被开发出来，并能够像原型一样工作，立即投入生产……仿佛就是如此简单！然而，事实并非如此，开发团队的领导者往往会考虑被 UX 团队所忽视的技术限制、新 UX 对性能的影响、稀缺的开发资源、实现新 UX 的复杂程度等。

开发人员的这些担忧往往是合理的。Axure 的可视化交互和集成注释说明可以让团队在开发周期的早期就开始沟通、分析、评估和调整，以减小开发团队的压力。

1.8.4　视觉设计
Visual Design

视觉设计为快速原型设计带来了艰巨的挑战。因为在线框图原型设计和视觉设计之间有一个断层，有时还很严重。

线框图设计和视觉设计是对同一界面的两种表达，它们之间需要达成一致，如果出现断层，就会同时引发 UX 和开发的风险。迟早我们需要对 Axure 原型进行重构，尤其在整个产品生命周期中持续使用 Axure 原型时。

这两套设计（线框图和视觉稿）是异步的。通常，首先使用 Axure 来绘制粗糙的概念草图，然后通过快速迭代来演变。这些线框图要表达的信息架构、可操作的任务与布局往往是试探性的。通过 Axure 可以加强评估，并把概念演变成一种可交互原型，来演示导航的视觉效果和交互模式。

这些线框图往往是灰度的，没有经过视觉设计。用户体验架构师和设计师往往希望可以从利益相关者和潜在用户那里得到有效的反馈意见。根据以往的经验，在早期的线框图设计阶段，如果加入视觉设计，则会给用户反馈增加不必要的"噪音"。因为人们对颜色和布局的反应是非常主观和强烈的，这种反馈往往不能反映出实质问题。

视觉设计和用户体验是不可能分开的，在移动应用设计中更是如此，因为美是移动应用体验的本质需求。

在 UX 设计过程中，视觉设计会让线框图从丑小鸭变成美丽的白天鹅。现在，每个人都需要查看两套设计（线框图和视觉稿）。通常，这两套设计会独立发展，进行视觉设计时，仍然会继续完成 Axure 线框图。

我发现，许多用户体验设计师（包括我自己），有时候并不能完全理解视觉设计师在项目中要面对的复杂性和挑战。因为要处理很多问题，这就诱使我们通常把一些不成熟的想法丢给视觉设计师去处理，并期望视觉设计师可以理解并做好。但视觉设计师往往很少有时间深入了解应用。

最起码，应该将视觉设计的时间点考虑进原型重构计划中在某个合适的时间点，将确认过的视觉设计融入线框图、原型和文档中。

1.8.5　UX视角

The UX Perspectives

当某个公司或个人在招聘建筑师时，往往重点考虑对方的设计成就。作为一名注册建筑师，也一定是受过正规教育和专业资格认证的。与建筑师一起共事的客户或建筑承包商对建筑设计师的设计产物会有一种正式的理解。建筑设计师还必须遵守一些法律和章程守则。毕竟，你不会雇佣一个没有认证资格的建筑设计师去设计摩天大厦或自己的家园。

而在 UX 领域，要聘请一个合格的 UX 从业者，有点像扔骰子碰运气，任何人都可以称自己为资深 UX 架构师，因为没有统一的认证标准。客户也没有办法进行鉴定，许多客户甚至无法准确说出 UX 到底是什么。然而，这并非 UX 行业本身的错误。建筑行业已经发展了几千年，也只在近些年才对建筑师资格进行正式认证。

任何行业，总要对从业者的能力和技术水平有一个清晰的认识。一个人虽然精通使用 Visio 创建线框图，但要他在 Visio 里创建交互式原型可能是极大挑战。

当然，在 Axure 中创建交互原型要容易很多。然而，Axure 就值得信任吗？最好避免对工具盲目热衷。选择什么样的工具，通常取决于商业战略和专业决策。

- 你是个人用户吗？你可能是一个顾问，或者是公司里唯一的UX从业者。这时，就需要考虑投入一款工具的成本，以及它能够带来的利益。

- 对当前项目中使用的工具进行评估，是否需要去解决现有工具的一些问题？

- Axure正成为一项必备技能，学习Axure可以带来哪些新的工作机遇？

- 付费购买一个云服务怎么样？想法不错，但很多公司可能不希望将自己的战略性规划放在云端。此外，可能是防火墙和其他安全壁垒导致相关人员无法访问云服务。

- 你是界面设计公司或内部设计团队的成员吗？

- 使用Axure共享工程，会有哪些挑战？

- 要提升团队的原型设计技能，需要哪些培训？

- 使用Axure共享工程能够给项目带来哪些机遇？使用控件库、模板、文档生成器，对提升效率、节约成本和增加收益有多大影响？

1.9　Axure公司的观点

The Axure Perspective

作为 Axure 用户，我们要求 Axure 持续改进。作为参与 Axure 开发过程的专业人员，对 Axure 公司所面临的挑战表示理解。Axure 公司面临以下挑战。

- Axure功能（适配视图、高级交互、逻辑、变量、函数等）越强大，使用就越复杂。事实上，我们已经为Axure原型找到了专业市场需求，可以最大限度地使用Axure和创建真正强大的视觉原型。然而，Axure的目标是让设计人员不用依赖开发人员，就能快速轻松地创建交互式原型，成为非开发人员的工具。所以，这就需要Axure公司平衡好以下问题。

  ○ 原型与规格文档。高保真视觉原型的需求正在上升，并正在成为标准，这种转变是快速的，会极大影响决策者对开发项目的决策。然而，要把一个视觉原型转换为一个可交付的规格文档，通常需要重构原型。重构所付出的努力可能是巨大的，且通常不在计划或预算内。在缩小原型创建和文档生成之间的差距上，显然还有很多挑战。Axure将来要如何解决此类问题呢？

○　UX格局正在发生快速变化。例如，苹果公司的iPhone、iPad，以及iOS移动操作系统和OS-X桌面操作系统的集成，深深地改变了用户体验，带来了交互模式的不断演变，如多指手势（Multi-Finger Gestures）。Axure将来如何支持这些未来设备进行原型创作呢？

1.10　总结
Summary

UX 设计师的成功，取决于综合处理各种不同需求的能力。这些需求可能来自业务利益相关者、开发者、用户研究、商业需求和各种限制，甚至有的需求是相互冲突的。最终，我们的目标是为最佳用户体验找到平衡、机遇和创新，而与设备和操作系统无关。为了将设计创意和想法进行可视化和文档化，一款专业的 UX 工具是无价的。

近几年，Axure 已成为许多 UX 设计师的首选工具，它在功能性、复杂性和投入成本之间找到了平衡，是展示设计创意和想法的最佳工具。

本书的后续几个章节会以实际应用场景为例，为你介绍丰富的 Axure 功能。通过深入了解 Axure 如何满足自己需求的同时，也要谨记 Axure 只是一款工具，只有通过紧密合作和不断迭代才能真正设计出成功的原型，才能向客户和用户传达超越期望的产品设计。第 2 章将全面介绍 Axure 的用户界面和不同功能。

第2章
初识Axure

Axure Basics—The User Interface

人们应该先关心自己是什么样的人，然后关心做什么事。先做人，后做事。不是工作圣化了我们，而是我们圣化了工作。

——爱克哈特，哲学家

要依赖工具来表达想法和创意，就必须理解所使用的工具能做什么，不能做什么。第 1 章介绍的 Axure 7 有很多重要变化，无论你是 Axure 新手还是有经验的 Axure 达人，在深入 Axure 7 之前，都有必要提前了解新版 Axure 有哪些重要新功能和细微变化。花时间去熟悉 Axure 界面、功能和细节，使你能够更加熟练和巧妙地使用 Axure 原型设计中的各项功能。Axure 很强大，但能否真正用好 Axure，取决于你的态度和信念。

本章旨在让你扎实掌握 Axure 的概念和丰富的功能，Axure 7 的 OS X 版和 Windows 版是完全兼容的，所以本文中使用的插图来自 Mac OS。本章包含以下几个方面：

- 入门（Getting Started）；

- 工作区（Environment）；

- 控件（Widgets）；

- 模板（Masters）；

- 控件交互和注释（Widget Interactions and Notes）；

- 样式（Style）；

- 控件管理（Widget Manager）；

- 原型（Prototype）。

2.1 入门

Getting Started

启动 Axure 7 时，出现 Axure 7 欢迎页，如图 2-1 所示。

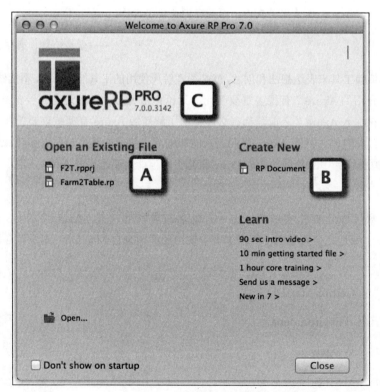

图2-1　Axure 7的启动欢迎页

在图 2-1 所示窗口中，你可以做以下几方面的工作。

- 打开最近使用的文件（A）。

- 创建新的 RP 文件（B）。RP 文件是 Axure 本地文件，后续会详细介绍。

- 查看当前 Axure 版本（C）。通常，Axure 在一个版本生命周期中会多次更新。如果是一个团队，建议所有团队成员使用 Axure 的相同版本和编号。如果是从旧版本进行升级，那么最好备份旧版本文件，一旦用 Axure 7 保存了 Axure 6 制作的文件，就无法在 Axure 6 中再打开该文件。

默认情况下，Axure 7 会检查是否有更新版本。如果有更新的版本，则会弹出版本更新（Check for Updates）对话框。通过"帮助（Help）"→"检查版本更新（Check for Updates）"菜单也可以打开。你可以更新到最新版本，也可以拒绝更新。取消勾选"Axure RP 启动时检查更新（Check for updates when Axure RP starts）"这个复选框（图 2-2，A），以后就不会提示更新了。

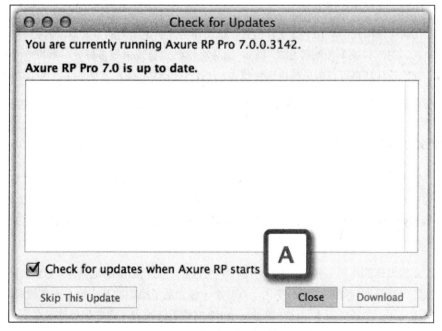

图2-2　版本更新对话框

在Windows版本中，Axure可以让你运行多个应用实例，每个实例可以打开一个项目文件。在Mac版本中，一个Axure版本只能运行一个应用实例（不同的版本可同时运行，例如，Axure 7和Axure 6.5可同时打开），但是可以打开多个项目文件。

2.1.1　Axure文件格式

Axure File Formats

Axure支持三种不同的文件格式，每一种格式对应一种不同的原型设计工作模式。

- 单一用户模式，即 RP 文件格式。该文件格式只满足单独一个人的 Axure 原型设计需要，这也是 Axure 默认的文件格式。这个文件一般存储在本地硬盘的 Documents/Axure 目录下。

- 团队协作模式，即 RPPRJ 文件格式。该文件格式满足团队的多人协作需要，如签入、签出和版本控制等相关功能。团队协作模式会带来很多好处，所以一个单独的设计师也可以考虑使用这种模式。只有 Axure Pro 版本才提供团队协作功能。

- 自定义控件库模式，即 RPLIB 文件格式。该文件格式用于创建自定义的控件库。

RP文件格式（单人文件）

如果你是唯一需要直接访问和编辑这个 Axure 文件的人，则可以使用 RP 这种默认格式。以 RP 格式保存的原型文件，是作为一个单独文件存储在本地硬盘上的，例如 MyProject.rp。这种 Axure 文件与其他应用文件如 Excel、Visio 或 Word 文件完全相同。

原型设计的本质是快速迭代，所以 RP 文件会一天天地不断地变化。UX 项目的挑战之一就是如何管理原型的变化。有时由于你弄乱了原型的某个地方或其他原因，需要恢复到一个历史版本，这时单独一个 RP 文件无能为力（除非你单独保存了一个个历史版本文件），这也是提倡使用 RPPRJ 文件格式的原因。

RPPRJ文件格式（团队项目）

对于需要进行团队协作和版本控制的 UX 项目，RPPRJ 格式比较适合。图 2-3 描述了团队共享项目存储在托管服务器(A)或共享目录中的模式。在 Axure 团队项目中，多个 UX 设计师(B)或业务分析师(C)同时访问远程服务器端的 Axure 共享项目文件，共同进行原型设计和注释。此时，为不同人员分配和协调好工作非常重要，尤其对于大型企业项目而言。第 9 章将详细探讨协同设计。

RPPRJ 文件格式的主要特点如下。

- 签入（Checkin）/ 签出（Checkout）控制。

- 如果不小心弄乱了线框图，想重新来过，则可以取消签出（类似于撤销）。

- 版本控制和恢复到历史版本。

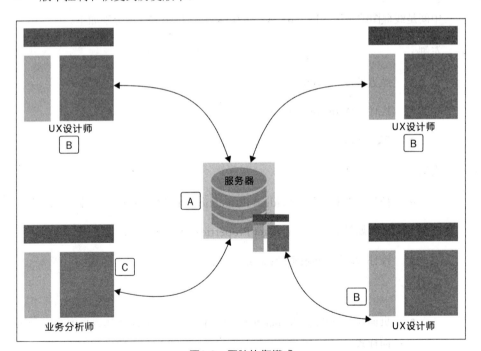

图2-3　团队协作模式

创建团队项目

要创建一个 RPPRJ 文件（即团队项目），可以基于已有 RP 文件，选择 Share 菜单下的 Create Shared Project from Current File 选项，根据向导完成创建。也可以从头开始创建一个 RPPRJ 共享项目，选择 File 菜单中的 New Shared Project 选项。

创建一个 Axure 团队项目，必须先要有 SVN 服务器或云盘。

2.2   Axure工作环境

Environment

Axure 的工作环境简单直观，如图 2-4 所示。

中间是线框图编辑区（图 2-4，A，也称画布），周边的区域分别如下。

左侧：

- 站点地图（Sitemap）区（B）；

- 控件（Widgets）区（C）；

- 模板（Masters）区（D）。

右侧：

- 控件交互和注释（Widget Interactions and Notes）区（E）；

- 控件属性和样式（Widget Properties and Style）区（F）；

- 控件管理（Widget Manager）区（G）。

底部：

- 页面属性（Page Properties）区（H），包含页面注释、页面交互和页面样式。

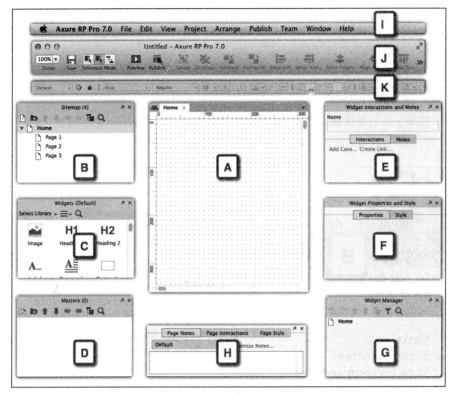

图2-4　Axure的工作区

顶部：

- 菜单栏（I）；

- 工具栏（J）；

- 格式化工具栏（K）。

　前面的截图是Mac版本的Axure用户界面。Windows版本除了工具栏，用户界面几乎一模一样。

2.2.1   自定义工作区

Customizing The Workspace

Axure 的工作区可以进行自定义调整，如：

- 隐藏／显示各区域。点击 View 菜单（图 2-5，A）的 Panes 菜单选项（B），会看到所有区域名称。如果你不小心关闭了某个区，则只要再次进入并勾选即可。

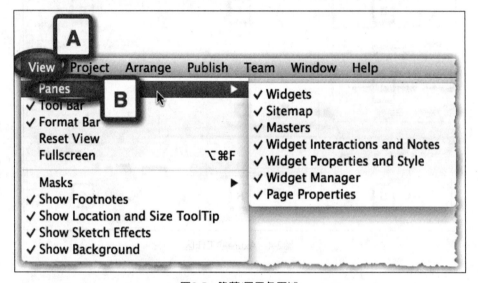

图2-5   隐藏/显示各区域

- 分离／移动各区域。如果需要更大的区域空间，还可以分离和移动各区域，这在使用双显示器时非常有用。要分离一个区域，点击图 2-6 中的斜箭头（A）；要移除一个区域，可点击 × 图标。

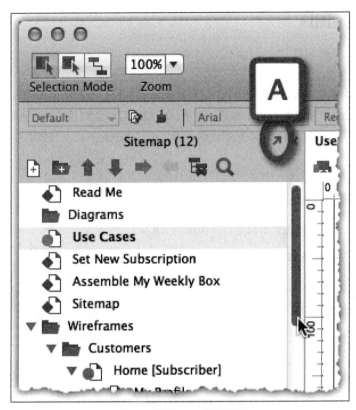

图2-6　调整Axure的工作区

当一个区域为停靠状态时，无法改变其默认位置。例如，站点地图区在停靠状态时，总是位于左上角，无法拖到任何其他位置。

2.2.2 站点地图区

The Sitemap Pane

站点地图区（见图 2-7）用于创建和管理页面，包括线框图页面和流程图页面。页面是 Axure 中顶级的元素。新建一个 Axure 项目后，会默认在站点地图区创建一个首页和三个子页面。你可以删除这些页面，也可以在此基础上对页面进行修改。

在站点地图区，你可以做以下工作。

- 创建新页面（A）。

- 创建文件夹，对相关页面进行分类组织（B）。

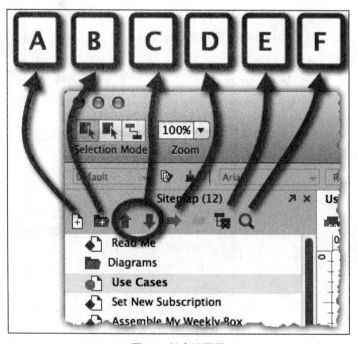

图2-7　站点地图区

- 移动页面位置，改变页面排序（C）。

- 修改页面的嵌套关系，对页面进行层级架构（D）。要注意的是，这种页面之间的嵌套关系只是一种视觉表示，并非页面内容上的嵌套逻辑关联。

- 删除页面（E）。

- 搜索页面（F）。在大型原型项目中有很多页面且层层嵌套，搜索可以大大节省查找页面的时间。点击放大镜图标可隐藏或显示其下方的搜索框。

2.2.3　控件区

The Widgets Pane

控件区有 Axure 内置控件库，可以导入和管理第三方控件库、管理自定义控件库。控件区还可以使用流程图控件，创建流程图、站点地图等。在"流程图控件（Flow Widgets）"这一节会有详细介绍。

Axure 控件默认分成三类：常用类控件、表单类控件、菜单和表格类控件，如图 2-8 所示。

- 控件区默认显示 Axure 内置的常用线框图控件库（A）。

- 使用选择控件下拉菜单（B），可以在默认控件库、流程图控件库、自定义控件库或第三方控件库之间切换（第 6 章会对控件库进行详细介绍）。

- 在下拉菜单（C）中，可以对自定义控件库和第三方控件库进行管理。

- 点击放大镜图标（D）会出现一个搜索框，可用于搜索控件。

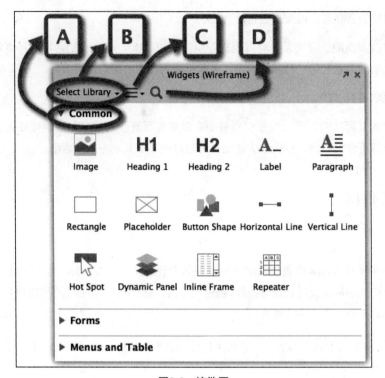

图2-8   控件区

线框图控件

一个线框图由一系列控件组成。一旦将控件拖入线框图编辑区中，就可以为控件添加交互、样式、文本和注释。

改变控件形状

有三种方式可以改变控件的形状。

方式一

在线框图中拖入一个矩形（Rectangle）控件后（图 2-9，A），为了得到圆角效果，可以拖动矩形左上角的黄色小三角形（B）。在控件风格属性（Widget Properties and

Style）的风格（Style）页签下，进入边框、线型和填充（Fills, Lines, + Borders）区的角半径（Corner Radius）输入框中，填写一个角半径数字（C）。

　　要改变控件形状，可以点击矩形右上角的灰色小圆点（D），在弹出的形状菜单中选择一个形状。

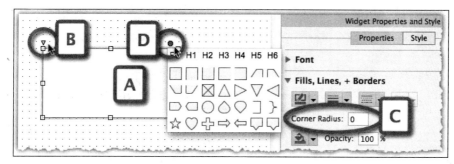

图2-9　改变控件形状方式一

方式二

　　在矩形控件上点击鼠标右键，进入选择形状（Select Shape）右键菜单项（图 2-10，A），在子菜单列表中选择一种控件形状（B）。

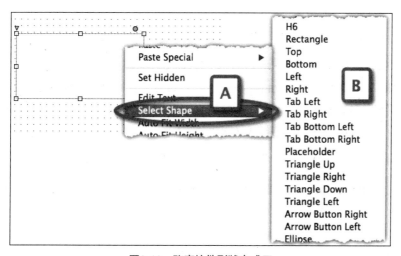

图2-10　改变控件形状方式二

方式三

在控件风格属性（Widget Properties and Style）区的属性（Properties）页签下，点击选择形状（Select Shape）列表框（图 2-11，A），从弹出的形状菜单中选择一种控件形状（B）。

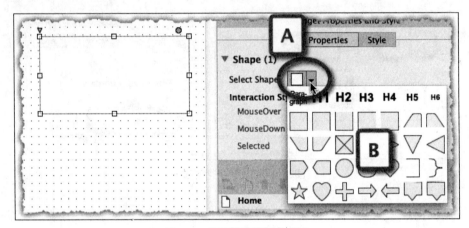

图2-11　改变控件形状方式三

形状类控件

以下是需要特别强调的形状类（Shapes）控件的优势功能。

- 对形状类控件，包括文本控件，如段落（Paragraph）、标签（Label）和标题（Headers），在属性区（Properties）中可以设置鼠标悬停（MouseOver）和鼠标按下（MouseDown）的鼠标交互状态样式，还可以设置选中（Selected）或不可用（Disabled）状态样式（图 2-12，A）。

- 形状类控件可以根据所输入的内容，自动调整控件高度和宽度（图 2-12，B）。

- 段落（Paragraph）控件默认就带有 Lorem Ipsum[1] 假文本，大大节约排版时间（见图 2-12：C）。

---

[1]　译注：用于排版的通用拉丁文文本，主要用于测试显示效果，中文中的类似文本称为乱数假文。

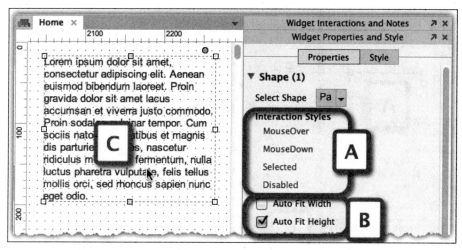

图2-12　Lorem Ipsum

表单类字段控件（新增）

对于表单类字段（Form Fields）控件，在 Axure 7 中也增加了很多功能。

- 文本输入框（Text Fields）（图 2-13，A）可以设定一个输入类型，如 Email、Number、Phone、URL、Search 等类型（B）。

- 文本输入框和文本输入域（Text Areas）可以设置底纹提示，即提示（Hint）文本（C）：默认显示在输入框中，当用户开始输入时就消失。

- 可以为提示自定义样式（D），点击并按住输入框右上角的小方块就可以预览提示样式（Hint Style）（E）。

- 下拉列表框（Droplist）可以自定义高度。这是一个非常有用的功能改进。

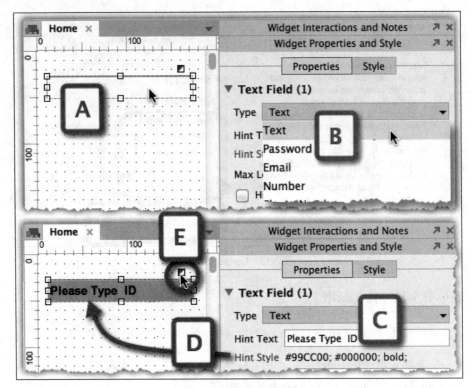

图2-13   表单类字段控件

动态面板

如果你是 Auxre 新手，动态面板（Dynamic Panels）可能是一个新概念。虽然第 4 章"创建基本交互"会详细讲解动态面板，但这里还是有必要先稍微介绍一下。一个动态面板是一个可以容纳其他控件的容器，且可以有多种不同的状态，状态之间可以相互切换。

- 动态面板可以设置成自适应内容，即根据内容来自动调整大小（Fit to Content）。

- 动态面板可以设置成 100% 宽度，生成 HTML 原型时会在浏览器中以 100% 宽度展示。这对于带有背景幻灯片和背景图的网页非常实用。

- 所有的控件都可以直接设置成隐藏，而不一定要通过动态面板实现（如果你熟悉之前版本的 Axure，会发现这个功能改进非常实用）。如图 2-14 所示，有两种方式可以隐藏控件：

  ○　使用右键菜单（A）；

  ○　在控件风格属性（Widget Properties and Style）面板的风格（Style）页签下，点击隐藏（Hidden）复选框（B）。

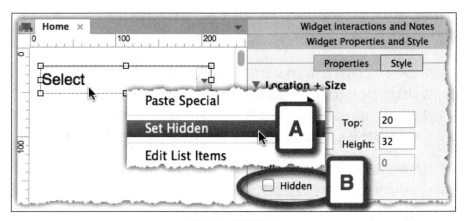

图2-14　隐藏控件

中继器控件（新增）

中继器（Repeater）控件是 Axure 7 的全新功能。中继器控件用于对文本、图片、链接等进行重复显示，非常适合于以下的 UI 模式：商品列表、联系人列表、数据表格（如近期交易表）等。中继器控件也可以进行格式化。本书中有对中继器控件的详细介绍，附录"从业者的实践"采用一个模拟 Google 搜索的"提前输入（Type Ahead）"的示例来详述中继器控件的使用。

2.2.4 控件样式

Style

本质上，线框图只是由一个个方框、控件、文本等构成的框架。虽然在餐巾纸、便利贴等上面也可以画线框图，但能够实现的功能非常有限。随着用户体验的发展，对线框图的保真度有了更高需求。虽然没有要求一开始就要高保真线框图，但随着项目的成熟和发展，对线框图保真度的要求也会有变化。在大型复杂项目中，可以根据团队需要提供高保真原型。另外，也希望视觉设计师在线框图上有用武之地。少量颜色的使用会让线框图更加有层次、突出重点。

视觉和交互会同时对界面体验产生影响。用户体验设计师可能会希望聚焦在界面结构和流程上进行设计讨论。此时，可以先使用草图进行初步设计。另外，用户体验设计师可能有一些精彩的想法要和客户沟通，如果此时想法的表现力不够（低保真很可能不够吸引人），可能会被误认为想法不成熟，从而被否定。

高保真的线框图可以把想法更好地"卖"出去（给高级管理层）。另外，许多用户体验设计师所在的公司已经建立了良好的品牌视觉指南，这时为线框图添加视觉样式也会比较有用。

无论是怎样的项目和设计哲学，总之 Axure 可以自定义控件样式。从控件风格属性（Widget Properties and Style）面板进入样式（Style）页签，就可以为控件添加视觉属性。

控件风格属性面板和 Style 页签中的内容，会根据当前所选择控件的不同而不同。Style 页签可分为以下 5 个部分（图 2-15，A）：

- 位置和尺寸（Location + Size）；
- 基本样式（Base Style）；
- 字体（Font）；
- 填充、线型和边框（Fills, Lines, + Borders）；

- 对齐和间距（Alignment + Padding）。

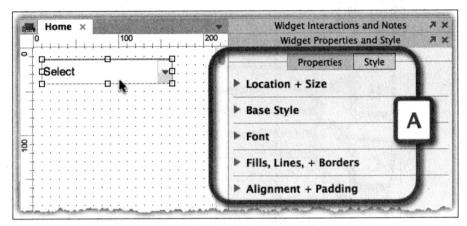

图2-15　Style页签

Style 页签中出现的样式属性在样式工具栏（Format Bar ）和控件右键菜单中也会出现。但只有在 Style 页签中才会出现所有样式属性。

位置和尺寸

在位置和尺寸（Location + Size）区，你可以设置：

- 控件的位置坐标（图 2-16，A）。

- 控件宽、高尺寸（B）。

- 控件和控件文本的旋转角度（C）。

- 显示 / 隐藏控件（D）。

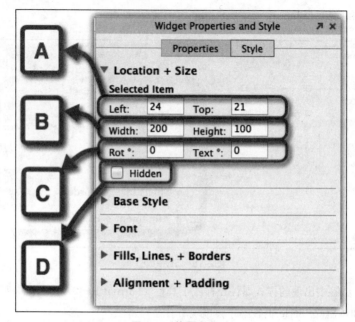

图2-16　位置和尺寸

基本样式

Axure 基本样式（Base Style）是一系列样式属性的集合，能够应用于任何形状控件和文本控件。Axure 中的每个控件都有默认样式，会在线框图编辑区和生成后的 HTML 原型中呈现出来。

有两种修改控件样式的方式。

- 通过控件风格属性面板的 Style 页签（或样式工具栏、右键菜单），对所选控件的样式属性分别进行修改。此时，如果要对多个控件使用一种相同样式，这种方式就会比较低效。

- 为一个控件设定好样式以后，将该样式也指定给其他多个控件。此时，可以通过控件样式编辑器（Widget Style Editor）将样式应用到所选的控件上。这种方式能确保整体线框图的视觉一致性。

默认样式

所有控件都有一个默认（Default）的灰色样式。根据项目需要，你可能需要一种不同的默认样式，或者添加新样式。

要修改控件的默认样式，可在 Base Style 区点击控件样式编辑图标（图 2-17，A），弹出控件样式编辑器（Widget Style Editor）窗口。

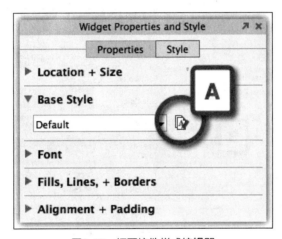

图2-17　打开控件样式编辑器

在 Widget Style Editor 窗口的 Widget Defaults 页签下（图 2-18，A），列出了所有控件的默认样式（B）。

可以修改默认样式，如图 2-18 所示，就为 H1 控件修改了字体、字型和颜色的默认样式（C）。

也就是说，修改默认样式后，线框图中所有 H1 控件的默认样式变为所修改新样式。

在共享项目中，还可以显示当前默认样式的签入 / 签出状态，并进行签入 / 签出操作（图 2-18，D）。

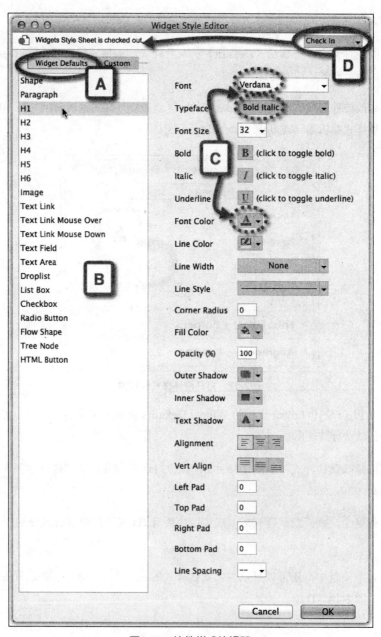

图2-18   控件样式编辑器

自定义样式

当线框图涉及视觉设计模式时，就可以利用自定义样式功能。自定义样式的视觉元素往往包含按钮（主按钮、次按钮、三级按钮）、头部标题、背景颜色、页面区纹理、错误消息等。下面看看怎么创建一个自定义样式。

1. 点击样式工具栏中的样式编辑图标（图2-19，A），打开控件样式编辑对话框。或者进入控件风格属性面板中，点击Style页签下的样式编辑图标（图2-19，B），打开控件样式编辑对话框。

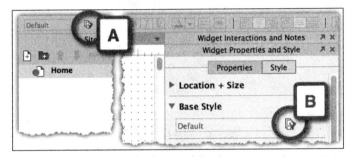

图2-19　样式编辑图标

2. 在控件样式编辑器（Widget Style Editor）对话框中（图2-20，A），点击Custom 页签 （B），点击加号图标（C），创建一个新的自定义样式。

3. 为这个新的自定义样式取一个名字（D），并修改相关的样式属性（E）。

4. 接着就可以在任何控件上选择新建立的自定义样式。只需要选择该控件（图2-21，A），然后从格式化工具栏上的Style下拉列表中选择自定义样式（B），或者在控件风格属性面板的Style页签下选择自定义样式（C）。

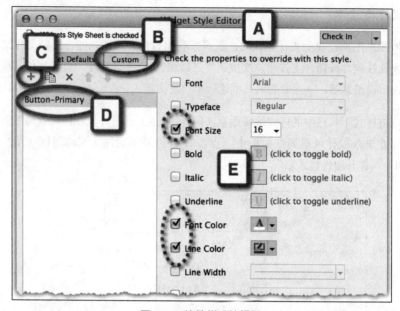

图2-20　控件样式编辑器

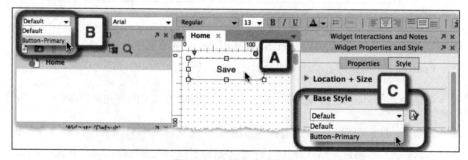

图2-21　选择自定义样式

最好在项目开始时就建立自定义样式，培养使用自定义样式的好习惯，以方便后续自定义样式的修改维护。给自定义样式取个好名字，让其他人能明白自定义样式的作用。

字体

在字体（Font）区，你可以对所选控件的字体属性进行修改，包括：

- Font family（字体）。

- Font size（字体大小）。

- Font styling, bold, italic and underline（字体样式、加粗、斜体、下划线）。

- Font color（字体颜色）。

- Toggle bullet list styling（项目符号列表的样式）。

不可低估字体和文字排版在原型中的作用，因为不同的字体、大小、样式、颜色、间距，会极大影响利益相关者和最终用户对原型的看法。Axure 支持 Web 字体（Web Fonts），在本书后续会进行详细介绍。

在选择一个或多个控件后（图 2-22，B），Font 区中的字体属性就会激活（A）。注意，字体阴影是在 Fills，Lines，+ Borders 区进行设置的（C）。

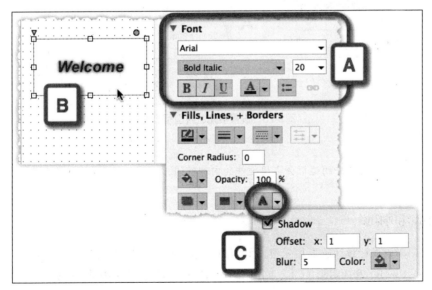

图2-22　字体属性设置

填充、线型和边框

在选择了一个或多个控件后，还可以设置以下样式。

- 设置填充色（支持渐变和透明度）。

- 设置边框颜色（支持渐变和透明度）。

- 设置边框粗细／宽度。

- 设置边框线型图案（实线、点线，等等）。

- 设置控件的阴影（内阴影、外阴影）。

- 设置文字阴影。

- 设置控件的圆角。如果想要一个直角，则设置圆角半径为 0。

图 2-23 展示了在填充、线型和边框的设置面板。

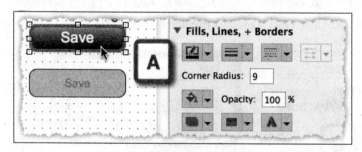

图2-23   设置填充、线型和边框

    控件的边框会占用控件的内部空间。

内阴影和外阴影

阴影可以让设计感更加强烈。图 2-24 所示的是对一个方形控件（A）同时添加了外阴影（B）和内阴影（C）。点击阴影设置图标，可以在菜单中进行阴影设置（D）。

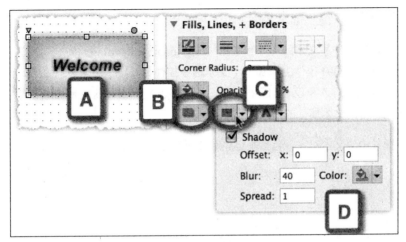

图2-24　阴影设置

在内阴影中（图 2-25，A），有一个属性称为"延伸（Spread）"（B），可以有趣地对内阴影色和边框色的效果进行混色过渡控制。默认的延伸值为 0、10、100 时，效果分别如图 2-25 中的 C、D、E 所示。

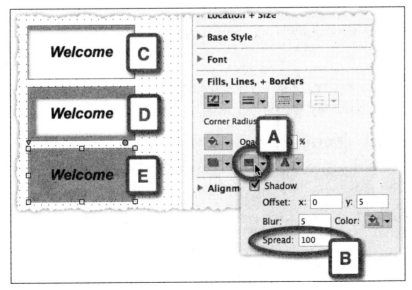

图2-25　内阴影设置

对齐和间距

为了解决控件和文本的对齐和间距（Alignment + Padding）问题，有时会在添加一个控件后，再在控件上添加一个文本标签控件。其实这完全没有必要，因为控件已经具有文字对齐和设置间距的功能。对齐、间距和字体区的属性紧密相关，可起到对控件中的文本属性的控制作用。

- 对控件中的文本对齐，包括垂直和水平两种对齐方式。

  ○ 水平对齐：左、中、右。

  ○ 垂直对齐：上、中、下。

- 设置控件中文本和边框左、上、右、下的间距。

- 设置控件中文本的行间距。

下面演示了在按钮上应用自适应宽度（Auto Width）和自适应高度（Auto Height）后的效果。

1. 拖入一个方形（Rectangle）控件（图2-26，A），在控件上点击右键，在右键菜单中选择自动适应宽度（Auto Fit Width）（B），此时按钮宽度自动缩小为文本尺寸（C）。

2. 设置按钮间距（Padding）（图2-27，A），只会改变按钮边框和文本间距离（B）。继续添加其他一些样式。

3. 复制刚才创建的按钮（图2-28，A），将复制后的按钮进行文案修改（B）。此时，按钮随之变长，但无论文案有多长，都不会折行。不管按钮长度发生任何变化，文案和边框间距都不会发生变化。

所以，当控件中的文本发生动态改变（比如由变量控制）时，间距和对齐非常实用。

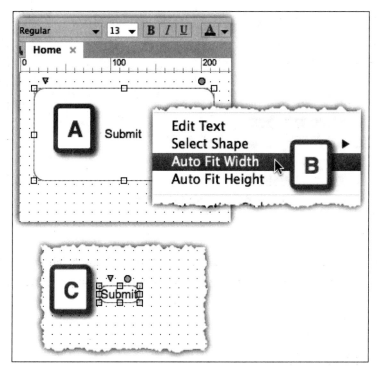

图2-26 应用自适应宽度1

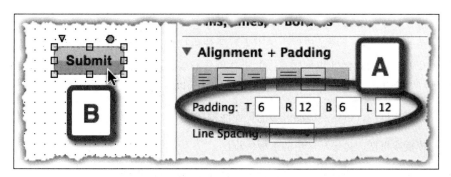

图2-27 应用自适应宽度2

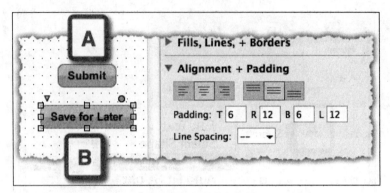

图2-28　应用自适应宽度3

行间距

　　Axure 中的行间距（Line Spacing）类似于 CSS 中的 line-height，用于定义每行文字的行间距。在 Adobe Photoshop、Adobe Illustrator 中也有相似功能，非常实用。

2.3　线框图设计区

The Design Area

　　至此，你已经了解了控件。接下来就要使用控件来进行线框图页面的设计。线框图在线框图设计区（也称画布区）进行创建和编辑，画布区可以打开多个线框图页面（多个 Tab 页签的方式）。线框图页面可分为以下四种。

- 页面线框图，是站点地图区中的页面线框图。

- 模板线框图，是模板区中的模板线框图。

- 动态面板状态线框图，是动态面板管理区中的状态线框图。

- 中继器线框图。

　　画布区的 Tab 页签上会显示线框图的名称（图 2-29，A）。拖动 Tab 页签可以调整左右顺序。Tab 下拉菜单（B）中列出了当前打开的所有线框图（C），以便快速找到所需的线框图。点击 Tab 页签上的关闭图标，可以关闭当前线框图（D）。

在工作过程中，往往会打开多个线框图，这时可能需要翻阅很长时间才能找到想要的线框图。为了在众多的线框图中快速找到想要的那个，可以使用 Close All Tabs 关闭所有线框图、使用 Close Other Tabs 关闭除了当前线框图之外的所有线框图（图 2-29，E）。

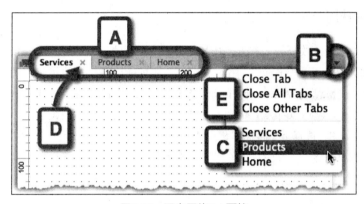

图2-29　画布区的Tab页签

2.3.1　适配视图（新增）

Adaptive Views(New!)

为了满足响应式 Web 设计的需要，Axure 7 提供了适配视图（Adaptive Views）功能。在适配视图中可以定义临界点（Breakpoints），临界点是一个屏幕尺寸，当达到这个屏幕尺寸时，界面的样式或布局就会发生变化。

在非响应式项目中，线框图基于某个特定的屏幕尺寸进行设计，如为桌面屏幕设计或移动屏幕设计。当没有适配视图时，已经为特定屏幕尺寸设计的线框图，如果要再适应一个完全不同尺寸的屏幕，就要对之前所有的线框图进行重新设计，需要投入大量工作。如果要满足更多不同尺寸的屏幕，则后续对所有不同屏幕的多套线框图的同步维护，也是极大挑战。

适配视图中的一个最重要概念是继承（**Inheritance**），因为它在很大程度上解决了管理维护多套线框图的效率问题。其中，每套线框图都是为一个特定尺寸屏幕而做的优化设计。总之，在适配视图中的控件会从父视图中继承属性（如位置、大小、样式等）。如果修改了父视图中的按钮颜色，则所有子视图中的按钮颜色也随之改变。但如果改变了子视图中的按钮颜色，则父视图中的按钮颜色不会改变。

添加适配视图

要创建响应式线框图，首先要从某一个目标屏幕的视图开始（图 2-30，A），这个视图称为基本视图（**Base**）。然后，添加其他目标屏幕尺寸的相应视图，点击管理适配视图（**Manage Adaptive Views**）图标（B）或从 Project 菜单中选择 Adaptive Views 子菜单，就可以打开适配视图窗口（C）。点击加号添加视图（D），从 Presets 下拉列表中（E）选择一个目标屏幕尺寸（F）。按照此过程，就可以添加多个适配视图。你也可以创建自定义的目标屏幕尺寸的视图。

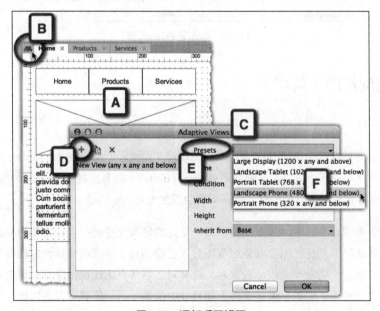

图2-30　添加适配视图

定义适配视图

在适配视图窗口（Adaptive Views）中，有以下设置项（图 2-31，A）。

- Presets：根据宽度，预先定义好了一些设备的显示尺寸，你可以直接选择其中一个。

- Name：为当前视图定义一个名称。

- Condition：定义临界点的逻辑关系。例如，当视图宽度小于临界点尺寸时，则使用当前视图。

- Width：如果要自定义一个视图，则可以输入一个宽度。

- Height：如果要自定义一个视图，则可以输入一个高度。

- Inherit from：为当前视图指定一个父视图，即确定要继承的父视图。默认都是从 Base 视图继承。

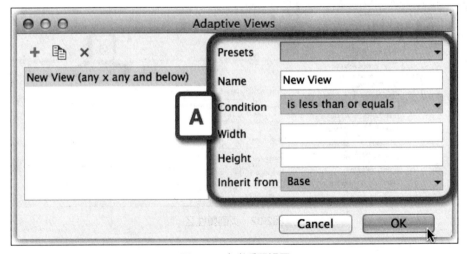

图2-31　定义适配视图

2.4 页面属性区
The Page Properties Pane

在这个区域，可以为当前页面线框图添加备注说明、添加页面级交互和页面视觉样式。页面属性区分为以下三个部分（见图 2-32）。

- 页面注释（A）：用于对页面和模板进行注释说明，只要在备注区输入文字即可（B）。

- 页面交互（C）：为页面或模板创建交互动作，类似于为控件创建交互（D）。常见的页面交互有 OnPageLoad、OnWindowResize 和 OnWindowScroll。点击 More Events（E），可以从列表中选择其他页面交互（F）。

- 页面样式（G）：为页面设置视觉样式属性。

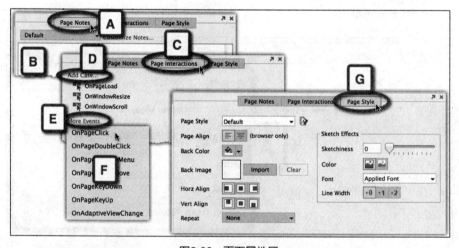

图2-32   页面属性区

2.4.1　页面注释

Page Notes

在 Axure 中可以同时进行线框图的设计和注释。在"页面注释（Page Notes）"页签中，可以填写当前页面的相关信息，如页面的描述、页面的进入点和退出点、页面大小和限制条件等。显然，页面注释主要和生成 UI 规格文档或 HTML 原型注释有关。在和团队交流重要的页面信息或交接工作时，页面注释也非常有用。

通过样式工具栏，还可以为页面注释中的文本添加样式：

- 修改字体和颜色。

- 加粗、斜体和下画线，突出显示文本的任何部分。

但是，你不能修改字体、创建项目符号或修改段落对齐方式。

生成 HTML 原型后，注释内容（包括文本样式）会出现在所生成 HTML 原型的浏览器右侧 Sitemap 区的"页面注释"页签中。

管理注释

Axure 可以对页面注释进行分类管理，使得产出的文档更加清晰和结构化。默认只有一个注释分类，在里面可以输入所有相关页面信息。可以添加多个注释分类，让每个分类对应一个特定受众或目的。

项目中应该采用哪种页面处理方式，取决于项目的复杂度和利益相关者的期望值。最好是提前和文档受众讨论需求和期望，以确保文档能让所有人满意。

使用单个注释分类的一个明显优点是简单，而缺点是利益相关者可能很难找到所需要的信息。多数文档的受众只会对某些注释部分感兴趣。例如，开发人员只对界面交互模式和其他技术信息感兴趣，而业务团队只会查看业务 / 商业需求如何得到满足。如果所有描述信息都在一个注释分类中，那么读者必定要在许多的无关信息中跋涉，难以阅读。

Axure 还可以控制哪些人看到哪些注释分类，所以强烈建议利用好注释功能。例如，你可以将注释分成以下几类。

- 所参考的**业务需求文档**（Business Requirements Document，BRD）。

- **可访问性**（WAI/Section 508 法案）说明。

- UX 描述。

- **个性化、本地化**或例外说明。

- 内部团队记录，如评审记录、问题记录、后续计划等。

  你也可以使用 Axure 对页面注释的以下方面进行控制。

- 注释区块的标题（即分类名称）。

- 是否在 HTML 原型中包含注释。

- 是否在 Word/PDF 规格文档中包含注释。

- 输出时包含哪些注释区块。

- 注释区块的顺序。

要创建或重命名页面注释，点击 Customize Notes...（自定义注释）链接（图 2-33，A），打开 **Page Notes Fields** 窗口（B）。点击加号（+）图标，就可以增加一个新注释分类。你也可以修改名称。要删除注释分类，点击 × 图标即可。

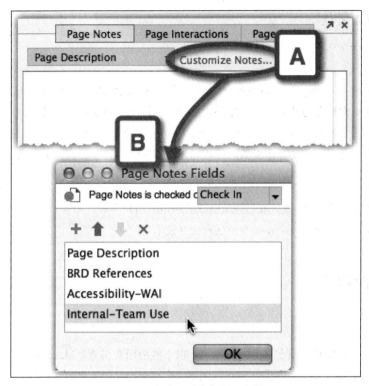

图2-33 创建或重命名页面注释

在共享工程中,添加一个注释分类后,会被所有人员看到。如
果要求所有人员都对某一个注释分类进行填写,那么最好事先
进行沟通。你也可以在共享项目中添加更多注释分类。例如,
UX团队添加UX相关注释,业务分析师(BA)添加业务(商
业)需求注释,系统分析师(SA)添加功能注释。然而,谨
记!不要把Axure当作业务需求管理系统。

2.4.2   页面交互

Page Interactions

页面交互（**Page Interactions**）这个页签，可以让 UX 设计师控制 HTML 原型生成后的页面展现方式。这是一项杰出的功能，因为节省了原型创建的时间。例如，不需要为用户登录前和登录后的两种状态分别创建两个页面，只需要创建一个带有动态面板的页面。让动态面板的两种状态分别对应用户的登录前视图和登录后视图。

页面被浏览器载入后，会触发 OnPageLoad 事件。浏览器会执行 OnPageLoad 事件中所设定的动作，然后展示登录前或登录后的用户界面。第 4 章（创建基本交互）和第 5 章（高级交互）会详细介绍这种交互技术。

2.4.3   页面样式

Page Formatting

页面样式只能应用在页面线框图上，但不能应用在模板（Masters）线框图或动态面板（Dynamic Panel）的状态线框图上。你可以定义以下页面线框图的样式属性：

- 页面对齐，在浏览器中居左或居中。

- 设置背景颜色。

- 设置背景图，设置后可以清除。

- 背景图的水平对齐方式。

- 背景图的垂直对齐方式。

- 背景图的重复平铺方式。

- 草图风格（后面会详细介绍）。

- 字体、字体颜色和线条粗细。

你可以将以上这些页面样式属性保存为一种自定义样式组合，然后将自定义样式应用到其他页面上。这为保持页面之间样式的一致性节省了大量时间。

2.4.4　草图风格
Sketch Effects

古人在洞穴墙壁上画狮子，后人在餐巾纸上画草图的这些故事还记得吗？草图风格（Sketch Effects）充满了人情味且引人注目。Axure 线框图可以做成草图效果，有一种"手工"绘制的感觉。

在早期的概念设计阶段，与利益相关者及评审人员交流时，草图风格有助于传递一种信息：你们所看到的只是一个概念线框图或原型。图 2-34 所示的是一个标准风格的线框图（A）和一个 100% 草图风格化的线框图（B）。

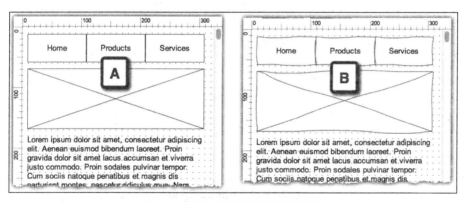

图2-34　标准风格和草图风格的线框图

2.4.5 流程图控件

Flow Widgets

流程图控件位于控件区（Widgets Pane），只要点击控件区中的 Select Library 菜单（图 2-35，A），选择 Flow 菜单项（B），就可以看到 Axure 内置的各种流程图控件（C）。

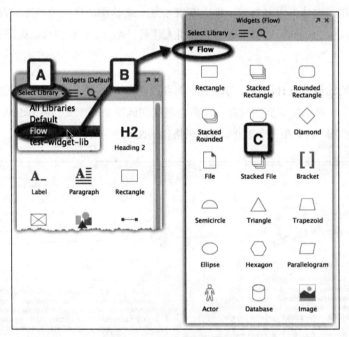

图2-35　打开流程图控件库

流程图很有趣，它是一种不同于数学公式的可视化的逻辑算法表达，使用了可视的形状、箭头和文字。一个流程图就是一张图片，虽然俗话说"一图胜过千言万语"，但只是看流程图往往不那么容易理解，实际上还需要千言万语才能准确表达清楚一个复杂流程图的真正含义。

Axure 中的流程图控件，除了一些常用的几何形状，如作为决策点的菱形（Diamond），还有一些特殊形状如数据库（Database）、括弧（Bracket），以及重要的人物角色（Persona）形状。

　　要对各个流程控件进行连接，就要使用连接线。点击选择模式（Selection Mode）工具栏中的 Connector Mode 图标（图 2-36，A），就可以对流程图控件进行连线。

图2-36　连接流程控件

2.5　控件交互和注释区

The Widget Interactions And Notes Pane

　　该区涉及原型设计的两个重要方面：交互和注释说明。这个区域的内容会随着当前所选择控件的不同而不同，且只有在选中某一个控件时该区域才会变为可用。选中一个控件后，可以在该区的以下两个页签中定义控件行为和属性：

- 交互（Interactions）页签。
- 注释（Notes）页签。

2.5.1　交互页签

The Interactions Tab

　　在项目中，模拟的交互效果必须符合真实情况，不能进行夸大。因为大多数利益相关者可能会认为原型中的效果就是最终效果。

　　十年前，桌面和 Web 软件的界面都是以一页一页的顺序来实现的，大多数操作都是刷新整个页面。这很容易用静态线框图进行流程模拟。然而，现代软件的界面是动态的，能够响应用户的动作和手势来呈现视觉效果。界面上不同区域的数据可以独立异步更新，而不需要刷新整个页面。

这也可能是多年前的用户界面设计（User Interface Design）慢慢演变成今天的用户体验设计（User Experience Design）的原因。你无法用静态线框图去传达想要的交互体验，即使使用了一系列的静态线框图，人们也能难想象出最终交互是如何工作。

例如，想要传达这样一种"鼠标悬停（Mouse-over）"的简单交互：用户的鼠标光标悬停在一个文本上的交互，字体样式由原来的正常变成加粗、加下画线，字体颜色由原来的黑色变成蓝色，背景颜色也会变化，且 2 毫秒后文字链接右上方出现一个小浮层。如果使用的是静态线框图，就不得不进行一系列的解释。另外，还要说明在移动设备下时没有鼠标悬停的交互效果。

想象一下，在一个利益相关者会议上，你要向高层管理人员传达设计构思和愿景。如果这种最简单的交互方式都要进行大量解释，整个沟通过程必定会变得很烦琐、低效。这时，如果使用 Axure 原型去演示鼠标悬停在一个文本上的交互，交互体验瞬间就可以传达得非常清晰。

交互

Axure 中的控件交互（Interactions）就是为控件添加一系列行为，让原型能够动起来。在页面属性（Page Properties）区中，可以创建页面级交互。在控件交互和注释（Widget Interactions and Notes）区中，可以创建控件级和模板级交互。

关于控件的交互，简单来说，要记住以下两点。

- 根据所选择控件的不同，可创建的交互方式也有所不同。
- 每一个交互是一个独立单元，由以下三个要素构成。
  - **事件（Event）**：每个交互绑定一个事件，例如OnClick事件。
  - **情景（Case）**：每个事件可以有一个或多个情景。
  - **动作（Action）**：每个情景可以有一个或多个动作。

不同的控件，所支持的动作也不同。在第 4 章“创建基本交互”中会详细深入地介绍 Axure 的控件交互。

2.5.2　控件注释页签

The Notes Tab

控件注释页签包含一个个注释字段（Notes Fields）。注释字段用于描述控件的相关属性。Axure 虽然有一组默认的注释字段，但也可以自定义出符合项目需求的一组字段。字段有以下四种类型。

- **文本型**：在进行文字描述或默认值说明时，就可以使用文本类型的字段，你可以输入任意数量的文本。

- **列表型**：尽可能多地使用这种类型的字段属性，如状态、发布版本等，以确保属性值的一致性和节省输入时间。

- **数字型**：注释属性值是一个个数值时，就可以使用这种类型。然而，必须承认我们还不知道该怎么合理利用它。对于一般的属性，如版本、发布号，使用列表类型可能更合理，因为你已经设置好了一组值。然而，某些情况下也确实需要数字类型。

- **日期型**：用于描述日期的属性。例如，你可以为控件创建一个“最近更新”的说明字段。每次修改控件后，就要更新这个值。这听起来是一种很实用的跟踪方法，但记住，更新是要手动完成的。在更新所有控件后，也要一一更新这个日期字段。

可以自定义默认注释字段。进入控件交互和注释区的控件注释（Notes）页签（图 2-37，A），点击 Customize 链接（B），在弹出的 Widget Notes Fields and Sets 窗口（C）的 Fields 页签（D）中，列出了 Axure 所有的内置字段类型（E）。根据项目文档的需求，可以对这些字段进行重命名、删除。

通过菜单和图标按钮（图 2-38，A），可以对注释字段进行以下管理：

- 添加一个新的注释字段，设置为四种类型之一。

- 设置注释字段的顺序。

- 删除任何一个注释字段，Axure 会弹出确认删除提示框（B）。

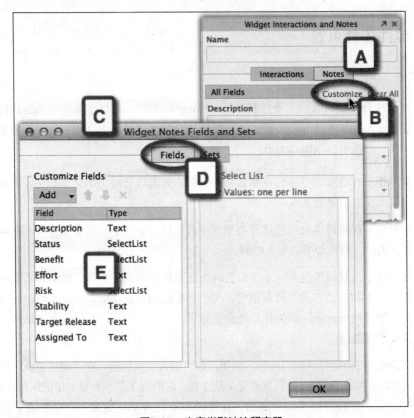

图2-37　自定义默认注释字段

在项目早期，要和业务方、开发人员等利益相关者讨论需要哪些注释字段，因为这些注释通常是写给他们看的。与这些团队一起合作，在注释字段上要达成一致意见，发挥注释字段的最大价值。

一个控件的注释字段没有标准数量。也许项目中有数十个甚至数百个控件需要进行注释，注释字段越多就要付出越多成本，因为要不断地创建和更新注释字段的内容，尤其是在需求不断变化的情况下。

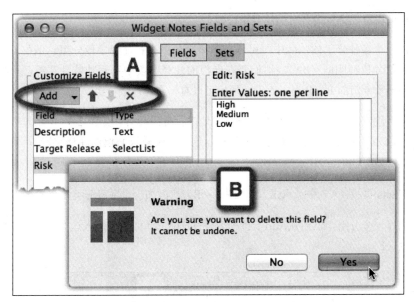

图2-38　管理注释字段

2.5.3　注释字段组

Note Sets

在控件交互和注释区（Widget Interactions and Notes）的注释（Notes）页签下，默认会显示所有注释字段。如果注释字段的数量很多，则注释字段的查看和编辑会不太方便。因为不同的人，关心和需要填写的字段都不一样。所以，Axure 提供了一项很实用的功能，将注释字段分成一个个小组，这些小组也称集合（Sets）。把注释字段分成多个小组，每组只有少数几个字段，便于查看和输入。

注释字段分组有以下一些用法：

- 将业务相关的字段分在一个组，而开发相关的字段分在另一个组。

- 在多版本的项目中，按照特定版本号对字段进行分类。

- 在多人协同的 Axure 共享工程中，注释字段可以针对特定模块或工作流分组，也可以有一个全局共享的注释字段组。

- 在一个多种分工的团队中，可以按照不同分组进行注释字段分组。例如，对于商业分析师团队（BA），他们要在专门的注释字段中编写功能性注释，可以添加一个专门的 BA 分类。而设计师也可以有一个注释字段组。

一旦确定如何分组后，就可以很方便地进行分组设置。如图 2-39 所示，有一组注释字段为"Mandatory"（从名称可知，这是一组建议必填的注释字段），另一组注释字段为"Optional"：

1. 在Sets 页签（A）中，点击"+"图标（B），添加一个字段分类并命名（C）。

2. 选择一个分组，然后从Add下拉列表（D）中选择你想要加入这个分组的注释字段（E）。

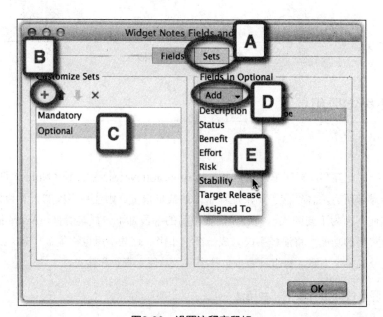

图2-39　设置注释字段组

3. 此时，进入控件交互和注释区（图2-40，A）的Notes（注释）页签，在All Fields（所有）注释字段的下拉列表（B）中，会出现刚才添加的分组名称。选择其中一个注释字段组，就会只显示该组中的注释字段。

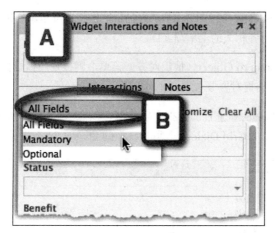

图2-40　选择注释字段组

注意，因为注释字段和字段组无法根据所选控件进行自动切
换，而是需要进行手动切换，所以，输入注释时，要确保当前
的注释字段组和字段是正确的。

2.6　网格和参考线

Grid And Guides

网格（Grid）和参考线（Guides）是所有图形软件的标配功能，用于视觉上的
辅助排列和对齐。

2.6.1　设置参考线

Setting Guides

要设置参考线，可以在线框图编辑区中点击鼠标右键，在右键菜单中找到 Grids
and Guides 这项功能菜单。也可以从顶部菜单栏的 Arrange 菜单进入 Grids and
Guides 菜单。

Grids and Guides 菜单（图 2-41，A）包括网格相关菜单项（B）、参考线相关菜单项（C）和捕捉对齐相关的菜单项（D）。

如果勾选了 Snap to Object（捕捉对齐）菜单，则在使用鼠标拖曳对象进行对齐时，就会自动出现捕捉对齐参考线。

如果要设置水平的和垂直的捕捉宽容度，可以点击 Object Snap Settings...（捕捉对齐设置）菜单，从 Grid Dialog 对话框（F）的 Object Snap 页签中进行设置（E）。

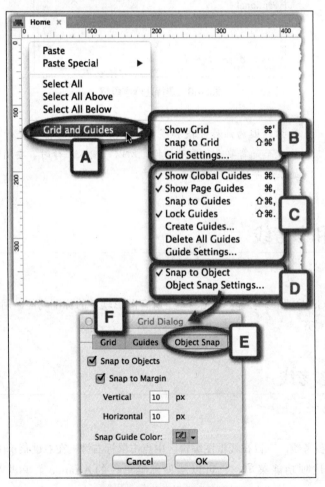

图2-41　网格和参考线功能

2.7　模板区

The Masters Pane

　　模板是一种可以在线框图中重用的线框图。对一个模板进行修改后，所有线框图中引用该模板的地方也会立即更新。在原型创建过程中应该尽量使用模板功能，这可以带来以下好处。

- 保持整体界面设计的一致性。

- 对模板进行修改，所有相关线框图会立即更新，能节省大量时间。

- 模板线框图的注释只需编写一次，避免在输出 UI 规范文档时造成额外工作、冗余和错误。

- 减小 **Axure** 文件的大小，因为模板减少了大量冗余的控件。

　　在模板区（**Masters Pane**），你可以：

- 对项目中所有的模板进行组织和管理，包括添加、删除、重命名、创建分组文件夹、调整顺序，等等。

- 选择一个模板进行编辑。

- 对拖放到页面中的模板设置行为状态。

- 把模板添加到页面中 [2] 或从页面中删除模板。

- 查看模板使用报告，看看某个模板在页面中是否被使用。

- 搜索模板，当模板很多时可以搜索某个模板。

　　在线框图中，可以对模板实例进行注释。这非常重要，因为 Axure 可以在模板实例上使用触发事件（**Raised Events**）。老版 Axure 只能在模板线框图中进行注释，很难说明模板实例的不同交互行为。Axure 7 可以在线框图中对模板实例进行注释，从而解决了此问题。

---

[2]　译注：模板拖放到线框图中后，称为模板实例。

在 Masters 模板区的一个模板上点击右键后（图 2-42，A），通过右键菜单（B）的子菜单 Add（添加）（C）、Move（移动）（D）和 Duplicate（复制）（E）可以对模板和文件夹进行管理。通过模板行为（Drop Behavior）（F），可以设置以何种方式将模板添加到页面中。

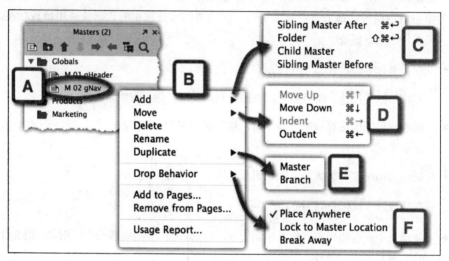

图2-42   模板区中模板上的右键菜单

2.7.1   模板行为

Master Drop Behavior

模板行为是指在线框图中添加该模板时，以怎样的方式进行添加。模板行为这种说法可能让你有点困惑，但实际上它简单且实用。不同的模板行为方式所呈现的模板视觉外观也不同。模板有以下三种行为：

- 任意位置方式（Place Anywhere）（图 2-43，A）。

- 锁定位置方式（Lock To Master Location）（B）。

- 自由打散方式（Break Away From Master）（C）。

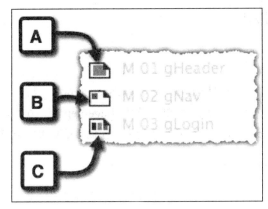

图2-43 模板行为

任意位置方式

模板的默认行为方式是任意位置方式，是指将模板拖入线框图中的任意位置，当修改模板时，所有引用该模板的线框图中的模板实例都会同步更新，但（x,y）坐标位置不会同步，各个模板实例可以设置自己的位置。

锁定位置方式

锁定位置行为方式是指将模板拖放到线框图中之后，模板实例中各个元素的（x,y）坐标位置会自动继承模板线框图中元素的位置，且无法修改。对模板所做的修改也会立即同步更新到模板实例中。

自由打散方式

自由打散方式的模板被拖入线框图中之后，模板和模板实例之间从此不再有任何关联性。对模板线框图的修改也不再反映到模板实例中。此时的模板实例类似于一组控件集合，和控件库中的控件没有任何关联。

2.7.2   模板使用报告

Usage Report

Axure 提供了很实用的模板使用报告（Usage Report）功能。在模板区的一个模板上单击右键，然后在出现的菜单中选择 Usage Report，在弹出的模板实用报告（Master Usage Report）对话框中列出了使用该模板的所有页面或模板。

模板使用报告非常实用。

- 在共享项目中，这个列表有助于查看某一个模板是否被其他团队成员创建的线框图所使用，以便联系那位同事，并与其讨论修改方案。

- 可以在进行修改之前先进行审查，并确定这个修改对功能和布局的影响。

- 如果你尝试删除一个模板，却被提示无法删除，因为该模板已经被引用，那么这时就可以使用模板使用报告，查看到底是哪些地方引用了该模板。

- 如果模板使用报告列表是空的，就说明这个模板没有被任何地方所使用，可以考虑删除这个模板。

2.8   控件管理区

The Widget Manager Pane

线框图由控件、模板、动态面板等元素构成。随着项目的进展，线框图中所使用的控件数量会越来越多。虽然可以在线框图中一个个查看控件，但控件很多时，会非常低效。例如，如果想要查看动态面板中所使用的控件，就要打开动态面板，进入某个状态，找到那个控件。这时，控件管理器（Widget Manager）就可以帮助快速搜索、定位到所需要的控件，大大提高了工作效率。

Axure 7 中引入了适配视图（Adaptive Views），通过使用继承方式，只需改变某一个控件的某些属性，就可以让这一个控件出现在所有 / 部分视图中，并以合适的外观显示在视图中。假设有三个视图（桌面 PC、平板电脑、移动手机），Axure

不需要为三个视图分别创建控件，而只要一个控件就能在三个视图中通过适配 UI 进行呈现。如果在移动手机视图中删除了这个控件，那么在其他两个视图中也会同步删除。所以，此时的重点就是知道这一个控件出现在哪些视图中。因此，Axure 中出现了两个新术语——放置（Placed）和未放置（Unplaced），用来描述某一个控件是否出现在某个视图中。在控件管理器中就可以很方便地查看所有被使用的控件。

如图 2-44 所示，我们看到了一个 Home 页面线框图（A），其下面有线框图中所包含的所有控件（B），可以很容易区分出不同的模板、动态面板和控件类型。

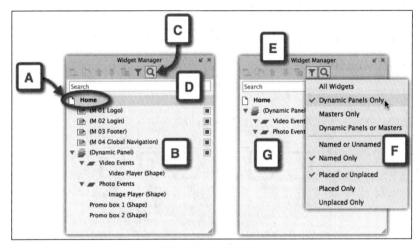

图2-44　控件管理器

点击 Search（搜索）按钮（C），切换显示搜索框（D），可以通过名字查找控件。

点击 Filter（过滤）按钮（E），可以在菜单中过滤显示所需要的控件类型（F）。

2.8.1 控件管理功能

Widgets Manager Functionality

根据控件管理面板中所选择控件的不同，控件管理功能也会不同。控件管理功能描述如下：

- 为动态面板添加一个状态（图 2-45，A）。

- 复制一个动态面板的状态（B）。

- 对控件的位置进行上下移动（C）。

- 删除当前所选择的对象，也会从线框图中删除（D）。

- 对当前列表进行过滤（E）。

- 对当前列表进行搜索（F）。

- 鼠标悬停时进行预览（G），此项为新增功能。

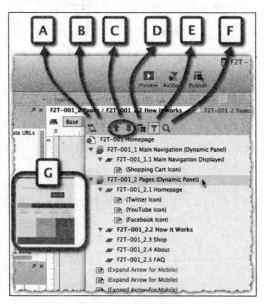

图2-45　控件管理功能

控件管理——过滤

点击图 2-46 中的漏斗图标（A），可以看到控件列表的过滤菜单（B）。

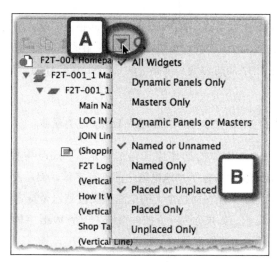

图2-46　过滤功能

可以使用以下方式进行控件的过滤管理。

- **按控件过滤**（Filter By Item）：显示所有控件、只显示动态面板、只显示模板、同时显示动态面板和模板。

- **按名称过滤**（Filter By Name）：同时显示已命名和未命名、只显示已命名。

- **按放置状态过滤**（Filter By Place Status）：显示放置和未放置、只显示放置、只显示未放置。

未放置的控件（即控件没有显示在当前适配视图中）显示为红色，起到警示的作用。但不要担心，这并不代表真的出错，因为在当前视图中是否使用这个控件，完全取决于你自己的决定。Axure 只是想用红色引起你的注意，然后让你作出正确决策。

2.8.2　使用Web字体（新增）

Web Fonts Mappings

很多年来，Web 中的字体（Typography）一向招人诟病，因为只有少量几种字体可以跨所有浏览器、设备和操作系统正确显示。最终，我们还是找到了一种技术，让设计人员能够利用字体的力量和美感，改善 Web 用户体验。这种技术就是 Web 字体（Web Fonts）。

Axure 能够支持 Web 字体得益于 Google Fonts 这类项目。

Axure 中使用 Web 字体的运作原理是怎样的？ Axure 中控件的默认字体是 Arial。如果你为某个控件指定了本地电脑中的独有字体，然后发布原型到 AxShare 上，当其他人员浏览这个原型而这个人的电脑上又没有这个特定字体时，就会寻找一个替代字体进行显示。如果你为一个控件指定了一个 Web 字体，而不是本地特定字体，那么所有浏览者看到的都是同一种字体。

通过以下步骤，就可以在 Axure 中引用 Web 字体。

Step 1：指定或标记字体

在控件样式编辑器（Widget Style Editor）中，修改某一个控件类型的默认字体，将默认的 Arial 修改为其他字体，如图 2-47 所示。

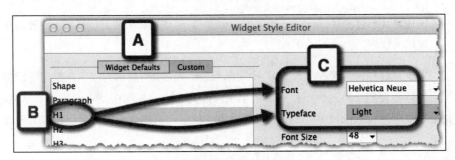

图2-47　控件样式编辑器

如图 2-47 所示，我们在 Widget Defaults 页签下修改 H1 控件类型的字体（A）。点击 H1（B），将字体修改为 Helvetica Neue，将字形粗细修改为 Light（C）。现在，每一个 H1 控件都将会使用 Light 的 Helvetica Neue 字体。

Step 2：找到Web字体

本示例中，我们使用了 Google 字体库（图 2-48，A，Google 字体库——*https://www.google.com/fonts#*）中的 Web 字体 Lato（B）。通过以下方式为 Axure 设置 Web 字体的地址：

1.　从样式列表中选择Normal 400（C）。

2.　复制字体的URL（D）。

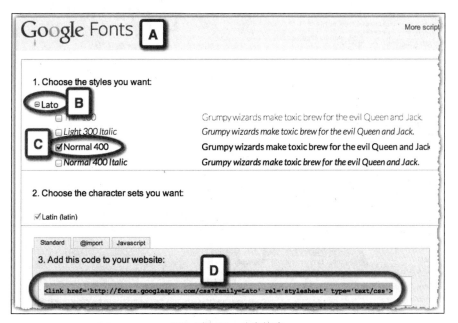

图2-48　Google字体库

Step 3：填写Web字体的URL

通过以下步骤，将 Web 字体的 URL 输入 Axure 中：

1. 点击Axure工具栏上的Publish（发布）图标，然后点击Generate HTML （HTML 1）（生成HTML原型）（图2-49，A）。

2. 点击Web Fonts 选项（B），点击"+"符号（C），添加Lato 字体。

3. 在名称输入框中为字体定义一个Name（名称）（D）。

4. 在URL输入框中，粘贴刚才从Google字体库中复制的URL（E）。此时，Axure 中的Web 字体会被罗列出来（F）。

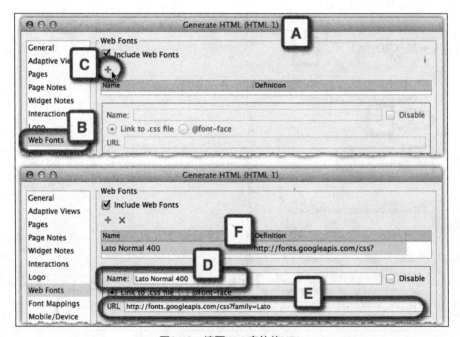

图2-49   填写Web字体的URL

Google Web字体的URL格式，如*http://fonts.googleapis.com/css?family=Lato*。

5. 在生成HTML对话框的Font Mappings选项（图2-50，A）中，点击"+"，创建一种新的字体映射关系。

6. 从字体列表中，选择想要映射的原字体（B）。如果勾选上Choose a specific typeface，则还可以为字体自定义粗细。

7. 在本示例中，将原字体映射为Lato、400、normal（C）。

8. 当生成HTML原型时，所有H1控件的文本字体都会被映射显示为Web字体。

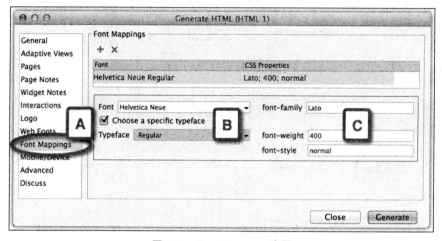

图2-50　Font Mappings选项

2.9　工具栏和菜单栏

The Toolbars And Menu Bar

由于 Mac 和 Windows操作系统对菜单和工具栏的不同处理方式，因此 Mac（图2-51，A）和 Windows 7（F）的工具栏、菜单栏会有些不同。在 Mac 版 Axure 中，如果由于窗口太窄，无法完全显示工具栏上的功能，则可以点击工具栏最右边的双箭头（B）显示更多功能（C）。你也可以自定义哪些功能在工具栏上显示，只要在工具栏上点击鼠标右键，选择 Customize Toolbar... 选项（D），就可以选择要在工具栏中显示的功能（E）。

在 Windows 版本中，可以通过 Axure 的 View 菜单（图 2-51，G）下的 Toolbars 子菜单（H），选择要显示哪些工具（I）。

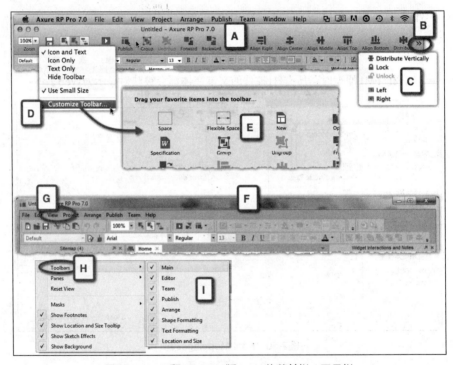

图2-51   Mac和Windows版Axure的菜单栏、工具栏

2.10　生成的原型

The Generated Prototype

在生成的 HTML 原型中，在 Sitemap 页签（图 2-52，A）下有一个小工具栏。

- 如果是响应式 HTML 原型，则可以选择相应的适配视图（B）。

- 可以显示 / 隐藏注脚说明（C）。

- 可以高亮显示可交互元素（D）。

- 可以查看变量的值——在调试原型时尤其实用（E）。

- 可以为原型生成带有当前 Sitemap 面板信息的实时 URL（F）。

- 可以在 Sitemap 中搜索（G）。

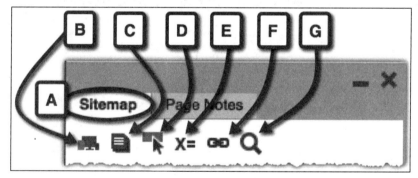

图2-52　Sitemap页签

2.11   总结

Summary

如果你是 Axure 新手，希望本章能够让你熟悉 Axure 的工作环境，激起你使用 Axure 进行线框图设计的兴趣。如果你已经使用过 Axure，希望本章内容可以帮助你了解 Axure 7 和一些重要的新功能。如果你觉得了解得还不够，那么强烈推荐你访问 Axure 的官方网站，上面有很多视频和练习可以帮助你了解 Axure 的丰富功能。

很多用户（包括我们自己）在下载使用 Axure 试用版后（Axure 官方允许 30 天试用），几个小时内就可以有高效的工作成果产出。如果打算购买 Axure，我坚信你一定会很快赢回投资。如果 Axure 成为你的主要原型工具，越了解它，就越可以自由表达令人信服的设计想法。

接下来的第 3 章会介绍原型设计的一些基础概念，包括页面、模板、动态面板，以及介绍如何创建具有扩展性、复用性的线框图，为构建良好的原型打下基础。

第3章
快速入门
Prototype Construction Basics

用户体验设计既是艺术又是技术，是问题解决模式和方法的创造性融合。原型在成功的 UX 项目中扮演着重要角色，因为原型既可以对当前产品进行详细交互模拟，也可以对未来产品进行展望。通过 Axure，UX 设计师无须懂得编程就可以快速模拟出丰富的交互体验。

Axure 7 提供了一些新功能，例如适配视图（Adaptive Views）和中继器（Repeater）控件，使 UX 设计师无须懂得编程，就可以快速地模拟出具有真实数据、跨设备交互的用户体验。如果你还懂一点编程，那 Axure 将带来更多精彩。

在 2000 年前 Axure 还未出现时，如果想要快速交付一个交互式原型，就要付出很高成本，这让很多公司望而却步。大多数 UX 设计师不是程序员，只能在 Visio 或类似工具中画出静态线框图，然后由经验丰富的开发人员把静态线框图转化为 JavaScript、动态 HTML 或 Flash 交互式模型。在 Axure 和类似无须编程的原型设计工具出现之后，设计师才真正掌控了原型设计，能够对交互式体验进行模拟。

然而，自 2012 年后，响应式 Web 设计开始变得流行，很多设计师又要开始让前端开发工程师来创建原型，或者设计师要迫使自己来编写原型。

如果让开发工程师来制作原型，设计过程就会变得缓慢、低效、高成本。设计师在交互上的探索，可以避免一些体验上的风险。如果让开发工程师来实现，就需要花很多时间去沟通交互流程和控件行为，开发完了还要一起来调试原型，这就很难实现快速迭代和尝试不同的备选设计。

适配视图（Adaptive Views）是 Axure 7 的一个新增功能，旨在帮助 UX 设计师快速创建复杂的响应式原型。有了这种能力，UX 设计师不仅能腾出时间，专注地研究原型的设计方法、技术和最佳实践，还能使不同视图中的 Axure 原型结构保持一致，减少一些不必要的错误发生。

在这一章，我们会了解以下内容：

- 基于 UX 原则的原型设计。

  ○ 策略：当以用户为中心的设计遇上商业需求。

  ○ 移动优先和预算时间表。

- 沟通发现。

  ○ 在研究发现和产品需求的基础上，构建用例和任务流程图。

- 构建原型的基础。

  ○ 建立一套命名规则；

  ○ 利用网格和参考线的辅助，创建基本线框图；

  ○ 模板和动态面板；

  ○ 鼠标动作的视觉响应；

  ○ 使用草图效果。

以上内容会相互交织，因为原型构建过程和 UX 设计紧密相关。原型只是 UX 设计的一部分，是一种设计表现，是和利益相关者各方的重要沟通主桥梁。

 在本书中，我们专注于原型的策略和构建，而不是实际的设计。

3.1　基于UX原则的原型设计

Aligning UX With Prototyping Principles

用户体验和原型设计是紧密相连的，成功的体验一般都会涉及规划、分析、综合考虑需求和限制，产出连贯一致的交互设计系统。通过用户体验设计过程产出原型时，也会涉及原型的前期规划；通过 Axure 产出原型后，还需要进行评审、验证和修改，对原型进行快速迭代。

作为一名 UX 设计师，想要控制项目全局，通常需要一定的经验。然而，获得行业经验需要花费大量时间。在你对一个行业不是特别了解的情况下，采用严谨的方法就显得尤其重要。下面是一些简单、通用的原型设计指导原则：

- 对原型和文档进行评估、计划，而且要保持不断评估。快速原型设计不是要立即跳入 Axure 画线框图，而是要先明确方向，才能帮助你按照所期望的时间、预算和期望，最终交付良好体验。

- 精通所使用的原型工具，如 Axure。我们所掌握的工具和手艺质量可帮助我们塑造交付物，也能让客户和合作伙伴更加信任我们的创意想法和专业能力。

- 不要盲目实现所有 Axure 可以达到的效果。对要实现的原型保真度、细节，要讲求方法和策略。

- 考虑多设备多平台（即要考虑设备无关性）。除非清楚地定义项目所针对的设备和平台，否则就要考虑多设备和多平台的设计。Axure 7 支持响应式 Web 设计。

- KISS 原则：保持简单直接（Keep It Simple，Stupid）。这条原则的执行并没有这么简单，我们往往会陷入不必要的复杂。简单和复杂并不是相互排斥的，你的体验设计和构建方法也许很简单，但可以很强大。

本书将通过示例项目和一些小例子来演示这些原则在实际场景中的应用，你可以从 AxShare（*http://share.axure.com/*）下载这些示例。虽然许多想法和最佳实践都是通过 Axure 来呈现的，但工具不是重点，这些理念在其他原型工具中一样有用。

3.2　Axure原型入门

Getting Started With Prototyping In Axure

本书的示例项目名称为"Farm2Table"，是一个电子商务网站。这个示例项目会涉及原型设计的主要步骤：规划、构建、迭代。为了让读者能更加轻松地理解和掌握大量的 Axure 功能和技巧，本书会对示例项目进行全程讲解。

当然，在真实项目中，无论项目规模大小和复杂度，所涉及的 UX 方法和过程步骤一般包括前期探索、用户研究、竞品分析、需求收集和分析、迭代设计和可用性测试等。而本书的示例是对真实项目的精简提炼，主要是针对快速迭代设计过程，分为以下几个部分。

- 概念形成（Concept Development）；

- 概要设计（High-level Design）；

- 详细设计（Detailed Design）。

3.2.1　关键设计活动

Key Design Activities

每个公司的开发流程都会不太一样，从瀑布到敏捷型等。如果你是一个外部咨询顾问，那么所遇到的各个公司的流程和方法可能有更大差异，甚至超乎预料。但有些关键设计活动还是基本相同的，如表 3-1 所示。

表 3-1　关键设计活动

	概念形成	概要设计	详细设计
关键活动	探索活动： ● 用户研究（人物角色、用户类型、任务流）； ● 竞品分析； ● 利益相关者访谈； ● 概念体验框架	● 响应式 Web 设计； ● 内容策略； ● 体验框架； ● 关键线框图和交互模式	● 迭代设计； ● 详细线框图； ● 文档 / 说明书
注意事项	● 把控总进度（设定关键里程碑，如产出草图、对原型的测试和重构、从头开始创建愿景原型，各个环节的时间节点）； ● 使用愿景原型； ● 理解大家对原型保真度和文档细节的期望	● 建立命名规范； ● 规划原型（要模拟哪些地方以进行测试）； ● 让大家对交付物达成一致（轻量级还是重量级；Word 还是 HTML，还是两者都要）	● 对场景进行测试； ● 注重实效的交互

原型应该是吸取了用户和利益相关者的需求或想法，并加以一定的设计方法产出的结果，包括：

● 管理层的期望和愿景；

● 利益相关者的指示和优先级；

● 用户研究的洞见；

● 目标用户的直接或间接反馈；

● 内容策略；

● 商业需求；

● 技术方案；

● 可用性测试对设计的验证。

3.2.2 示例侧重点

Assumptions And Disclaimers

本书的案例只是一个简单示例项目，所以我们假设已经完成以下工作（这些工作在真实项目中必须提前完成）：

- 与公司内各利益相关方的战略会议；

- 访谈目标用户；

- 对现有产品进行可用性方面的研究；

- 竞品分析；

- 对现有网站内容进行分析和盘点；

- 已完成部分信息架构，包括高级别的分类和全局导航；

- 建立一个主要功能和特性的优先级列表；

- 建立人物角色和一个用户角色矩阵，以及人物角色的关键任务和流程；

- 用于建立高级商业需求所需要的任务。

基于以上对产品和目标用户的实质性了解，就可以开始使用 Axure 和发挥创造力了。

由于篇幅和形式的限制，本书的示例项目不会涉及真实内容、设计、各响应式技术，也无法详细讨论所有UX产出物。我们会专注于那些可以在实际项目中通用且常用的方法和模式。

3.2.3　目标和产出物

Objectives And Artifacts

在设计的早期阶段，会有一些 UX 产出文档，这些文档对建立产品的整体用户体验框架非常重要。从概念模型（Concept Models）到人物角色（Personas）、用例图表（Use Case Diagrams），再到任务和交互流程（Task & Interaction Flows），这些文档不断巩固利益相关者对项目的共同理解。然而，在创建了线框图和原型之后，之前的文档通常会被遗忘，当初建立的共识也渐行渐远。

这些文档价值递减的一个重要原因就是可用性不强。我们通常使用 Visio 或 OmniGraffle 等软件来创建这些文档，并且保存为 PDF 或 PPT 文件。为了共享，这些文档又通常保存在共享服务器或 Wiki 上，但较难被检索和获取，因此它们就被渐渐遗忘。

我们会展示如何将这些文档和 Axure 文档进行整合，通过鼠标点击就可以让大家轻松访问。把这些文档与线框图、原型整合在一起，可以为整个团队带来很高的价值。

后续我们将会讨论：

- 概念模型和用户角色。

- 在为线框图和原型建立概念框架时，用例和流程图是项目前期的重要交流工具。此时也会讨论 Axure 的图表功能。

- 用模板和动态面板等方法构建原型及迭代修改。

- 随着深入交互、控件库、样式、注释等主题，示例项目会让我们更清楚不同的概念和构建方法。

- 利用 Axure 进行团队协作。

3.2.4   命名规范、标签和唯一ID

Naming Conventions, Labeling, And Unique IDs

生活中我们会对很多事物命名或贴上标签，以方便使用和查找。项目也一样，命名系统在整个开发过程中都非常重要，对 UX 团队也一样。在本书中，我们会反复强调为页面、控件、模板以及其他元素使用唯一标识命名的重要性。具体来说，命名能带来以下好处。

- 减少与利益相关者之间的沟通风险。

  确保所有人都可以找到相同的页面，假如有个人认为某一页面上的元素有问题，则他可以通过这个页面的唯一ID明确指出该元素。

- 让 Axure 文件变得容易理解。

  Axure可以让你管理所有控件，但是，如果没有对控件命名，那么在创建交互时就会变得非常麻烦，因为默认的通用名称都一样。

- 可追溯性。

  当要展示如何以及在哪里解决了相应需求时，可以为需求关联上相应页面、模板及其他元素的标签ID。

3.2.5   Farm2Table项目简介

The Farm2Table Sample Project In A Nutshell

在本书的示例项目中，我们要开发一个叫"Farm2Table"的电子商务网站，让当地农民为当地消费者出售新鲜有机农产品。简单来说，系统是这样运作的：

- 每个星期，用户可以在网站上预订农产品。

- 每周六，农民会把用户预订的农产品送到当地某个地方。

- 网站上发布的内容由网站方编辑，例如，针对每周农产品的烹饪食谱，帮助用户最大化地利用好他们购买的农产品，并尝试一些新事物。

- 社交功能可以让农民和消费者相互了解，加强合作和交流。

- 这个系统还需要一定的扩展性，可以让这种商业模式使用在其他地方。

3.2.6　交互式概念模型

Interactive Concept Models

在探索阶段，我们需要收集各种调研信息，并与利益相关者一起验证我们对需求的理解。当需要和相关人员交流的时候，概念模型就变得非常有用。

一个很好的例子就是**用户概念模型**（Users Concept Model），可以标示出关键用户类型，以及为了满足这些用户需求而需要的特定功能。通常，会由 Visio 或 **OmniGraffle** 创建一张静态图表。

Axure 提供了一些流程组件，非常适合创建这种概念模型，如图 3-1 所示。

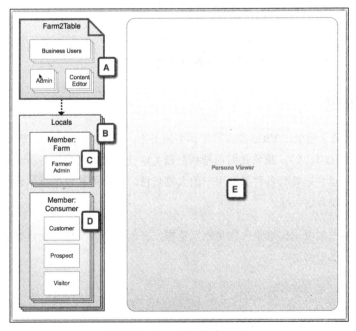

图3-1　Axure创建的流程图

在 Farm2Table 项目中，有以下几种用户类型。

- Farm2Table 电商公司的员工用户（图 3-1，A）：

  ○ 管理、会计、销售、市场等方面的业务人员；

  ○ 做技术支持和维护的系统管理人员；

  ○ 维护网站内容的编辑和其他人员。

- 每个地区的 Farm2Table 用户（B）。农民商家会员用户（C），他们非常忙碌，特别是到了丰收的季节，根本没有时间来上网。

- Farm2Table 的消费者（D）。

  ○ 会员（Member-customer）：在网站进行注册并为服务买单。

  ○ 非会员的订阅者（Prospect，他们是潜在用户，可能会成为会员）：在网站上留下电子邮箱并愿意接收新资讯和其他内容。

  ○ 非会员的访问者（Visitor）：访问这个网站但没有留下电子邮箱,也是一种潜在用户，需要通过发布内容吸引他们来注册。

Axure的优势

Axure 概念模型比 Visio 类流程工具更加出色，是因为人物角色预览框（Persona Viewer）（图 3-1，E）。想象我们在与利益相关者开会讨论用户任务和流程，通过这种模型，可以快速看到各种类型用户的人物角色。而使用其他工具创建的概念模型的可读性并没有这么好。

阅读本书时要记住这个人物角色预览框，在示例文件里已经创建好了一个，也可以试着自己去创建。

3.2.7　功能和需求

On Capabilities And Requirements

在现实中，创建业务需求的过程是痛苦的，因为不同项目很难复用同一种方法来定义需求。限于本书篇幅，我们就不在这里深入讨论这个让人痛苦的话题。

在这里我们会比较轻松一些，通过之前的介绍，你应该对 Farm2Table 这个项目的需求和功能有一些了解。在一些项目中，别人会整理好业务需求文档给你；在有些项目中，你需要为一个重要的角色去参与需求开发。而 UX 设计师最大的使命就是把需求转化为实际的用户体验方案。

本节列出了一些常规的专业术语及其定义，每个团队对术语的定义可能会有差别。为了避免沟通过程中的误解，在开始项目时一定要确保自己对特殊术语有正确的理解。

- **需求**（Requirements）。

  ○　对一个业务功能明确定义，无二义性。

  ○　每一个定义只包含一个简单功能。

  ○　需求应该按照某种相关性进行分类，如业务、用户、系统、法务等。

  ○　业务需求不应该定义用户体验形态。例如，下面的例子就是不正确的：

    "用户应该能够从下拉列表中选择选项"。UX设计师自己会决定使用什么样的控件来满足需求，可能是下拉列表或其他。

  ○　不要使用Axure来管理需求。

- **用例**（Use case）。

  ○　一个用例是一个用户和系统之间交互行为的抽象可视化表达。

  ○　用例表应该在Axure中建立，并且能够链接到相应的流程图和页面。

- **情景**（Scenario）。

  ○ 一个情景是描述用户在完成任务时，在系统中可能经历的路径。

  ○ 原型应该基于已经达成共识的场景来设计。

初始需求和高级需求

很多时候，需求往往是 Word 文档中的一串列表。本书多次重复提到需求具有风险性和复杂性。这里我们要强调的是，必须给每一个需求编号，进行明确的标示。

下面是 Farm2Table 项目的一些需求样例，依据它们来制作简单的原型。注意，UX 是不负责地创建业务需求的，UX 设计师不要屈从于不明确的需求。尽管如此，UX 人员要能够很好地解读需求，对需求的描述要强调以下要素。

- 每个需求都应该有一个唯一标识（表 3-2，第 1 栏）。标识名称可以用前缀 **BR**（Business Requirement，业务需求）作为命名规则，加一个功能类型 ID 编号，再加一个流水号。流水号应该采用三位数，可以支持上百个需求编号，这在大项目中会遇到。这样一个需求 ID，对于阅读的人来说意义明确，并且在数据库或电子表格中还可以进行排序、分组或筛选。

- 每个需求都要用文本描述一个单一的功能（表 3-2，第 2 栏）。

- 相关的功能都会有一个共同类型编号 ID，ID 命名习惯取决于不同项目（**表 3-2**，第 3 栏）。

- 最后对于功能类型还要有一个文字性描述，以帮助理解（表 3-2，第 4 栏）。

首页

表 3-2 所示的是首页的需求列表，并且以功能分类。

表3-2　首页需求列表

需求 ID	需求描述	功能类型 ID	功能类型描述
BR_C-01_001	所有用户（包括访问者和会员）可以看到当地农民下周要提供的所有产品	C-01	订单创建和管理
BR_C-01_002	可以通过分类（水果、蔬菜等）或农场查看农产品	C-01	订单创建和管理
BR_C-01_003	所有用户可以从一个农场添加 10 种不同的农产品	C-01	订单创建和管理
BR_C-01_004	所有用户可以自由选择 10 个农产品，例如 10 个洋葱或者每种产品一个	C-01	订单创建和管理
BR_C-01_005	要列出每种农产品的数量，例如 4 个洋葱	C-01	订单创建和管理
BR_C-01_006	用户修改或删除农产品时，每周内容应该进行更新和预览	C-01	订单创建和管理
BR_C-01_007	只有当用户选择了 10 个农产品后才能下单	C-01	订单创建和管理
BR_C-01_008	当用户想要下单时必须要登录	C-01	订单创建和管理
BR_C-02_001	高级用户可以添加 12 个农产品	C-02	账户创建和管理
BR_C-03_001	所有用户都能查看农场和农民的信息	C-03	社交
BR_C-03_002	所有会员可以对农场和产品发表评论	C-03	社交

虽然编写业务需求不是你的责任，但还是强调以下几点。

- 在没有任何格式的需求文档基础上做设计，简直是灾难。
- 拿到需求后，要尽早评估需求质量，检查是否存在歧义、自相矛盾、二义性等问题。
- 业务方是需求的最终所有者，UX 设计师可以以积极的态度去辅助完善需求。

好的需求应该用简短、明确的语句，描述清楚用户、用户行为、操作结果。换句话说，就是每一个需求语句应该就是一个用例（Use Case）。关于用例方法的讨论，已经超过本书范畴，但这方面有大量书籍和资料可以查阅。

Axure与需求管理

Axure 不是一个需求管理系统，但是在某些情况下，Axure 7 可以代替 Excel 或 Word，例如：

- 团队项目。

- SVN 已经启用。

- 业务分析师也参与使用 Axure，并在 Axure 里维护需求。

- 需求可以录入中继器控件（Repeater），类似于一个电子表格。

展望未来，Axure 也许可以通过一些电子表格和需求管理系统集成，这样就可以在 Axure 中看到实时更新的最新需求版本。这对 UX 来说工作效率的提升是显著的。

用例

关于用例可以写上一整本书，现在也已经有了很多这样的书。如同大部分文章一样，我们强烈推荐在项目开始的时候，就找准大家对用例图的期望。对于用例图的定义有很多种，但也有一些公认的创建方法，例如**统一建模语言（UML）**。

通常情况下，业务方或其他利益相关者很难理解用例图。因为用例其实是对用户角色和关键业务流程做了抽象表达。经验表明，用例图不一定要建得多么美观，但一定要让利益相关者能够很容易地看明白。

下面来看看 Farm2Table 项目中的一些用例，如表 3-3 所示。

表 3-3　用例列表

用例 ID	用例名称
UC-01	新建订阅（Setup a New Subscription[tGift]）
UC-02	下单（Assembe My Weekly Box）
UC-03	推迟交货（Suspend Delivery）
UC-04	设置重复订单（Set Repeat Box）
UC-05	对农场或产品评论（Review Farm/Produce Details）
UC-06	续订（Renew Subscription）

下面是对创建用例和原型的一些建议。

- 不要创建与用例无关的原型。

- 首先对优先级高的用例进行原型设计。

- 每个用例应该要有一个主要方案和替代方案。

- 为用例 ID 建立命名规范，例如我们使用前缀 UC 代表用例。

> Axure是一个集成了画线框图、生成原型、生成规格文档等功能的系统。这意味着在创建线框图和原型时，就可以同时创建规格文档。Axure非常适合创建用例图和流程图，因为可以很方便地生成到规格文档中。

3.2.8 用例图页面

Use Case Diagram Page

原型只是整个应用程序的样本，在大多数情况下，它并不能模拟各种用户在各种情景下的状态。

这就意味着在开始设计原型前，就要确定哪些状态需要创建原型来模拟。创建用例库可以很好地告诉利益相关者，哪些状态和流程将会进行模拟并需要评审和测试。随着线框图和原型的建立，用例库的价值会越来越显著。

步骤1：添加流程页面

很多人会对 Axure 的流程页面和图表功能感到吃惊。当启用 Axure 时，新文件中默认会创建一个主页和三个子页面（图 3-2，A）。我们建议保持线框图结构，在最前面创建一个流程页面（B），例如用例图或流程图。

请注意，站点地图中的页面顺序就是 HTML 原型或 Word 规格文档输出时的顺序。将结构或流程页面放在前面，可以在人们开始浏览线框图和具体交互之前，向他们阐述清楚整体项目概况，如用户流程。在项目早期的评审会上，这种原型描述是非常有用的。此外，在后期的 UX 规范中，浏览者也可以通过流程图页面，对整个应用有一个清晰概览。

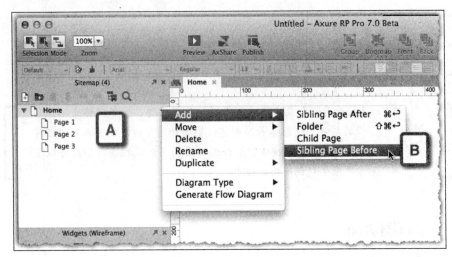

图3-2　站点地图结构

　　双击新建的页面可以进入编辑状态。将新页面重命名为 Use Cases（图 3-3，A）。
Axure 可以通过设置页面图标，区别流程图（Flow）页面和线框图（Wireframe）页
面：从右键菜单的 Diagram Type 中选择 Flow 选项（B）。

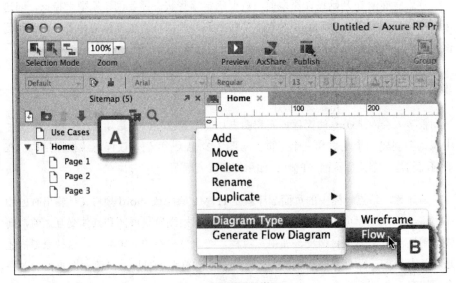

图3-3　设置页面类型

注意这时页面的图标已经变了（图 3-4，A），这样就很容易区分流程图页面和线框图页面。

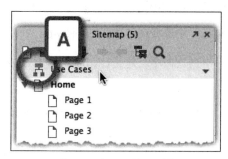

图3-4　流程图页面图标

显示网格

网格是一个非常有用的功能，但默认情况下是隐藏的，可以通过以下两种方法来显示网格。

1. 右键单击页面上的任何区域，在弹出的菜单中选择 Show Grid（显示网格）选项（图3-5，A）。

2. 通过顶部的 Arrange 菜单也可以找到显示网格的选项。

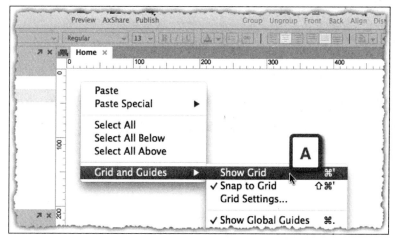

图3-5　显示网格

步骤2：创建用例图

接下来通过以下步骤创建用例图：

1. 在控件面板（Widgets）中选择Flow控件库（图3-6，A）。

2. 将Actor控件（B）拖到页面中。这是UML和大多数图表方法中表示用户的图形。

3. 将Ellipse控件拖到页面中，标注为Subscribe/Create Account（C）。

4. Ellipse控件在UML里表示用例，可以根据需要继续创建。

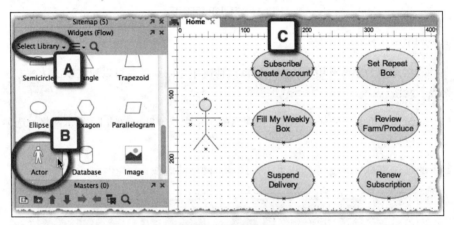

图3-6　创建用例图

优化图表

为了让用例表更加完整，可以将用户与用例关联起来，并将所有控件组织得更像一个演示文稿。如图 3-7 所示，给用例添加一个背景和标题，并用一个箭头将用户和用例联系在一起。

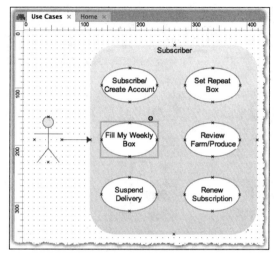

图3-7　优化用例表

Axure的选择模式

借此机会来熟悉 Axure 的三种选择模式，可以方便地对页面上的控件进行选择、移动或排列。在 Axure 工具栏中可以找到这三种选择模式（图 3-8 中的 A 和 B。A 为 Windows 版本，B 为 Mac 版本）

1. **交叉选择模式**（C）。交叉选择模式（Select Intersected Mode）是Axure 的默认选择模式。在页面中单击并拖动鼠标时，所有被选择区接触到的控件都会被选中（哪怕只有一点点被接触到）。

2. **包含选择模式**（D）。在包含选择模式（Select Contained Mode）下，只有被完全包含在选择区内的控件才会被选中。

3. **连接线模式**（E）。在画流程图时，连接线模式（Connector Mode）非常有用。它会产生连接线，用于连接各个流程图控件。

就个人而言，相比默认的**交叉选择模式**，我更喜欢**包含选择模式**。因为它只选择完全被包含的控件，提供了精确选择，就可以把那些虽然离得很近但不需要的控件排除在外。

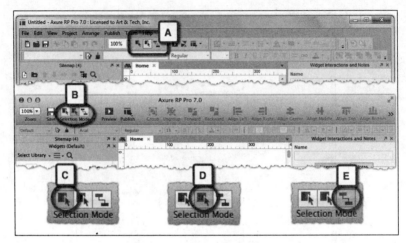

图3-8　Axure的三种选择模式

排列控件

要对页面上的控件进行排列，可以使用工具栏中的 Object（对象）工具。图 3-9 所示的就是 Mac 版本下的工具栏。

- 组合和取消组合（图 3-8，A）；

- 上移一层、置于顶层、置于底层、下移一层（B）；

- 左对齐、居中对齐、右对齐、顶部对齐、底部对齐（C）；

- 横向分布、纵向分布（D）；

- 锁定、解锁（E）。

图3-9　控件组织工具栏

如图 3-10 所示，使用**对齐**（A）和**分布**（B）工具对用例页面中的用例控件进行组织。

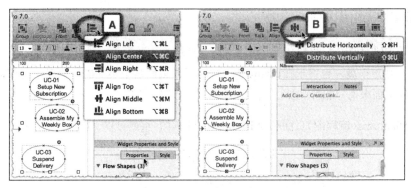

图3-10　使用对齐和分布工具

　　当所有用例都对齐且纵向分布后，可以使用 Group 选项将它们组合起来形成一个组。选择这个组，按住 Shift 键，再选择用来表示用户的 Actor 控件，然后使用居中对齐选项就可以让用户与用例对齐。

　　接下来将选择模式切换到连接线模式（图 3-8，E），将用户与用例连接起来。最后应该看起来像图 3-11 所示的这样。

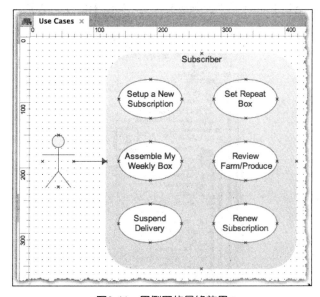

图3-11　用例图的最终效果

使用文件夹组织页面

通过文件夹，可以组织 Sitemap（站点地图）中的页面，这个功能在过去几年中一直呼声很高，也终于在 Axure 7 中实现了。虽然是个小功能，但对于有序清晰的组织页面来说却非常重要。

- Diagrams（流程图）页面和 Wireframes（线框图）页面可以保持独立（图 3-12，A）。

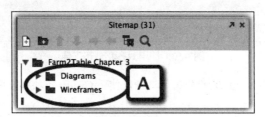

图3-12   使用文件夹

- 能够反映项目的关键内容。

在团队项目中，要避免建立太多的文件夹。在 Farm2Table 原型中，我们只建立了 Diagrams 和 Wireframes 这两个顶级文件夹，如图 3-13 中的 A 所示。

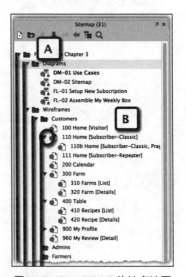

图3-13   Farm2Table的站点地图

在 Wireframes 文件夹下，按用户类型有三个文件夹（B）。

- 消费者（Customers）。

- 管理者（Admins）。

- 农民（Farmers）。

在各个分类下，可以进一步嵌套相应页面。

3.2.9　保存项目文件

Saving The Project File

虽然 Axure 运行稳定，但还是应该养成尽早保存和随时保存的工作习惯。除了标准的保存方法外，还推荐两种支持迭代设计的工作方法。

RP格式文件归档

每天工作结束后，使用另存为（Save as）命令创建一个 RP 文件的每日归档版本。另外，在对关键线框图进行重大修改之前，也可以使用另存为命令进行存档备份。

为什么要这么做？随着要解决的需求越来越细化，Axure 文件也会包含越来越多的细节。最初那些觉得"前途无量"的想法可能已经变得不再可行，加上利益相关者和用户的反馈意见，你可能要对项目进行大量修改，甚至要回溯到以前的某个版本。

这时就需要保留连续的 Axure 文件历史。对于单机文件（RP），这意味着你要负责管理文件的修订历史。这里不仅仅是说要对文件进行备份。

管理文件的修订历史对我而言非常简单：在每天工作结束时保存文件。然后，使用另存为命令将文件保存到一个归档目录"Archive"中，并在文件名末尾附加日期。第二天，在当前目录"Current"中打开文件。使用这种方法总是可以找到或恢复以前的内容。如果有需要，还可将这些历史内容添加到当前文件中。

RPPRJ格式——团队项目

设计的过程是快速迭代的，有时你会后悔自己之前做的一些修改，有时候又因为一些反馈和意见要回溯到之前的版本。有没有一个系统可以自动捕捉所有工作，并可以恢复到之前保存的任一版本呢？

其实这个功能在 Axure 中已经存在，那就是支持团队协作的团队功能。即使你是一个人，也可以使用上面说的版本控制功能。我们强烈推荐使用这种方法，在第 7 章中会详细介绍。

3.2.10   任务流程图页面

Task Flow Diagram Pages

制作原型的目的是进行可视化呈现和演示用户体验。在开发演示原型之前，首先要明确关键用户的任务是什么，因为这才是产品存在的理由。由于本书只在 Axure 背景下讨论，因此会专注于创建任务流程图。

任务流程图是用户和系统之间交互的一种抽象模型。任务流程图在以下方面也起着非常重要的作用。

- 与业务、技术利益相关者一起确认每项任务的顺序和逻辑。

- 讨论要对哪些流程（或流程的哪些部分）进行原型设计，以及要达到何种保真度。

流程图应该基于明确的情景而形成，这些情景由以下一组信息确定。

- 系统对给定用户的了解。

- 系统提供给用户的选项。

- 用户的操作。

UX 流程图虽然没有设定标准，但是请牢记，清晰、准确、有条理的流程图，有助于与利益相关者进行沟通。

Axure 提供创建流程图、流程图连接到线框图的一站式环境，能够在单独应用中进行用户体验建模、模拟、文档化，提供一个完善的工作环境。

任务流程图

通常，我们会使用一些特定的工具来创建编辑文档，例如 PC 上的 Visio 和 Mac 上的 OmniGraffle 都是比较好的选择。这两款软件都不错，很多从业者都很喜欢使用。但它们只能制作静态的图表，同时也只能实现单个用户编辑。而在 Axure 里创建图表的好处是显得易见的，所有的文档都可以在一个工具里创建，可以很好地组织和链接。

下面为 Farm2Table 项目创建两个任务流程图，一个是新建订阅流程，一个是下单流程。在 Sitemap（站点地图）的 Use Cases 页面下新建两个页面，并将它们的页面图标改为流程图样式。

流程图：新建订阅

Axure 创建流程图的方式与 Visio 或 OmniGraffle 的类似，但 Axure 具备更多优势。

使用流程图控件（图 3-14，A）来创建流程图。使用连接线模式来为控件之间建立连接线，使用箭头样式选项为连接线添加箭头（见 FL-01 示例文档）。

另外，也可以从站点地图面板中拖曳页面来创建流程节点，注意这时在控件的左上角会有一个文档的图标（图 3-15，B）。在生成 HTML 原型之后，点击这个控件可以链接到对应的页面。

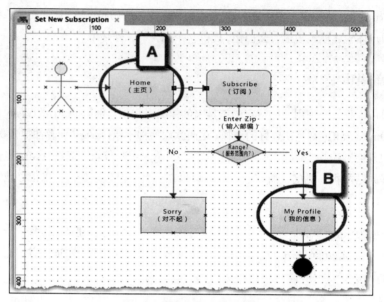

图3-14 新建订阅的流程图

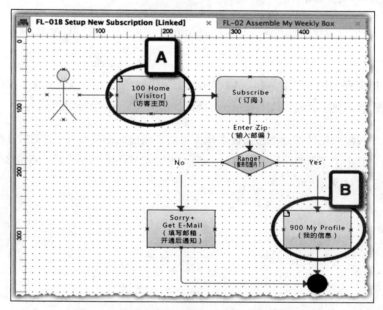

图3-15 在站点地图区拖曳页面来创建流程节点

流程图：下单

图 3-16 所示的就是下单流程，可解决如下需求：

- 用户无须登录就可以添加或移除购物车内的产品。

- 在正式下单前，用户需要登录才能完成下单。

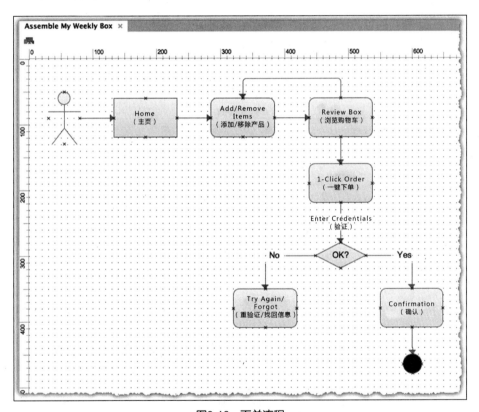

图3-16　下单流程

正如前面提到的，在讨论用例图的时候，就要确定用例的优先级，然后专注在最重要的用例场景上建立流程图，以确保利益相关者可以清楚地知道原型的范围。

3.2.11　用例链接到流程图

Linking Use Cases To Flow Diagrams While Keeping Your
Naming Conventions Intact

Axure 除了能创建流程图和线框图外，还可以为流程图和线框图建立链接，使
它们之间顺畅地跳转。

1.　打开Use Cases页面，进入线框图编辑区。

2.　在UC-01 Setup New Subscription用例（图3-17，A）上点击鼠标右键，在右键
　　菜单中选择Reference Page...（引用页面）选项（B）。

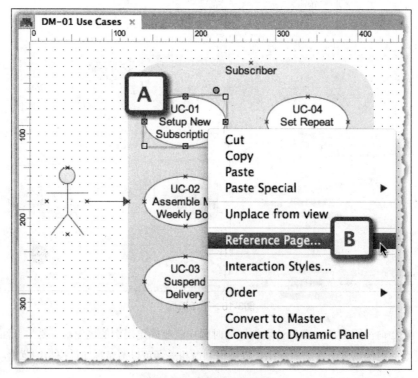

图3-17　流程图右键菜单

3. 在弹出的Reference Page（引用页面）窗口（图3-18，A）中列出了站点地图区中的所有页面。

4. 选择FL-01 Setup New Subscription页面（B）作为该用例的链接页面，然后关闭弹出窗口。

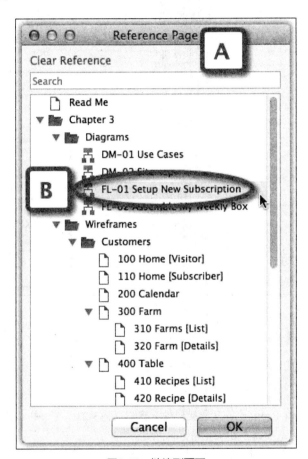

图3-18　链接到页面

5. 这时你会发现用例的名称也随之修改了（图3-19，A）。这会是个问题，因为我们在和别人沟通的时候还是希望可以保持统一的名称，所以也希望原来的用例ID不被修改。

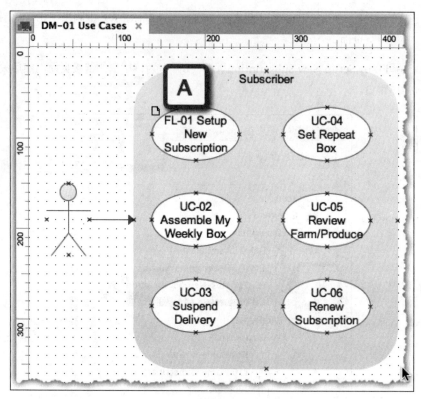

图3-19　用例名称被修改

6. 要撤销这个变化，最快的方法就是删除这个形状再新建一个。

7. 要保持用例的名称不改变，可以通过自行添加链接来实现。选中控件上的文本
（图3-20，A），点击工具栏上的链接图标（B）。

8. 在弹出的Link Properties（链接属性）窗口（图3-21，A）中，选择想要链接的
页面FL-01 Setup New Subscription（B）。

9. 现在用例就可以在链接到相应的流程图的同时保持原来的ID了。

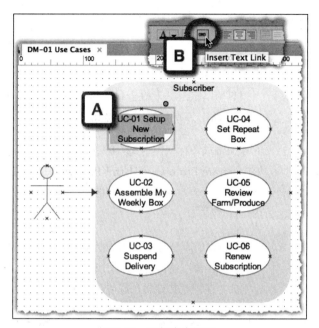

图3-20 添加文本链接

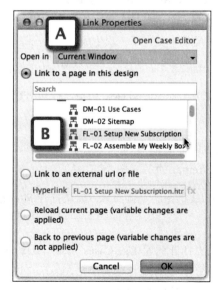

图3-21 选择链接页面

3.2.12   生成HTML原型

Generating An HTML Prototype

现在可以生成第一个 HTML 原型，来检查目前所完成的工作。你要经常生成 HTML 原型进行预览，确保 HTML 原型是按自己的想法在进行。

可以使用工具栏上的原型生成图标（图 3-22，B）或菜单栏的原型生成菜单（A）来生成 HTML 原型。在 Generate Prototype（Html Prototype 1）（生成原型文件）对话框（C）中可以进行各种输出设置。初期一般使用较多的是 General（常规）选项，用来指定 HTML 原型的存储路径。

默认情况下，Axure 将 HTML 原型保存在本地计算机文档目录下名为"Axure Prototypes"的目录中。或如第 2 章所述，也可以把所有项目文件都放在一个指定目录下，这样会更容易找到项目文件，尤其是想传送或备份工作内容时。

虽然 Chrome 或 Firefox 是默认推荐浏览器，也可以在 Open With 区（D）指定用什么浏览器打开所生成的 HTML 原型。每次生成 HTML 原型都打开一个新浏览器页签，多次生成就会打开很多个浏览器页签。有一个不错办法：第一次生成原型时，把所打开的页面收藏为浏览器书签，下一次生成时可以选择 Do Not Open（不打开）浏览器选项，以减少浏览器页签。以后在生成 HTML 原型后刷新页面即可。

单击工具栏上原型生成图标生成 HTML 原型，打开 HTML 原型页面后，可以看到：

- 左侧是带两个页签的页面导航区，即 Sitemap 页签和页面注释（Page Notes）页签，默认选中的是 Sitemap 页签（图 3-23，A）。
- 右边是显示流程图和线框图的主体部分，默认打开 Sitemap 页签中的第一个页面。

在这个例子中，默认打开的是 Use Cases 页面（B）。当鼠标移到 Setup New Subscription 用例上时（C），鼠标光标变为手形，表示可以进行点击。点击后，会进入 Setup New Subscription 流程图页面（D）。

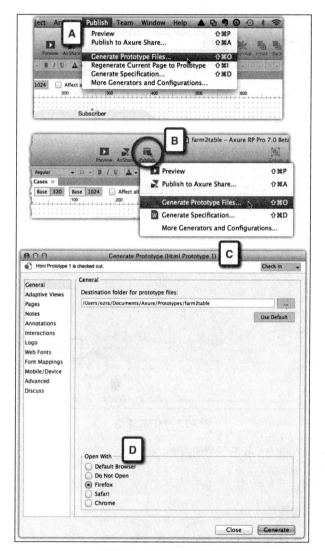

图3-22 生成HTML原型

现在的 HTML 原型中，这些页面矩形控件都有一个链接图标，点击图标将会链接到所引用的线框图页面（E）。

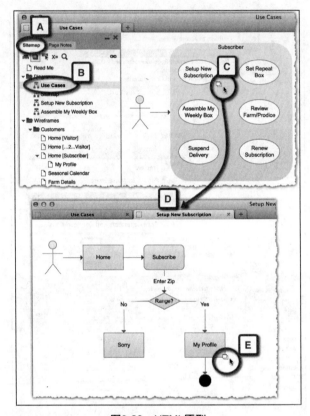

图3-23   HTML原型

下面总结到目前为止我们学到的内容。

- 创建用例图。

- 创建任务流程图。

- 在用例图、流程图和线框图之间建立链接和引用。

- 生成 HTML 原型。

即使是一个 Axure 新手也可以在 30 分钟内完成前面提到的这些内容，这些内容已经可以创建一个基本原型。在不断创建原型的过程中，用例图和任务流程图可以作为底层基础，让你对原型进行确认和验证。

3.2.13　站点地图

The Sitemap Diagram

另一个非常基础、典型、有用的图表就是站点地图（Sitemap），我们可以把所有页面摆放出来，如图 3-24 所示。

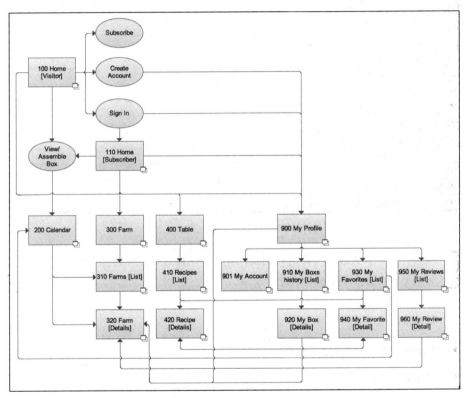

图3-24　站点地图

表 3-4 列出了 Farm2Table 网站与消费者相关的关键页面。由于本书只是一个示例项目，因此这里就不考虑农民和管理员的页面。

所有页面除了页面名称外，还有一个唯一的 ID。

表 3-4　关键页面

Axure 站点地图	消费者	
页面 ID/ 标题	访客	会员
100 Home[Visitor]（首页 [访客]）	Y	N
110 Home[Subscriber]（首页 [会员]）	N	Y
200 Calendar（日历）	Y	Y
300 Farm[Main]（农场 [主页]）	Y	Y
310 Farm List（农场列表）	Y	Y
320 Farm Details（农场详情）	Y	Y
400 Table [Main]（列表 [主页]）	Y	Y
410 Recipes（食谱）	Y	Y
420 Recipe [Details]（食谱 [详情]）	Y	Y
900 My Profile（我的信息）	N	X
901 My Account（我的账号）	N	X
910 My Box History [List]（我的历史预订列表）	N	X
920 My Box-[Detail]（预定详情）	N	X
930 My Favorites [List]（我的收藏列表）	N	X
940 My Favorite [Detail]（我的收藏详情）	N	X
950 My Reviews [List]（我的评论列表）	N	X
960 My Review [Detail]（我的评论详情）	N	X

注　Y 表示可见；N 表示不可见；X 表示专有。

如果原型需要进行测试，就需要根据用户流程的优先级来规划原型的页面、元素和交互。

这里我们会专注于以下页面：

- Home（访客，未登录的会员）；
- Home（已登录的会员）；
- Profile（包括 My List 用户收录喜欢的商品）；
- Seasonal Calendar（季节性日历表）；
- Farm Detail（农场详情）；
- Item Detail（农产品详情）；
- Recipes（食谱）。

3.3　跨设备和平台的UI框架

A Device/OS-agnostic UI Framework

现实中，我们必须要考虑多设备多平台的设计。智能手表、智能眼镜、智能手机、平板电脑、笔记本电脑、智能电视，这些设备都带来了独特的体验。我们也需要根据不同设备平台的特点进行设计。一个强健的 UI 框架应该能够容纳更多功能和满足更多业务需求。同时我们也要解决一些依赖于设备的体验，这是机遇也是挑战。

如果忽视不同平台设备的差异性，那么很难在设计上做到最优化。关于如何设计跨多设备体验，有一些讨论：

- **从小到大？** 有些人认为应该从最小的屏幕开始设计，比如智能手机。而有些人认为应该从平板电脑开始设计，还有些人认为应该从桌面端开始设计。

- **完整还是阉割？** 有些人觉得在智能手机上因为屏幕及流量限制，所以应该针对手机上的内容和功能进行优化。而有些人则认为随着手机屏幕越来越大，很多人都把手机当成了主要的工作和娱乐平台，所以在内容和功能上应该是完整而不进行阉割的。

这里我们就不争辩了，因为设计趋势变化得太快。以我们的经验来看，可以用桌面线框图、原型设计稿和利益各方验证内容和功能，同时展示智能手机和平板电脑版本。

先考虑所有功能，再考虑删除功能会更加容易，这样就不至于再去想遗漏了哪些功能。当然，内容和功能还是要分轻重缓急的。

这里我们谈论的不是一个简单设计以适应不同大小的屏幕，而是用一套 UI 系统去响应不同的设备屏幕。要开发这样的 UI 系统，首先要创建线框图和原型，每一种设备屏幕，都需要进行线框图设计、评审、测试和迭代。通常我们考虑得比较多的是桌面电脑、平板电脑、智能手机三种设备。

回到 Farm2Table 项目，前面已经完成需求分析和信息架构，现在可以开始进入粗略线框图的设计，为后面的原型设计建立用户体验框架基础。

在开始使用 Axure 的视图适配（Adaptive Views）功能之前，建议先用最快的方式画出一个粗略线框图。无论你是 Axure 新手还是老兵，先不要使用视图适配功能，而是在线框图页面中直接画出不同视图的线框图。

如果你想要从桌面屏幕和横向视图开始探索和展开讨论（图 3-25，C），最好能先强调移动端的重点和核心。当要对比展示不同终端的线框图布局时，最好先展示移动端视图（A），然后展示平板纵向视图（B），最后展示桌面横向视图（C）。

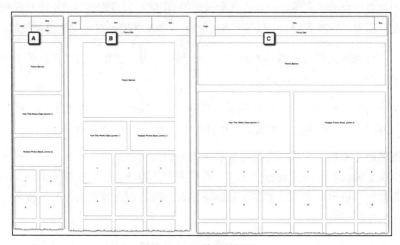

图3-25　三种屏幕视图

RWD、Axure的适配视图和基础视图

这个世界上总会有些语义让人混淆，比如响应式Web设计和自适应Web设计（Responsive Web设计和 Adaptive Web设计）。但是对于不懂技术的人来说，他们只知道是一种支持多设备多系统的跨平台体验。他们只想看到的是在桌面、平板电脑和手机上的布局（横向和纵向）变化。

使用Axure的适配视图功能，不需要使用HTML 5、CSS、JavaScript编程就可以完成响应式原型的创建。首先创建一个传统桌面横向宽度的线框图（一般为10 px），在线框图中添加所有需要的元素；然后再根据需要创建其他视图，而1200 px宽度的线框图将会变为基础视图。虽然所有其他视图都会继承基础视图的内容和形式，但可以对其他视图进行修改调整。

3.3.1　第一个线框图——首页（访客或未登录状态）

First Wireframe – Produce [Visitor, User Not Logged In]

通常，在创建页面布局时，我们都会根据经验直觉和相似应用，来选择恰当的模式。一些基础的模块如页头（Header）、页脚（Footer）、主体（Body），一般会用一些占位符代替，之后再深入设计。

Axure 的控件宽度只能是像素单位，不能按浏览器的百分比设置（即控件宽度无法根据浏览器大小自动缩放），所以在往页面上放置元素之前要考虑到线框图的最大宽度。如果目标设备的宽度是已知的，那么会容易许多；如果目标设备是未知的，那么 Axure 的适配视图可以解决部分问题，但每一个尺寸的视图页面宽度都是固定的。

在下面的例子中，我们会从优先级最高的页面开始。首先是大部分访问者都会看到的首页，包含以下控件：

- Farm2Table 的 Logo（标志）；
- 全局导航栏（Global Navigation Bar）；
- 农产品箱子 / 购物车（Produce Box/Shopping Cart）；
- 推广 Banner（Promo Banner）；
- 使用指南（How This Site Works Promo Box）；
- 食谱大全（Recipes Promo Box）；
- 农产品列表（Produce Items）；
- 页脚（Footer）。

下面有两种方法来创建线框图：

- **快速粗略的方法**。这种方法往往不考虑最大宽度、控件对齐、间距等问题，只是将控件快速地放置在页面上做尝试，并通过大量复制、粘贴相似元素来加快原型构建。这种方法好比意识流写作，而且对于某些人来说是一种很好的灵感获取方法。

- **设备 / 平台无关的方法**。这种方法的提出基于以下原则：如果早期投入少量时间创建线框图，在项目后期就会花费大量时间来补救。这就意味着要十分关注一些小细节，例如，比例、控件和文本的对齐、间距等。

快速但结构化的方法

第三种方法综合了以上两种方法的优势，在快速探索的同时，围绕一种基础结构去展开设计。当转化到其他尺寸的视图设计时，可以减少很多重复工作。

响应式 Web 设计中会使用到一个术语是 Grid（栅格），而在 Axure 中也有一个类似的功能叫 Guide（参考线），在第 7 章中会有更详细的讲解。不管叫什么，反正就是一组垂直的线分成多列，如图 3-26 所示。

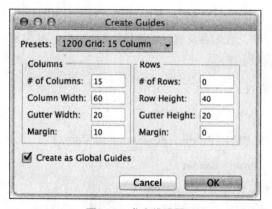

图3-26　参考线设置

上面是我们为页面的基础视图创建的全局参考线，它是 1200 px 宽度的桌面电脑尺寸，使用了 15 列的栅格，不过你也可以根据需要自己修改。

从控件面板，拖曳 Rectangle（矩形）控件放置到页面上相应的部分。调整大小并移动到页头、主体、页脚等区域。使用 Axure 的缩放功能（图 3-27，A），调整线框图的显示区域，以更好地了解整个页面组成。在想要移动元素或调整元素的宽度时，这是一个非常好用的功能。

双击各个矩形控件可以添加标签，在适配视图中为控件添加标签真的非常重要。

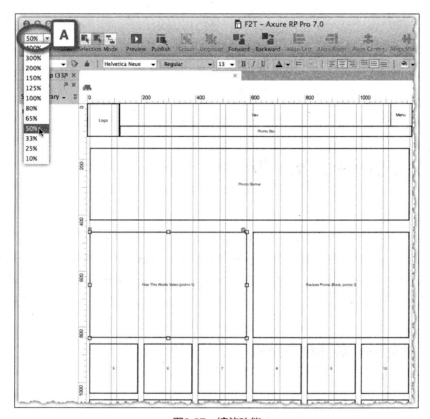

图3-27　缩放功能

添加其他视图：手动添加还是使用适配视图？

对于这种简单的结构，也可以直接复制当前页面，并创建出相应的手机和平板视图。这时候使用视图适配功能还为时尚早，因为这时候需要的只是一个画布，它用来快速思考所有视图。换句话说，在开始详细设计和管理适配视图之前，要先确定设计方法。

接下来从这些大布局的设计进入更详细的页面元素设计，专注解决前面收集到的高级需求。下面是一些要解决的问题：

- 每种屏幕上的信息应该如何组织和访问？

- 关键任务流应该从哪里开始，如何结束？

- 主导航系统应该怎样？

- 哪些共用元素需要在所有屏幕中都出现？

- 在不同屏幕尺寸中如何呈现共用元素？

3.4   使用模板和动态面板
Getting Started With Masters And Dynamic Panels

　　页面中的一些元素会在多个页面中出现，如页头、页脚、导航等，可以通过复制粘贴来为各个页面创建这些元素。但如果需要对这些元素进行修改，那么更新起来会非常麻烦，你需要为每个页面修改一遍。这是一种不太明智的方法，虽然我们可能曾经都这样干过。

3.4.1   将全局元素创建为模板
Global Elements As Masters

　　在 UI 框架中有很多个通用的元素，通常被认为是全局元素，例如页头、页脚。这些模块通常包含登录组件、搜索、帮助、消息通知等。总之，在多个页面上重复的元素都可以被认为是全局元素。全局导航就是一个典型的全局元素，因为它在大部分页面都会出现。

3.4.2   Axure模板和为什么要使用模板
Axure Masters And Why To Use Them

　　可复用、效率高、可提高生产力，这些是我们能够立即想到的使用模块的好处，也避免了前面提到过的问题。第 5 章"高级交互"将会深入讨论模板的使用，不过在这里可以先开始使用起来。

创建全局导航栏

在大多数网站中，全局导航栏几乎出现在所有页面中，告诉用户当前的位置以及可操作的选项，让用户立刻知道：

- 当前在网站的哪个位置？

- 网站还有哪些其他功能和内容？

- 在哪里可以找到我想要的内容？

创建全局导航栏的步骤如下。

1. 拖曳一个Label（标签）控件到全局导航区域。在Axure 7中，不需要使用Rectangle（矩形）控件也可以创建鼠标悬停和其他视觉效果。

2. 将文案改为Home，并把这个控件的标签也改为Home。

3. 用同样的方法添加其他标签控件：Calendar、Farm、Table、Contact Us、About和FAQ，最后的效果应该像图3-28所示的这样。

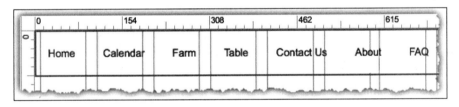

图3-28　全局导航栏

添加线框图页面

现在来添加全局导航栏页签上对应的各个页面。

- 110 Home（Subscriber）；

- 200 Calendar；

- 300 Farm；

- 400 Table；

- 900 Contact Us；

- 910 About；

- 920 FAQ。

  有两种方法来创建这些页面：

- **快速粗略的方法。**这个快速粗略的方法是简单地对首页进行复制和重命名，然后调整各个页面上的控件。缺点：当全局导航栏需要变化时，就必须在各个线框图中进行重复手动修改。这种方法最初时较快捷，但从长远来看它的成本很高。

- **使用模板。**这是相对较慢但结构化的方法，将首页上所有会重复使用的元素转化为模板，然后使用首页复制出各个分类页面，模板可以复用，从长远来看不仅能节省时间，还能确保一致性。

  现在模板也支持适配视图，这让它变得更好用。要了解适配视图，请查看第2章。

  这里我们使用第二种方法，即使用模板。

创建第一个模板

下面使用模板来演示第二种方法。模板是出现在多个页面上的 UI 组件。修改模板后，原型中所有的模板实例会立即全部更新。Axure 里的模板，无论在哪里使用，其外观和感觉都是一致的，其行为可以根据使用环境来定制，这项功能称为触发事件（Raised Event），在第 5 章"高级交互"中会讨论这项功能。

因此，第一个模板就是全局导航栏。

1. 在首页线框图中，同时选择组成全局导航的所有控件（图3-29，A）。

2. 在选中部分的任何位置单击鼠标右键，然后在右键菜单中选择Convert to Master（转化为模板）菜单项（B）。

3. Axure会弹出一个Convert To Master对话框（C）。

4. 确保对模板进行重命名，用一个更有意义的名称来替代默认的"New Master 1"，然后点击Continue（继续）按钮。第4章会讨论命名规则策略。

5. 保持Place Anywhere选项被选中。

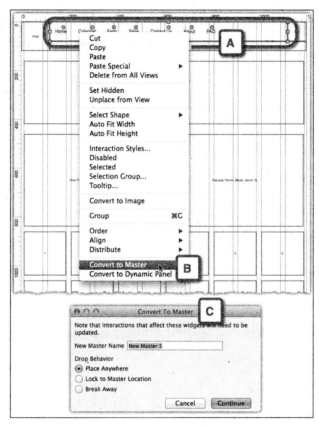

图3-29　转化为模板

如果想要撤销这个操作，也可以通过 Edit 菜单下的 Undo 选项来撤销。

 模板命名使用M开头，例如M Global Nav。这个前缀便于分辨
哪些线框图是模板。

转换成模板后，会立即发现导航栏的变化：整个模块会有一个粉红色的遮罩（图
3-30，A），便于区分模板和其他控件。新的模板会出现在模板区里（B）。注意，模
板区无法根据所打开的线框图页面而罗列出对应的模板。模板区是 Axure 项目文件中
所有模板的储藏室，但动态面板管理区能够显示当前所编辑的线框图中的对应模板。

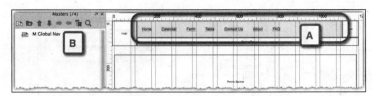

图3-30　转化为模板后的效果

在页面中，继续将页头和页脚转换成模板，因为这些元素也会出现在每个页面中。

从头开始创建模板

除了将现有控件转化为模板这一种方法外，如果你事先已经确定要从头创建模板，则还可使用模板区中的 Add Master（添加模板）选项来创建新模板。你应该养成提前将常用线框图制成模板的好习惯。

基础交互

使用 Axure 为原型添加交互是一件很有趣的事情。事实上，让全局导航链接到其他对应页面非常简单。

在 M-Global Nav 模板中，点击 Calendar 按钮（图 3-31，A），再从交互面板中双击 OnClick 交互动作（B），打开 Case Editor（情景编辑器）窗口。在第一列中选择 Open Link（打开链接）动作（C），在第三列中选择目标页面 Calendar（D）。

使用工具栏中的 Preview（预览）按钮来在浏览器中预览效果。

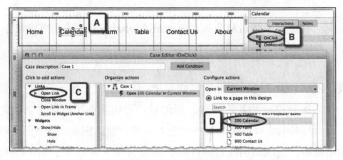

图3-31　添加链接

3.4.3　动态面板

Dynamic Panels To The Rescue

前面选择了基于文本标签创建 Farm2Table 全局导航的这种简单方式，如果为了设计需要，也可以制作复杂一些的导航。

例如，全局导航栏设计成页签的样式，且会有一个激活状态来表示当前页面。也就是说，全局导航栏需要有多个状态，每个状态都有一个激活页签。然而，我们只有一个模板，它只能显示一个状态。

下面轮到 Axure 的动态面板登场了，第 4 章会深入讨论动态面板的使用。

这里会用到示例文件中的 DP Example，在 Sitemap 中搜索即可找到。打开全局导航的模板页面（可以在示例页面的站点地图里搜索 DP Example 找到），选择所有控件，鼠标右键点击控件，在右键菜单中选择 Convert to Dynamic Panel（转化为动态面板）选项，如图 3-32 所示。

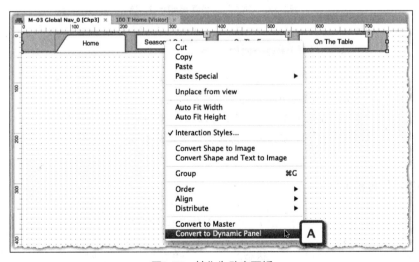

图3-32　转化为动态面板

此时就创建了一个容器，可以用来包含全局导航的多个状态。关闭对话框后，注意模板线框图发生的变化：矩形控件和导航控件变成带有一层浅蓝色遮罩的单个组件（图 3-33，A），在视觉上区分了动态面板和其他控件。

双击动态面板会弹出 Dynamic Panel State Manager（动态面板状态管理器）对话框（图 3-33，B）。现在重新为这个动态面板取一个有意义的名称，如 DP Global Nav。建议使用前缀如 DP（Dynamic Panel 缩写）来帮助辨别动态面板。最后，将动态面板下的默认状态名称"State 1"修改为"Home"（C）。

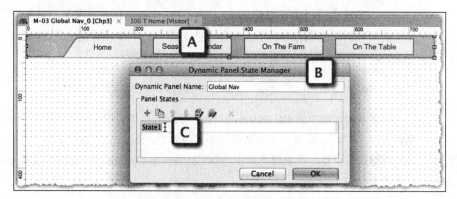

图3-33　重命名动态面板和状态名称

从头开始创建动态面板

还有一种创建动态面板的方法：从控件区拖曳一个动态面板控件到线框图中，双击编辑动态面板控件，在线框图编辑区的一个新Tab（页签）中会打开第一个状态，然后添加相应控件的内容。养成提前将常用线框图做成动态面板的好习惯。

构建动态面板的状态

图 3-34 显示了动态面板（A）和它的 4 个状态（从 B 到 E）。

以上示例中，所有动态面板状态的尺寸大小和结构都一样，除了激活的页签（从 B 到 E）。动态面板的不同状态都可能有不同的物理属性，后续会有相应例子。

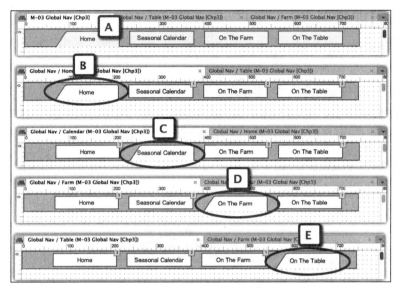

图3-34　动态面板和4个状态

自动调整动态面板大小

在之前的 Axure 版本中，必须手动调整动态面板的宽度，使它能够容纳最大尺寸的状态内容。动态面板的尺寸是固定的，因此超出宽度的部分将会不可见。在 Axure 7 中，有 Fit to Content（适应内容）这项功能可以解决这个问题。图 3-35 演示了 Fit to Content 选项，可以让动态面板适应最大尺寸状态的宽度。

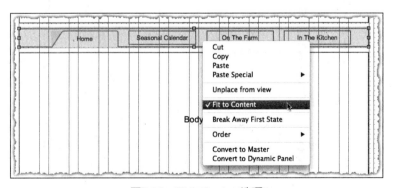

图3-35　Fit to Content选项

3.5　添加视觉效果

Adding Visual Effects

接下来要增强用户体验，对用户操作进行视觉效果反馈。例如，当用户鼠标悬停在全局导航栏的一个页签上时，改变页签外观。使用 Axure，可以轻松创建这种效果。我们在 Farm2Table 项目的全局导航栏上演练一下这种效果。

在 Set Interaction Styles（设置交互样式）（图 3-36，A）对话框中，可以设置控件的 4 种交互状态样式（B）。

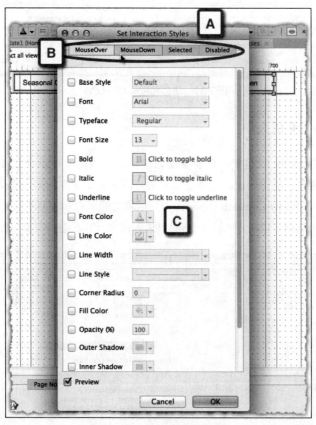

图3-36　设置交互样式对话框

- MouseOver（鼠标悬停）；

- MouseDown（鼠标按下）；

- Selected（选中后）；

- Disabled（不可用）。

这个对话框包含了各种视觉属性。你也可以使用通过勾选 Base Style 选项来应用自定义样式，后面我们会讨论这个重要的功能。不过，仍然不能链接 CSS 文件。

3.6　添加草图效果
Adding Sketch Effects

如果你喜欢在纸上或 iPad 上从草图开始探索设计，那么也可通过 Axure 的草图效果（Sketch Effects，也称素描效果）功能实现。

在原型的早期迭代阶段，草图效果有助于向利益相关者传达：设计师仍然在探索初步概念。草图效果可以应用在单个页面上，也可以作为全局风格应用在所有页面上（通过页面样式）。采用后面这种方法，更便于统一清除草图效果。也就是说，草图效果会影响整个线框图，而不只是选中的控件。图 3-37 所示的是线框图在使用草图效果之前和使用 100% 草图效果之后的差异。调整 Sketchiness 滑块可以改变草图化程度。

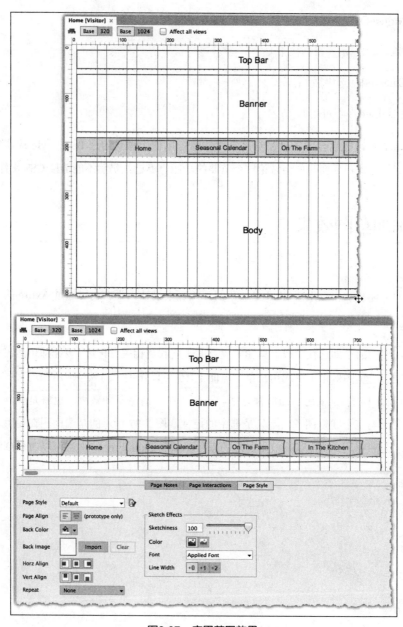

图3-37　应用草图效果

3.7 总结

Summary

本章为项目的交互式原型设计奠定了基础，提出了一种实用的、需求驱动的、结构化的线框图构建方法。利用 Axure 的线框图和文档集成创建环境，我们学习了以下内容：

- 在探索和分析需求基础上创建概念模型、人物角色、用例、任务流程图。

- 通过参考线（Guides）和网格（Grids）来辅助线框图设计。

- 使用模板（Master）和动态面板（Dynamic Panel）来创建线框图。

- 为控件（Widget）、模板（Master）、动态面板（Dynamic Panel）和动态面板状态（States）进行命名的重要性。

- 为鼠标动作设置视觉效果。

- 使用草图风格。

本章以 Farm2Table 项目为例，讲解了线框图 / 流程图控件、模板和动态面板的应用。第 4 章将介绍 Axure 的基本交互原理，包括交互（Interactions）、场景（Cases）、事件（Events）和动作（Actions），还会更深入讨论线框图的构建策略和命名规范。

第4章
创建基本交互
Creating Basic Interactions

学习不能靠投机取巧，只能凭借热情和勤奋。

——约翰·亚当斯

我们开玩笑说，本书的作者之一 Elizabeth 是真正意义上的设计师。因为在做设计时，她的右脑会变得非常活跃，但一旦转到逻辑问题上她就应付不来了。可是现在，她已经能够建立较完善的交互原型。所以，在 Axure 7 支持高级交互原型后，对于不太具有逻辑代码运行思维的人来说，成功的关键是以开放的心态接触交互，用简单语言去写下想要的交互，并且愿意从同事、在线教程或本书中去寻求帮助。

本章将介绍 Axure 交互的基础知识和一些简单但强大的功能，使非程序员也可以做出高保真交互原型。

Axure 原型中，一个交互由四个基本层面构成：**交互**（Interactions）、**事件**（Events）、**情景**（Cases）、**动作**（Actions）。交互由事件触发，再引发某个情景从而执行动作。这四个主题是本章的重点。

4.1 Axure交互
Axure Interactions

用户在不断提升对用户体验的期望，我们也正处于软件设计的巨大转变当中。伴随着响应式 Web 设计的传播，UX 在整个 Web 设计流程中必须前置，不仅如此，还要成为整个过程的核心。在整个过程的早期，你有必要向利益相关者"推销"对用户体验的愿景。如果他们希望尽早从线框图开始就参与进来，那么恭喜你将获得一个非常好的成功机会。通常利益相关者不太喜欢用静态注释的线框图，因为这要求他们去想象一些预期功能的交互状态。

Axure 使设计人员能够快速创建出极具吸引力的用户体验模型，只要在目标设备上将静态线框图转化为动态原型，就可以进行走查和测试。在本章中，我们会重点讲如何通过使用简单有效的交互行为，让静态线框图转换为可交互原型。

Axure 交互是指把静态线框图变成可点击的、可交互的 HTML 原型。通过一个简单的向导式界面，Axure 可以运用自然语言（英文或中文）来定义交互逻辑和交互指令，免去了复杂的编程过程。每次生成 HTML 原型时，Axure 都会将这些交互转换成 Web 浏览器能理解的、真正的 JavaScript 代码。但要注意，这个代码并不是生产级代码（即不可被后续的开发过程复用）。

每个 Axure 交互由三个基本的信息单元组成，即 When、Where 和 What：

- When：**什么时候发生交互动作？** 在 Axure 术语中，用事件（Events）来表示 When。例如：

  ○ 浏览器中加载页面时。

  ○ 用户点击一个控件（例如一个按钮）后。

  ○ 输入框失去焦点后。

  在 Axure 主工作区的右侧，有一个控件的**交互及注释**（Widget Interaction and Notes）面板，在面板中的**交互**（Interaction）页签内可以看到一个事件列表。在 Axure 主工作区的下方，在**页面交互**（Page Interaction）页签中有页面相关的事件列表。

- Where：**交互发生在哪里？** 任何一个控件都可以建立交互动作，如矩形框、单选按钮或下拉列表、一个页面或模板线框图。在**控件属性**（Widget Properties）区中可以创建控件的交互，在**页面属性**（Page Properties）区中可以创建页面或模板的交互。

- What：将发生什么？在 Axure 中，把要发生的事情称为动作（Actions）。动作定义了交互的结果。例如，在页面加载时，将一个动态面板设定为某一指定状态；当用户点击一个按钮时，会链接到另一个页面；当用户在表单字段上失去焦点时，验证输入内容，如果验证失败，则显示一条错误消息。此外，Axure 交互可以由条件逻辑（Conditional Logic，简称条件）进行引导。当然，是否使用条件是可选的。第 5 章"高级交互"将会介绍条件、变量和其他高级功能。

多种情景

有时候，一个事件可以触发多条可选路径，每条路径都有各自特定的情景。触发该路径的关键在于控制它的触发条件，本章后续会进行相关讲述，但更深层次的内容会在第 5 章"高级交互"中讨论。

4.2　Axure事件

Axure Events

总的来说，Axure 交互由两种事件（Events）触发，如下所述。

- 页面或模板级的交互事件：这些事件可以自动触发，例如，当页面加载时；或者，在用户做了某动作后触发，比如，滚屏。
- 控件级的交互事件：这些交互一般是用户直接触发的，比如，点击按钮；或者由用户行为导致产生一系列后续事件。

4.2.1　页面级事件

Page-level Events

我们可以将这个概念想象为舞台布置：在幕后编配好一系列动作，然后在大幕拉开时（浏览器页面加载时），呈现所有动作。另外还可以使用条件和变量，根据上下文信息渲染页面。总之，OnPageLoad（页面加载）事件可广泛应用于页面和模板，是一种常用方法。

请记住，在原型中创建的交互命令都会由浏览器来执行。例如，OnPageLoad事件，如图4-1所示：

1. 如果是第一次启动原型或从一个页面跳转到另一个页面，就会请求浏览器加载一个页面（A）。

2. 浏览器首先会检查页面中的OnPageLoad事件（B）。可以是所要加载的页面（C），也可以是该页面所包含的模板（D），或两者都有。

3. 如果存在一个OnPageLoad交互，浏览器首先处理页面级别的交互，然后再处理模板级别的交互。第5章会讲到这种处理顺序的好处：可以先在页面OnPageLoad交互中设置一个变量值，然后将这个变量值传递给模板OnPageLoad交互。

4. 如果OnPageLoad事件中包括条件（E），则浏览器将根据条件判断并执行相应的动作（F与/或G）。如果OnPageLoad事件没有条件，则浏览器会执行动作（H）。

5. 每次交互最后都会渲染被请求的页面（I）。

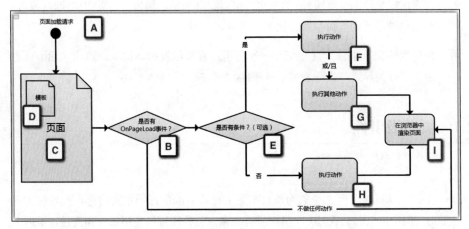

图4-1   OnPageLoad事件

表 4-1 列出了所有页面级的事件：

表 4-1　页面级事件

事件名称	定义
OnPageLoad	这一事件将触发指定的动作，它将影响页面加载后的初始表现
OnWindowResize	当浏览器窗口尺寸变化时，这一事件将触发指定的动作
OnWindowScroll	当用户滚动浏览器窗口时，这一事件将触发指定的动作
OnPageClick	当用户单击页面的任意空白处（没有点击到任何一个控件）时，这一事件将触发指定的动作
OnPageDoubleClick	当用户双击页面的任意空白处时（没有点击到任何一个控件），这一事件将触发指定的动作
OnContextMenu	当用户在页面的任意空白处右击时（没有点击到任何一个控件），这一事件将触发指定的动作
OnMouseMove	当鼠标指针在页面任何位置移动时，这一事件将触发指定的动作
OnPageKeyUp	当松开某个被按下的键时，这一事件将触发指定的动作
OnPageKeyDown	当按下某个按键时，这一事件将触发指定的动作
OnAdaptiveViewChange	当从一个适配视图切换到另一个适配视图时，这一事件将触发指定的动作

4.2.2　控件级事件

Widget-level Events

OnClick 事件（无论是通过鼠标点击或手指触碰），是现代人机交互中最基本的交互事件。在 Axure 中，不同控件有不同的交互事件，OnClick 事件只是其中一种。

图 4-2 详细描述了 Axure 控件级事件的运作过程：

1. 控件的交互从一个用户触发事件开始（A），例如，在一个控件上的 OnClick 事件（B）。

2. 不同的控件类型（如按钮、复选框等），限制了不同的交互响应（D）。例如，单击按钮之前，用户需要将鼠标悬停在按钮上且按钮样式发生变化，从而响应 OnMouseEnter 事件。Axure 也包含移动设备的处理事件，可以通过手指对界面进行直接操纵。

3. 浏览器会检查控件事件是否存在条件（E）。例如，一个基于变量创建的鼠标悬停，要显示一个动态面板的不同状态交互，浏览器就会先判断条件是否符合，如果符合就执行相应动作（F和G）。

4. 如果不存在条件，浏览器就会直接执行其他动作（H）。

5. 基于事件上所绑定的动作，浏览器会刷新界面或加载新界面（I）。

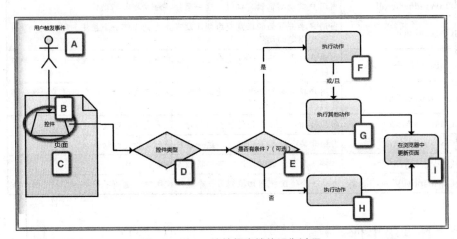

图4-2　Axure 控件级事件的运作过程

表 4-2 是可以应用在控件和动态面板上的所有事件列表：

表4-2　控件级事件

事件名称	动态面板	定义
OnClick		用户点击某个元素
OnPanelStateChange	X	动态面板可能有多个状态，这个事件可以在动态面板切换状态时触发指定动作
OnDragStart	X	这个事件能准确定位于用户开始拖曳某个动态面板的那一瞬间
OnDrag	X	这个事件在拖拽动态面板的这一段时间内可以持续
OnDragDrop	X	这个事件能准确定位于用户结束拖曳某个动态面板的那一瞬间。也就是说，可以验证用户是否将控件放在正确的位置
OnSwipeLeft	X	当用户从右向左滑动时，这一事件将触发指定的动作

续表

事件名称	动态面板	定义
OnSwipeRight	X	当用户从左向右滑动时，这一事件将触发指定的动作
OnSwipeUp	X	当用户向上滑动时，这一事件将触发指定的动作
OnSwipeDown	X	当用户向下滑动时，这一事件将触发指定的动作
OnDoubleClick		当用户双击某个元素时，这一事件将触发指定的动作
OnContextMenu		当用户在某个元素上右击时，这一事件将触发指定的动作
OnMouseDown		当用户点击某个元素但没有松开鼠标时，这一事件将触发指定的动作
OnMouseUp		当鼠标指针被释放时，这一事件将触发指定的动作
OnMouseMove		当用户移动鼠标指针时，这一事件将触发指定的动作
OnMouseEnter		当鼠标指针移入某个元素时，这一事件将触发指定的动作
OnMouseOut		当鼠标指针移出某个元素时，这一事件将触发指定的动作
OnMouseHover		当鼠标指针悬停在某个元素上时，这一事件将触发指定的动作。这是有用的自定义提示
OnLongClick		这个适用于触摸屏，用于当用户点击某个元素并长按时
OnKeyDown		当用户在键盘上按下某个按键时，这一事件将触发指定的动作。这个事件适用于任何控件，但是动作只会在获得焦点的控件上生效
OnKeyUp		当用户松开键盘上某个按下的按键时，这一事件将触发指定的动作
OnMove		当相应的控件在移动时，这一事件将触发指定的动作
OnShow		当相应的控件被切换成可见时，这一事件将触发指定的动作
OnHide		当相应的控件被切换成不可见时，这一事件将触发指定的动作
OnScroll	X	当用户滚动浏览器屏幕时，这一事件将触发指定的动作。与浏览器的 Pin to Browser 功能结合，非常好用
OnResize	X	当检测到相关的动态面板尺寸变化时，这一事件将触发指定的动作
OnLoad	X	当页面加载时，对动态面板进行初始化
OnFocus		当控件变成焦点状态时，这一事件将触发指定的动作
OnLostFocus		当控件失焦时，这一事件将触发指定的动作

续表

事件名称	动态面板	定义
OnSelectionChange		这个事件只能用于下拉列表，通常配合这个条件使用：当你想要选中某个选项，触发改变线框图内容的动作时，可以使用这个事件
OnCheckedChange		这个事件只能用于单选按钮和复选框。当你想要选中某个选项，触发改变线框图内容的动作时，可以使用这个事件

注　X 表示专有。

4.3　Axure情景

Axure Cases

在用户体验建模和图表创建的过程中，你可能已经熟悉了情景（Cases）。情景是一种用户交互流程的抽象描述。每个情景都是用户可能采取的不同路径的封装。通常，除了对应用的主情景进行原型设计外，还需要设计一些可选的情景，以演示不同的状况或一些带变量条件的流程。例如，同样是点击登录按钮，可能登录成功，也可能登录失败，这就需要演示两个情景。同一个事件中，如果有多个情景，则通常会根据条件来判断应该选择哪种路径。

Axure 情景是为同一个任务或事件创建不同流程的一种方式。我们在前面创建交互过程的示例中，已经遇到过情景。然而，除了给情景取个有意义的名称外，这些示例并没有真正去使用情景。这是因为这些示例都只涉及单个情景，而不涉及条件。

图 4-3 所示的是 Axure 交互和所包含情景的结构关系：

无论是页面或模板的 OnPageLoad 事件，还是控件事件，情景（Case）的使用方式通常有以下两种：

- 每个交互事件只包含一个情景，情景中包含一个或多个动作（图 4-3，A），不涉及条件。

- 每个交互事件包含多个情景，每个情景中包含一个或多个动作（B）。用条件，以决定什么条件下应该执行哪个情景。Axure 情景就像存放动作的容器，能够模拟不同的交互流程。原型的保真度越高，多个情景的交互就会越多。

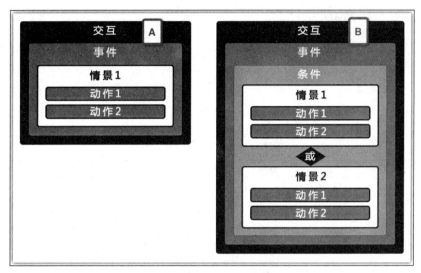

图4-3　Axure的交互结构

4.4　Axure 动作

Axure Actions

如上所述，一个 Axure **情景**（Case）是由一个**事件**（Event）触发的一个或多个**动作**（Action）的组织单元。反过来，每个情景至少包括一个动作，该动作是一个让浏览器做某些事情的指令。这也正是 Axure 让用户免受编程之苦的方式。

Axure 现在能支持以下 6 类动作（Action）：

- 链接（Links）；

- 控件（Widgets）；

- 动态面板（Dynamic Panels）；

- 变量（Variables）；

- 中继器（Repeaters）；

- 其他（Miscellaneous）。

　变量、引发的事件及中继器动作将在第5章"高级交互"中讨论。

表 4-3 列出了目前 Axure 7 支持的所有动作。

表 4-3　Axure 支持的所有动作

动作类别	子类别	动作
Link Actions （链接类）	Open Links（打开链接）	Current Window（在当前窗口打开）
		New Window/Tab（新开窗口或页签打开）
		Popup Window（在弹出窗口中打开）
		Parent Window（在父级窗口打开）
	—	Close Window（关闭窗口）
	Open Link In Frame （在框架控件中打开链接）	Inline Frame（在当前框架控件中打开）
		Parent Frame（在父级框架中打开）
	—	Scroll to Widget(Anchor Link)（滚动页面到某一控件，即锚点链接）
Widgets Actions （控件类）	Show/Hide（显示 / 隐藏）	Show（显示）
		Hide（隐藏）
		Toggle Visibility（切换可见状态）
	—	Set Text（设置文本）
	—	Set Image（设置图片）
	Set Selected/Checked （设置选中状态）	Selected（选中）
		Not Selected（不选中）
		Toggle Selected（切换选中状态）
	—	Set Selected List Option(设置选中某列表选项)
	Enable/Disable（可用 / 禁用）	Enable（可用）
		Disable（禁用）
	—	Move（移动）
	Bring to Front/Back （移到最前面 / 最后面）	Bring to Front（移到最前面）
		Send to Back（移到最后面）
	—	Focus（设置某元素获得焦点）
	Expand/Collapse Tree Node （展开 / 收起树节点）	Expand Tree Node（展开树节点）
		Collapse Tree Node（收起树节点）

动作类别	子类别	动作
Dynamic Panels（动态面板）	—	Set Panel State（设置面板状态）
	—	Set Panel Size（设置面板大小）
Variables（变量）	—	Set Variable Value（设置变量值）
Repeaters（中继器）	—	Add Sort（添加排序）
	—	Remove Sort（删除排序）
	—	Add Filter（添加过滤器）
	—	Remove Filter（删除过滤器）
	—	Set Current Page（设置当前页）
	—	Set Item per Page（设置每页项目数）
	Dataset（数据集）	Add Rows（添加行）
		Mark Rows（标记行）
		Unmark Rows（取消标记行）
		Update Rows（更新行内数据）
		Delete Rows（删除行）
Miscellaneous Actions（其他类）	—	Wait（等待）
	—	Other（其他）
	—	Raise Event[Applies only to widgets in masters]（触发事件，只能在模板里的控件上使用）

注　—表示该动作无子类别。

4.5　注意事项

Things to Keep in Mind

阅读本章时，需要注意几点：

- 一个 Axure 交互是包含某一事件的容器，这个事件至少包含一个情景，且每个情景至少包含一个动作。

- 某一事件相关的多个情景，可以模拟该事件的多条响应路径。

- 根据想要传达给利益相关者、开发人员、用户的交互体验，评估交互事件的价值，从而确定所需要创建的交互动作的优先级。

- 首先要重点关注主要交互流程，然后是次要流程，最后再考虑其他极限情况的流程。最后一点，原型越复杂，维护和修改成本越高。

4.5.1　控件、事件和上下文

Widgets, Events, And Context

除了 iFrame 控件之外，所有 Axure 内置控件都可以添加交互动作。但无法使用某一个控件来执行所有可能的动作，因为大多数 UI 控件都有其特定的用途和限制。例如，单选按钮可以被选中或不选中、启用或禁用、获得焦点或失去焦点。所以 Axure 的事件和控件是有关联的，即不同的控件有不同的事件。如果想知道一个控件支持哪些事件，可以把控件拖到线框图中，选中该控件，这时在控件属性区的交互页签下，可以看到该控件所支持的事件。

值得注意的是，有一些控件，不添加相应事件也能够响应用户操作。例如，表单输入控件（输入框、单选按钮、下拉列表），虽然没有添加相应的动作，但还是可以响应用户的行为。表单中的下拉列表控件，即使没有为 OnClick 事件添加动作，也可以进行点击；即使没有为 OnChange 事件添加动作，也可以改变选项。因为这些都是下拉列表控件的固有交互行为。但有一些控件，如矩形或图片，如果不为相应的事件添加动作，则当生成 HTML 原型在浏览器中浏览时，它们就和线框图中的静态图片没有区别。

4.5.2　为控件命名

Labeling

为所有控件进行命名是非常重要的。有些人可能会认为，有了 Axure 7 中新增的 This Widget 功能（图 4-4，A），为控件命名就变得不再重要了，但我认为这仍然十分重要，原因如下：

- This Widget 功能实际上是一种开发的编码技巧，也是一种有用的快捷方式。尽管开发者注释代码是为了让其他开发人员看懂代码，但是 Axure 并没有"注释代码"功能，因此控件名称为你和同事们看明白交互逻辑起到了很重要的作用。

- 如果是直接为选中的控件创建交互，可以不标记控件。然而，通常的情况是，你需要利用其他事件或控件来间接作用于某个控件，在引用控件时命名就变得非常有价值。

- 可能需要生成一个界面审核规范。为了让文档更加有参考价值，控件名称也是很有必要的。

图 4-4 显示了在情景编辑器中，This Widget 功能（A）位于 Configure actions 栏（B）的位置。

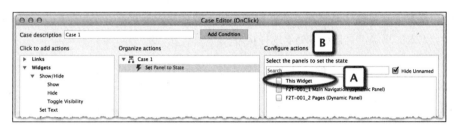

图 4-4　为选中的控件创建交互

接下来的例子将演示如何通过简单的交互，将静态线框图变成一个更加有吸引力的原型。创建原型有很多种方法，在这里我们采用的是简单实用的方法，让新手用户可以立即实践。你可以像案例中一样，用简单的方式来创建一些低保真原型，也可以用一个示例项目文件来创建精细的原型。

4.6　示例1：控制样式

Example 1 – Controlling Styles

全局导航栏的一个重要作用就是要清楚地告诉用户当前处于哪个页面。在这个例子中，我们要实现的一个效果就是当页面加载时，全局导航会作出相应的改变，来表明当前所选择的页面。使用 W3C 拆解上述过程，交互可以描述如下。

- When：页面加载时。
- Where：全局导航。
- What：反映出当前所在页面。
- Condition：没有条件。

和大多数需求一样，有很多方法可以实现"What"部分，可以是让活动页签变大、用不同的颜色、文本加粗或用不同颜色的字体，等等。虽然有被人们广为接受的 UX 范式，但是创造力和创新是用户体验设计师能对整个进程做贡献的核心。

在这个例子中，我们通过导航栏视觉样式来表达用户当前所在的页面：

- 当页面加载时，显示主页页签的选择状态。

- 点击任一其他导航页签，会将动态面板切换为相应的状态，在导航栏上显示刚点击的页签，且该页签处于选择状态。

主页（图 4-5，A）的主体部分（B）由一个动态面板构成，该动态面板包含 5 个状态（C），每个状态对应主导航栏的一个页签。导航栏并不是动态面板的一部分，而是位于它的上面。用这种方法，点击导航栏上的任一按钮（已选中的除外），都会触发切换到适当的状态，并将按钮显示为选中状态。

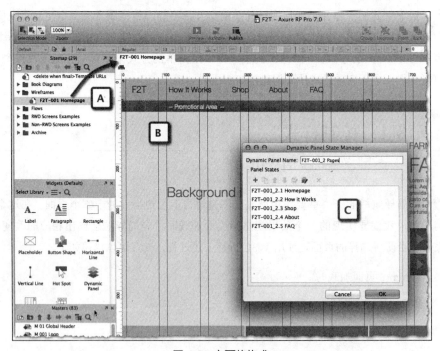

图 4-5　主页的构成

4.6.1　第1步：设置导航栏

Step 1 – Navigation Bar Setup

首先，设置主导航的选中状态及其他状态的普通样式：

1. 选择导航栏中的控件——How It Works（图4-6，A）。

2. 在控件属性和样式面板中，点击Selected，选中状态链接（B）。

3. 此时已打开样式编辑器。在这个例子中，我们用文本颜色来区别表明它处于选中状态。勾选文字颜色复选框，并单击后面的下拉箭头（C）。

4. 输入008D7E，或者选择一个你喜欢的颜色，然后单击OK关闭窗口。

重复以上步骤设置每一个页签，或者复制刚才设置好的主页链接，然后粘贴到其他页签上，并修改文本。请一定要为每个页签设置一个唯一的名称。

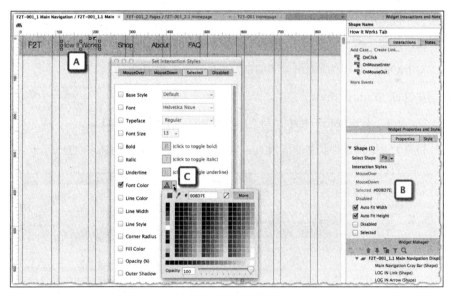

图4-6　设置导航栏

4.6.2　第2步：设置导航栏处于当前页

全局导航通常用于让用户知道当前所在的是哪个页面，还有哪些其他页面。导航按钮 Selected（选中）状态的视觉样式通常用来指示用户当前所在页面。当点击导航的其他按钮时，相应按钮会显示选中状态，同时页面内容会发生变化，这就是我们要模拟的行为。由于篇幅所限，例子中我们只会演示主页和 How It Works 这两个页签控件，但这个方法适用于所有的导航栏控件。

交互应该做到以下几点。

1.　当用户点击How It Works控件时：

　○　主体部分的内容将显示How It Works的内容。

　○　设置How It Works Tab为选中状态并显示相应的视觉样式。因此，这个情景将存在两个动作。

2.　在控件交互和注释面板中，单击Interaction（交互）页签。

3.　双击 OnClick 事件，打开情景编辑器窗口，如图4-7所示。

4.　在Click to add actions一栏中，单击Selected（A）。

5.　在Configure actions一栏中，勾选How It Works Tab选项（B）。

6.　设置主页链接选中状态的值为true（C），其他的值设置为false（D）。

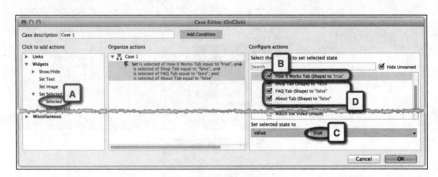

图4-7　设置导航栏页签

接下来要添加一个更大的动作：单击导航按钮需要改变主体页面的内容：

1. 在Click to add actions一栏中，单击Set Panel State（设置面板状态）（图4-8，A）。

2. 在Configure actions一栏中，选择动态面板（B）。

3. 从Select the state（选择状态）下拉菜单中（C），选择相应的状态，在这个例子中选择的是How It Works（D）。

4. 如果你没来得及为情景命名，请为情景命名（E），然后就可以关闭编辑器窗口了。

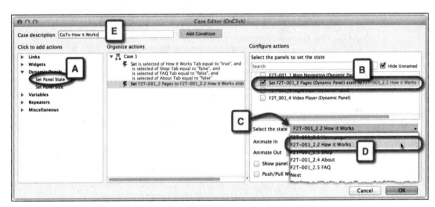

图4-8　设置页面切换为当前页

4.6.3　第3步：设置其余页签

Step 3 – Setting The Remaining Tabs

设置其他页签非常简单，因为可以复用之前创建的页签，当然复用的时候需要做相应的调整。这时候，Axure 的情景复制功能就能派上用场。在导航栏上选中How it Works 控件：

1. 将鼠标悬停在GoTo How it Works情景上（图4-9，A）。

2. 右击，从菜单中选择Copy（复制）（B）。

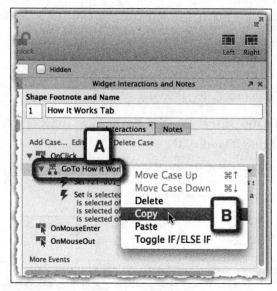

图4-9　复制情景

3.　点击导航栏上的Shop控件，进入控件交互和注释面板区（图4-10，A）。

4.　将鼠标悬停在OnClick事件上（B），右击，然后从菜单中选择Paste（粘贴）
　　（C）。

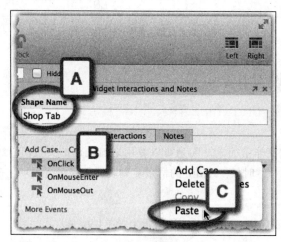

图4-10　粘贴情景

需要调整粘贴过来的情景，才能使 Shop 页签有效：

1. 点击情景，打开情景编辑器窗口。

2. 修改Shop的值为true，How It Works的值为false（图4-11，A）。

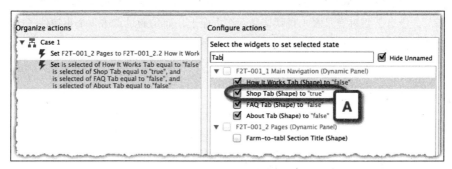

图 4-11 调整情景

另外，在导航栏上点击 Shop 时，需要修改主体内容的动态面板的显示状态：

1. 将Select the state下拉列表的值改为Shop（A），如图4-12所示。

2. 关闭情景编辑器。

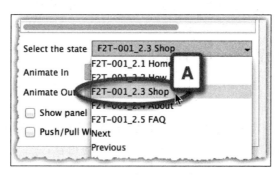

图 4-12 修改选择状态

4.7　示例2：隐藏与显示

Example 2 – Hide And Show

一个典型的登录页面通常包括用户名、密码，还有其他一些选项，如"忘记密码？"。没有必要将登录区一直默认显示在页面上，而是通过点击一个小控件（比如我们即将演示的按钮）来调用显示。

4.7.1　构建策略

Construction Strategy

我们用以下方法来创建该交互：

- 将 LOG IN（登录）控件放在全局导航栏的右端。

- 设计登录区，然后将其转换为动态面板，设置为默认隐藏。之后，可以为动态面板添加一个"忘记密码？"的状态。

- 最后，为登录按钮添加交互：点击按钮后，使登录区可见。

4.7.2　第1步：设置登录页签的样式

Step 1 – Assigning Styles To The LOG IN Tab

点击 LOG IN（登录）控件，在控件属性和样式面板中单击 Selected（选中）链接（图 4-13，A），弹出交互样式设置窗口，设置以下内容：

1. 将文本设置为粗体（B）。

2. 设置字体颜色为＃008184（C）。

3. 设置填充颜色为＃F3F3F3 （D）。

4. 关闭窗口。

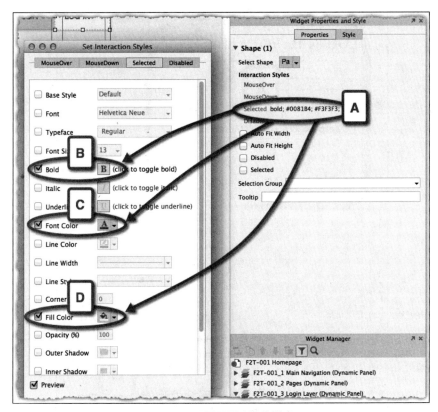

图4-13　设置登录按钮的样式

4.7.3　第2步：创建登录区

Step 2 – Creating The Login Layer

按以下步骤来创建登录表单：

1. 这个登录区是一个包含用户名、密码和几个选项的小表单。你可以在空白页上创建，然后复制到主页面上去。

2. 完成后，选择登录区的所有元素（图4-14，A），右击，并从菜单中选择Covert to Dynamic Panel（转换为动态面板）（B）。

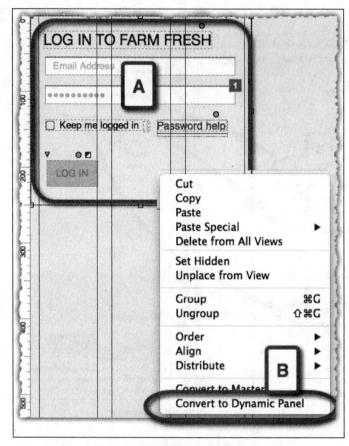

图4-14　将登录区转化为动态面板

3.　分别为动态面板及其默认状态命名。

4.　将动态面板放在导航栏的登录按钮下方紧挨着的位置。

5.　［可选步骤］你也可以添加第二种状态，来帮助用户重置密码。通常情况下，电子邮件、重置密码、取消按钮和一些文案说明是必要的。

6.　设置动态面板为默认隐藏。

7.　［可选步骤］你也可以在面板上右击，在菜单上单击Order（排序），然后选择Send to Back（置于后层）选项。

默认情况下，动态面板的第一个状态是可见的，这样一来要预览其他状态会比较困难。可以使用控件管理区的上移按钮，将正在编辑的状态置于状态层的最上方。编辑完成后，再恢复状态层的顺序，保证默认要显示的状态处于最上方。为了确保页面加载时所需要的状态总处于最上方，也可以在OnPageLoad（页面加载交互）里，使用Set Panel State（设置面板状态）动作来指定所需的状态。

4.7.4　第3步：显示或隐藏登录面板

Step 3 – Show Or Hide The Login Panel

控件都已准备就绪，可以开始创建交互了。在这个例子中，导航栏上的登录按钮应该是一个切换键。当用户点击时：

- 如果面板是隐藏的，此时会变为可见。

- 如果面板是可见的，则会被隐藏。

这是一个非常简单的例子。我们的第一步是创建当动态面板不可见时，将按钮变为可见的逻辑。

1. 单击选中导航栏上的LOG IN（登录）控件。

2. 在控件交互和注释面板的交互页签中，创建一个OnClick（点击）事件，打开Case Editor（情景编辑器）窗口。

3. 在Click to add actions（点击添加动作）这一栏中，选择Toggle Visibility（切换显示）动作（图4-15，A）。

4. 在Configure action（配置动作）这一栏中，选择Login（登录）动态面板（B）。

5. 在Case description（情景描述）里给情景命名（C）。

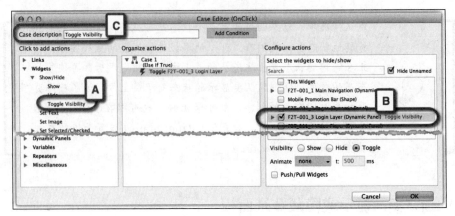

图4-15　设置切换可见性动作

　　最后，点击 LOG IN（登录）按钮（图 4-16，A），预览和测试交互效果。登录区（B）应该在第一次点击 LOG IN 按钮时显示，第二次点击时隐藏。

图 4-16　测试交互效果

4.8　示例3：效用动作

Example 3 – Utility Actions

有时，我们使用的动作与原型本身并不是特别相关，而是为了更加方便地创建原型，这种动作称为"效用动作"或"实用类动作"（Utility Action）。本示例将演示如何在 lightbox（灯箱）控件上，通过 Move（移动）动作使它保持在主线框图的一侧，而在生成 HTML 原型时则会移动到合适位置。这个技巧可以帮助我们清理工作区域，尤其是在屏幕变得拥挤杂乱时。[1]

4.8.1　第1步：lightbox灯箱控件

Step 1 – The lightbox Widget

作为 Farm2Table 项目的宣传材料的一部分，当用户点击 WATCH THE VIDEO（观看视频）按钮时（图 4-17，B），就会触发视频灯箱（A）。虽然我们的目的是将灯箱显示在页面的水平中心，且尽量避免垂直滚动，但创建时如果把这个大控件放置在画布中央，则会挡住后面的页面元素，编辑起来非常不便。因此，我们将原本需要放在主线框图中央的灯箱，先放在 y 轴 1400 px 的垂直位置上，在它出现时再将它显示在页面中央。

因此，WATCH THE VIDEO（观看视频）按钮的交互必须包括移动动作。在这种情况下，移动是一个纯粹的"效用"动作。交互如下：

- 显示灯箱。

- 移动灯箱。

- 置于顶层。

---

[1]　译注：这里的 lightbox（灯箱）控件，其实就是一个动态面板控件。作为浮层，lightbox（灯箱）控件默认为隐藏，点击 WATCH THE VIDEO（观看视频）按钮后显示。但这里使用了另外的方法：先设置 lightbox（灯箱）控件在屏幕以外（移到一个超大的垂直位置），然后再通过 Move（移动）动作移到屏幕中间。

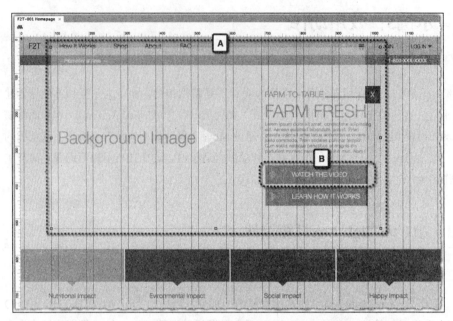

图4-17　Farm2Table项目（中间虚线框的大浮层A称为lightbox或灯箱）

4.8.2　第2步：交互

Step 2 – Interaction

单击选中WATCH THE VIDEO按钮，为它创建一个 Onclick 事件。设置显示动作：

1. 在Click to add actions（点击添加动作）一栏中，选择Show（显示）动作。

2. 在Configure actions（配置动作）一栏中，选中lightbox（灯箱）控件（图4-18，A）。

3. 设置Visibility（可见性）为Show（显示）。

4. Axure 7有一项新功能treat as lightbox，可以自动将灯箱以外的区域置灰（B）。这是一个非常节省时间的增强功能。

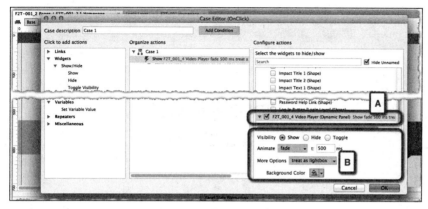

图 4-18　设置显示操作

接下来，我们要将 lightbox（灯箱）控件从线框图的停放位置重新定位到屏幕中显示的位置：

1. 选择 Move（移动）动作（图 4-19，A）。

2. 选择 lightbox（灯箱）控件（B）。

3. 在移动选项中，将 y 轴的值设置为 -1381（C）。数值前面的负号表示该控件会向上移动。

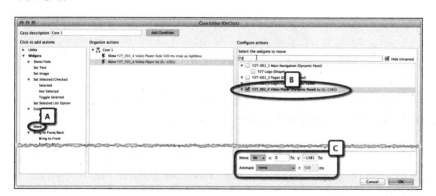

图 4-19　定位灯箱到屏幕中间位置

最后，添加置于顶层的动作，这将确保灯箱不被其他控件遮挡。额外说明一下，如果要隐藏灯箱，则要设计一个反向交互，将它移回原来在画布上的停放位置。图 4-20 显示了运行中的交互效果。

图4-20　最终运行的交互效果

4.9　总结
Summary

本章学习了 Axure 交互的基础知识。交互可以和页面、模板进行关联，也可以和控件进行关联，且不同控件有不同的交互。在开始原型设计时，就要规划好原型中的哪些元素应该带有交互，以及交互的保真度。认真设计每一种交互体验，让原型清晰地表达出用户体验设计者的初衷。

如果需要交付一个规格文档，交互的保真度和复杂度越高，就越难生成清晰易懂的规格文档，所以要尽早测试所生成的 Word 文档的效果。最后，本章还介绍了对控件和交互元素的命名。

第 5 章会介绍 Axure 高级交互，如条件、变量、触发事件等。但不要被"高级"这个词吓到，因为通过学习创建更加复杂的交互和线框图，有助于创造出更具吸引力的高保真原型。

第5章
高级交互
Advanced Interactions

在以下两种对立的产品开发理念和实践方式上，Axure 做了独特的权衡、调和。这两种方式分别是：

- 以设计师为中心：快速高效地创建交互原型，最大限度地减少编码。

- 以开发者为中心：非常依赖编码。

第一种方式非常吸引 UX 社区的活跃用户——一群追随 Axure 的从业者。因为 Axure 让设计师不用编写 HTML、CSS、JavaScript，也无须前端开发工程师的帮助就能将用户体验概念化、可视化。

原型是多面的也是临时的，它是在以用户为中心的设计过程中产出的信息架构和交互流程的体现。UX 架构师和设计师对用户行为研究得越透彻，设计出的体验就越好。Axure 让构思、验证和迭代原型的过程变得更加快速和简单。当然，Axure 还提供了很多高级功能和选项让我们创建高保真原型，甚至是响应式 HTML 原型。因此，Axure 7 可以说是最先进、最强大的以 UX 为中心的设计工具之一。

近几年，我们看到了很多 Axure 开发人员的出现——他们拥有熟练的编码技能，并利用自己的编码技巧去增强更多 Axure 高级功能。但是，这样会不会束缚大部分 UX 从业者呢？毕竟大部分 UX 从业者是不会编程的，难道还要回到以前，设计师不直接掌控自己的设计，而是把设计交给开发人员吗？答案当然是"No"。

不要被本章的标题"高级"两个字吓跑。我们会介绍**触发事件**（Raised Events）、条件逻辑（Conditional Logic）和变量（Variables）这些高级功能，也会涉及一些编程相关的术语。也许你不懂编程，也不感兴趣，想尽量避免使用这些 Axure 功能，这可以理解，但大可不必如此。

首先，请放心，这里不会涉及代码的编写。到目前为止，你已经熟悉了 Axure 交互和情景编辑器功能，这两项功能只需要在界面上"指指点点"就可以创建交互，唯一需要输入文本的情况就是进行命名。使用条件编辑器，也同样如此简单。

其次，我们使用的是交互设计中的一些术语和方法。我们使用分支逻辑去确定用例、场景，以及功能如何按条件对用户交互作出响应。Axure 通过可视化的分支路径，可以非常简单地对所需逻辑进行模拟并在交互原型中进行呈现。

高级交互不仅能使你在 Axure 上的投入获得最大化的产出，还能提升专业技能。就像学习一门新语言，掌握的词汇越多，沟通能力就越强。专业工具也如此。Axure 功能掌握得越深入，就越能更好地发挥创造力，所以现在就开始深入学习 Axure 吧。

5.1   条件

Conditions

在原型中使用条件逻辑（简称条件）能节省大量时间。因为利用条件逻辑模拟多个交互和流程分支时，有很多模块或内容可以复用。

事实上，我们一直在使用条件逻辑，而且在计算机科学和交互设计中，也必须使用条件逻辑去适应多样的业务、情境和异常状态。然而，非程序人员在使用软件时，似乎都不太愿意直接使用逻辑化的功能。例如，很多搜索引擎（包括 Google）都提供"高级搜索"功能，很像许多图书馆系统的搜索功能（A），如图 5-1 所示。

你还记得上次使用高级搜索是什么时候吗（或许从来没用过）？ Google 的单一搜索框及无操作符搜索概念（B）在 21 世纪初是革命性的。自那以后，它已经成为标准的搜索界面。然而，图书管理员和其他信息工作者已经习惯了结构化的搜索，即通过一些操作符进行逻辑表达来得到一个相对精确的结果。

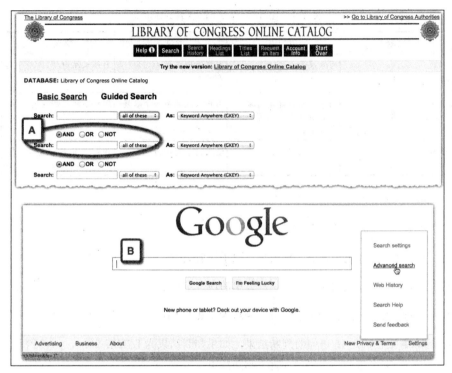

图 5-1 Google高级搜索

5.1.1 IF-THEN-ELSE

IF-THEN-ELSE

在大约 2300 年前的古希腊，亚里士多德创造了逻辑学——一门抽象推理的正式学科。这使得今天我们生活在数字世界里，可以用"真"（TRUE）和"假"（FALSE）来评价一件事。

基本组

表 5-1 展示了 Farm2Table 项目所需要逻辑判断的示例。

表 5-1   Farm2Table 项目的逻辑判断示例

判断	情景 A	情景 B	情景 C
IF 如果（条件）	用户注册类型为 VIP 用户	用户注册类型为 普通用户	用户未注册
THEN 如果条件为真，则执行 此动作	用户可以创建周订单， 并且这些农产品可以来 自多个农场	用户只能从某一个农场 中订购	用户不能订购任何产品
ELSE 否则(如果条件不为真）	进入情景 B 判断	进入情景 C 判断	如果 A 和 B 都是假，那 么 C 肯定是真

请注意以下几个方面：

- IF 条件里判断的内容是用户类型。

- 我们不需要知道用户的其他信息，除了注册类型。

- 我们不需要知道农场在哪里、周订单的内容是什么等。

- 在同一时间，只有一个情景会被判断为 TRUE（真）。

- ELSE 连接的是 IF 语句的判断结果，如果判断结果为 FALSE（假），则移到下一
  情景，直到遇到一个语句为真，判断结束。

- ELSE 连接的判断语句可以帮助我们明确用户注册类型，以及对应利益权限之间
  的关系。

- 肯定有一种情况是真的。

从表 5-1 的例子中，可以抽象出一个广义的概念：

IF：如果满足条件 A（k 和 m 的关系符合 A 的要求，即判断结果为 TRUE）

THEN：执行 X（并且中止）

ELSE

IF：如果满足条件 B（k 和 m 的关系符合 B 的要求）

THEN：执行 Y（并且中止）

ELSE

IF：如果满足条件 C（k 和 m 的关系符合 C 的要求）

THEN：执行 Z（并且中止）

表 5-2 集合了前面说的抽象成分。

表 5-2　抽象成分集合

条　件	实　体	操　作
条件 A = 用户注册类型为 VIP 用户 条件 B = 用户注册类型为普通用户 条件 C = 用户注册类型为非注册用户	k = 用户 m = 注册类型	X = 允许用户从任意一家农场订购 Y = 允许用户从某一家农场订购 Z = 不允许用户从任何农场订购

　　IF-THEN-ELSE 语句在整个设计过程中是很常用的工具手段，用来表现用户与系统之间的交互行为。在原型创建阶段，为静态线框图添加交互时，可以把它想象成牵木偶的线，你可以用它来控制木偶跟着脚本移动。

情景之间如何关联

　　在前面的例子中，各种情景与交互规则之间存在很强的相关性。表 5-3 展示了另一种逻辑情况。

表 5-3　逻辑情况 2

判　断	情景 A	情景 B	情景 C
IF 如果（条件）	用户注册类型为 VIP 用户	用户的周订单里有一个商品没货了	食谱上的所有原料都能在周日历里提供
THEN 如果条件是真，执行此动作	用户可以从多家农场订购周订单	农场将补充这个商品	食谱上的所有原料都会在周日历里提供
ELSE 否则（如果条件不为真）	判断下一条语句	判断下一条语句	如果 A 和 B 都是假，那么 C 肯定是真

　　如果我们将上述表格中的各个情景单独拆开来看，它们之间没有任何关联，因

此很难看出它们与交互模式之间的逻辑关系。一旦加上 IF-THEN-ELSE 的逻辑判断之后就能呈现出它们之间的关系，所以在检查语句时一定要确保它们执行的是一个有意义的命令。

AND和OR

制作 Axure 原型前的最后一个知识点：情景与逻辑运算符（AND 和 OR）的关系。这两个运算符用来连接两个或两个以上的句子，从而创造出有意义的复合语句。当需要判断多种情况才能确定要采取的行为时，就要用到复合语句。为了更好地理解这一点，可以参考表 5-4。

表 5-4　逻辑表（与）

IF	AND（IF）	AND（IF）	AND（IF）	THEN
用户的周订单里某个商品缺货	用户是标准订购用户	用户已经创建了一个替换清单	替换商品在用户的农场里有	该农场将替换这个商品

在前面的例子中，AND 用来连接一组语句，如果要使一个特定动作发生，所有语句的判断结果都必须是 TRUE 或者 YES。

如你所见，情况很快就会变得复杂，但业务规则的本质往往就是复杂的，需要研究多种问题来确定合适的操作方法。

表 5-5 组织了同样的规则，但以不同的方式表示。

表 5-5　逻辑表（或）

IF	OR（IF）	OR（IF）	OR（IF）	THEN
用户的周订单里某个商品缺货	用户是标准订购用户	用户已经创建了一个替换清单	替换商品在用户的农场里有	该农场将替换这个商品

这里的结果会很不一样。在第一组设置里所有的语句都必须是真的，农场才会发送替换商品；而这里只要三条语句中有任一条语句是真的，农场就会采取同样的行动——发送替换商品。

这种条件语句对用户体验设计师而言是非常自然的，因为设计师用一种类似的逻辑方法来模拟任务、建立基于商业规则的交互流程及其他设计。创建一个条件型交互时，在原型里反映的是流程的逻辑。

先写下来

如果你需要用到条件逻辑，但对需要响应一套复杂规则的语法或原型又没有太多经验，则最好先将逻辑写在纸上，并确保每执行一个条件，都可以得到正确的结果。

沙箱学习法

实验是掌握知识高效的方法。在原型设计课程中，要想了解 Axure 的功能如何使用或想探索一种新交互，可以借助一种沙箱文件（Sandbox Files）技术：

- 在计算机桌面上创建一个空白的新 Axure 文件。在这个文件上进行探索，然后将所学到的知识应用到项目中。这个文件就是沙箱文件。在这个沙箱文件上，无须担心"毁坏"任何之前的工作，而是将精力集中在想弄清楚的功能技巧上。这种方法也可以保持项目文件的洁净，使你自由地进行尝试。

- 另外，如果你想使用团队项目文件里的特定元素，可以将其导出为标准的 RP 格式，然后在本地的副本中进行探索。

引导型示例：条件

通过本示例可以发现，在 Axure 中为原型加上条件是很容易的。我们将使用一个沙箱文件去探索功能，然后将学到的知识应用在 Farm2Table 项目中。

图 5-2 所示的是处理条件和交互的一种典型流程。

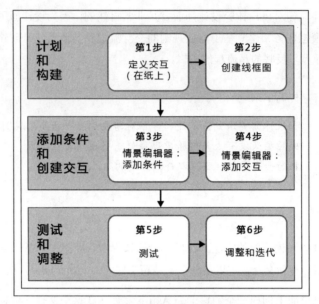

图5-2　处理条件和交互的典型流程

第1步：定义交互

本示例模拟了电商中一个产品详情页的常见模式。用户可以从属性列表中选择 T 恤的颜色和大小。通常，用户所做的选择之间是有依赖关系的，例如，用户选择了某一尺码，而这个尺码下某一颜色又缺货。

这时候是使用 Axure 条件逻辑功能的绝佳时机。正如我们在第 4 章 "创建基本交互" 里所述，第 1 步是定义交互。条件逻辑是复杂难懂的，此时拆解出你想要创建的交互逻辑就尤为重要。

- When：当用户更改 T 恤的颜色选择时。

- Where：在颜色下拉列表控件上。

- What：改变图片动态面板的状态、产品上方的文字、尺码下拉列表的值。

- Conditions：当页面加载时，产品名称会显示 Green T-Shirt（绿色 T 恤），图像显示为绿色 T 恤，Color（颜色）下拉列表的值显示 Green（绿色）。Size（尺码）下拉列表中的默认值将是 Select（请选择），且所有的 Size（尺码）选项都可用。当用户选择的 Color（颜色）下拉列表中的值时，可以执行下列操作：

- ○　更改图像动态面板的状态，显示所选颜色的衬衫。

- ○　改变Size（尺码）下拉列表的值，模拟某些尺码不可用。

- ○　更改顶部的产品名称，反映所选择的颜色。

Conditions 中，当页面加载时，指定了页面的默认状态，也就是页面加载时的默认值。当原型规划涉及条件逻辑的交互时，一定要确保默认状态为起始条件。

第2步：创建线框图

Axure 7 新增预览功能，可以即时预览页面外观和交互，非常好用。不过，如果需要多个复杂页面或生成简单的例子，则创建沙箱文件依旧是个好办法。在桌面上创建一个空目录，命名为 Axure Sandbox。

创建一个新的 Axure 文件，命名为 IF-THEN-Sandbox，然后保存到 Axure Sandbox 目录下。

接下来，创建线框图，拖入必要的控件。我们创建的示例文件稍有些复杂，因为我们用的是彩色的 T 恤照片。沙箱实验要的是快速，所以可以不那么精细，这里用纯彩色矩形来简单替代花哨的照片。线框图应该包括以下部件：

- 一个产品名称标签（图 5-3，A）。

- 一个动态面板（B）有三种状态，每个状态都有一个矩形部件，对应三种不同的颜色：绿色、橙色、紫色。

- Color（颜色）下拉列表（C2）及其标签（C1）。

- Size（尺码）下拉列表（D2）及其标签（D1）。

- Add To Cart（加入购物车）按钮（E）。

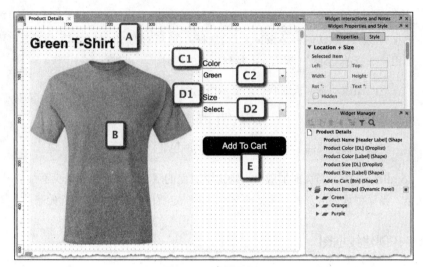

图5-3   示例线框图

第3步：设置第一个条件

事先规划好流程，有助于创建线框图和交互。现在已经完成第1步和第2步，下面为交互设置条件逻辑：

1. 单击Color（颜色）下拉列表（图5-4，A），然后在交互页签中双击OnSelectionChange事件（B）。

2. 在Case Editor（情景编辑器）窗口（C）中点击Add Condition（添加条件）链接（D）。

3. 在Condition Builder（条件生成器）对话框（E）中，创建一个响应下拉列表选中值的条件。条件行（F）会以一种通俗易懂的方式在描述区（H）中重复一次。

4. 本例中的条件会检查下拉列表中的值是不是Orange（橙色）（G）。

    设置完成，点击OK按钮（I）关闭对话框。

当你创建条件时，请确保考虑到交互所适用的所有情景。

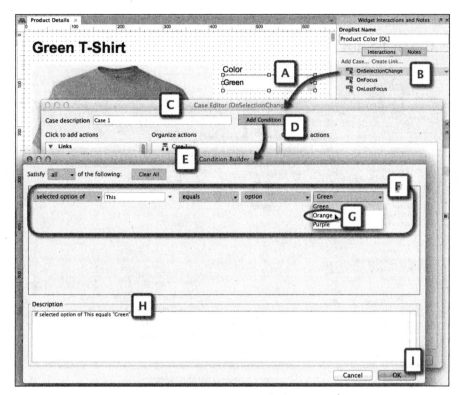

图5-4　设置第一个条件

第4步：为条件添加一个交互

接下来，创建满足条件时会触发的动作。初始情况下，Color（颜色）下拉列表的值是绿色，各个部件都应该作出相应变化，如 T 恤照片也变为绿色。你可能会问："屏幕上的部件都已经是绿色的了，为什么还要检验绿色？"

这是因为一旦用户从颜色下拉列表中选择默认值绿色之外的颜色，部件就会发生变化来响应新的选择。但用户也可以再次选择绿色，这就是为什么还要提供更新屏幕为绿色的条件和动作：

在 Case Editor（情景编辑器）中（图 5-5，A），刚刚创建的第一个条件出现在 Organize actions（组织动作）这一列中（B）。

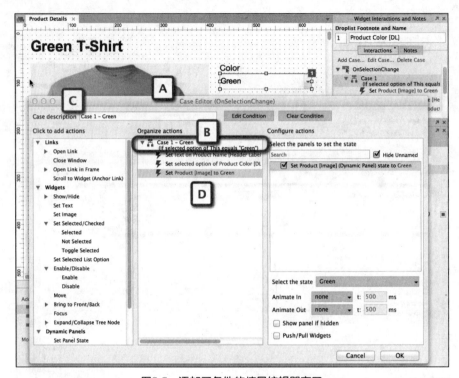

图5-5　添加了条件的情景编辑器窗口

建议养成为 Case（情景）命名的习惯（C）。这一操作只需不到 5 秒钟，却有很好的投入回报。

现在，来设置选择绿色后的几个响应（D）：Set Text（设置文本）、Set Selected List Option（设置列表选中值）、Set Panel State（设置面板状态）。

但是，这里却没有任何可以改变尺码下拉列表值的行为。

刚开始学习使用条件交互时，这是很容易遇到的问题，你会发现线框图需要更多工作。随着时间的推移，慢慢地有了经验，你会提前预见到这种需求。

点击 OK，关闭情景编辑器窗口。将 Size（尺码）下拉列表转换成动态面板，复制并重新命名状态，改变每个下拉列表中的值，以模拟某些尺寸在黄色和紫色下不存在。

完成 Size（尺寸）下拉列表后，回到 Case 1—Green（图 5-6，A），在 Set Panel State（设置面板状态）中设置 Size（尺寸）动态面板为 Green（绿色）状态。

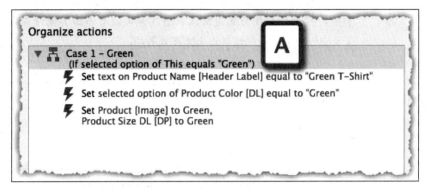

图5-6　情景1——绿色

复制并粘贴该情景，如图 5-7 所示，根据不同的情景做相应的修改。

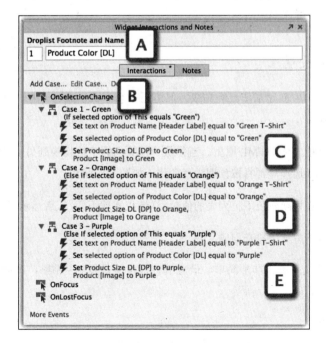

图5-7　设置尺寸动态面板为绿色状态

有关测试的注意事项

通常情况下，需要在复制之前测试交互效果。但是在这里的例子中，第一个条件交互是默认状态，如果没有添加其他情景（至少一个），是测试不出来交互效果的。

最终，Color（颜色）下拉列表有三个带有条件的 OnSelectionChange 状态切换的交互情景（C，D，E）。

为控件、交互、情景命名

当你检验 Axure 文档时，注意所有的控件、情景、条件是否都命名了。也许你创建了自己的文档，并没有为它们命名，最终你会发现要准确定位到你想要控制的控件是很难的。命名确实是很烦琐、很零星的工作，但是这样做会使文档变得干净、利于定位。

第5步：测试交互

到目前为止，创建工作已经完成，但是还必须测试生成的交互，查看是否按预期的方式工作：

用预览功能生成 HTML 原型。当你从一种颜色的 T 恤切换到另一种时，标题文字、图片、尺寸选择等都将按预期进行变化，如图 5-8 所示。

有可能你在切换颜色下拉列表的值时，详情根本就不变，或者显示了错误的信息。

可以按以下方式来排查问题：

- 本示例的交互逻辑非常简单，最魁祸首很可能是复制 - 粘贴，比如，粘贴后没有修改成正确的值，等等。

图5-8　测试交互效果

第6步：微调和迭代

一旦基本条件实现了，提升原型的保真度就很容易了。例如，禁用 Add to Cart（添加至购物车）按钮，直到用户选择了 T-Shirt 尺寸。通常，将完整的交互体系打散为一个个独立部件，可以使整个流程更加高效，问题排查也会更加容易。

5.1.2　条件编辑器

The Condition Builder In Detail

　　条件编辑器是原型的"大脑"。每个条件占据编辑器的一排。许多条件是由几个有前后关系的下拉列表组成的，这样很容易就可以设置任务所需的值。这本质上是一个可以有无限种可能去控制某个交互的组合系统。接下来让我们来深入地了解条件编辑器吧。

　　条件由五个下拉列表组成，第三个下拉列表用于判断前两个下拉列表和末两个下拉列表是否对等。图 5-9 描述了这五个下拉列表框是如何组成条件编辑器的。

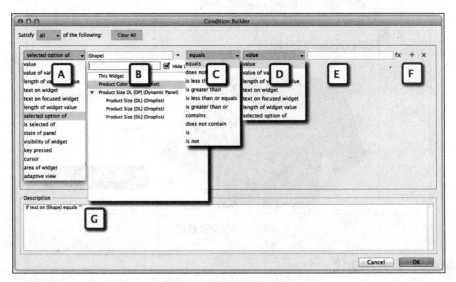

图5- 9　条件编辑器的组成

下面对图 5-9 中每个字段进行解释。

- 第一个下拉列表共有 14 个选项，这里选择 selected option of（A）。第一个下拉列表的选项会影响到后面下拉列表的选项。

- 第一个下拉列表选择 selected option of 后，第二个下拉列表中只会显示

Droplists 控件和 Listbox 控件（B）。

- 第三个下拉列表（C）用于选择一个对比项，与下拉列表 A、B 和 D、E 中的选项进行对比。除了 equals（等于）这个对比项，还可以选择另外九个对比项来创建等式方程。

- 第四个下拉列表（D）用于指定对什么类型的值进行对比。

- 最后这个下拉列表中的选项（E）会根据前一个下拉列表选项（D）的不同而不同。

- 在每行的末尾（F）可添加新的条件行或删除现有行。

- Axure 会自动生成 Description（描述）区（G）的内容，以通俗易懂的语言对条件逻辑进行说明。

分步示例：高保真与多重条件

真实的应用软件在决定采用某种交互动作之前，往往需要判断多个业务规则条件，比如基于用户的登录及其他的参数来展示不同的界面。Condition Builder（条件编辑器）可以节省很多时间，因为它只需少许几个线框图，就能够创建多重条件、模拟复杂交互，大多数界面变化都是通过动态面板控件的状态变化来实现的。

设计不是为了炫技，因此原型不是越复杂越好。设计原型也不是为了模拟整个产品，而是应该聚焦于想要通过可用性测试进行验证的交互部分。

第1步：定义交互和保真度

图 5-10 显示的注册流程定义了一个条件判断：

如果来访者的邮编在服务范围之内，则切换到一个注册表单，否则感谢来访者，并告诉他们这项服务在他所在区域是否会开通，以及什么时候会开通。此外，用户可以提供一个电子邮件地址，以便在该区域开通这项服务时可以通知他。

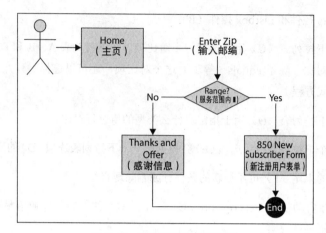

图 5-10   注册流程的条件判断

接下来，我们就在这个基本交互上开始创建复杂条件原型。

由低到高

迭代过程是渐进式的，我们不希望在每次迭代中都要对设计进行大改动。早期建立的基础和原则是必要的结构支撑。如果有必要的话，不使用的控件应该重新评估或删掉。图 5-11 所示的是一个迭代过程的搞笑图解。

图5-11   迭代过程

最初的原型设计了一个邮编字段，这个字段可以接受任何类型的输入，也不限制字符的数量，也就是说不用经过任何验证就可以执行操作。注册按钮始终处于激活状态，即使没有填写邮编，注册按钮也会链接到下一个步骤。这实际上是一个静态线框。

接下来，基于这个静态线框来模拟真实商业规则的体验及交互动画，逐步使原型保真度越来越高。

对于初学者来说，有如下几种方案：

- 用户输入邮编，点击注册按钮。在检验邮编时，如果发现它是无效的输入，则会告知用户重新输入邮编。

- 当用户在邮编输入框中输入时，我们只验证 5 个数字的输入。为什么是 5 个数字？因为这是美国的邮编标准。在这种情况下，如果邮编不是数字，则会显示提示，当信息修改正确时，隐藏提示信息。注册按钮只有在 5 个数字都输好的情况下才会被激活。

我们将用 Condition Builder（条件生成器）窗口来创建上述第二种方案。第一步是定义所期望的交互。和所有包含条件逻辑的交互一样，我们先拆解逻辑。

- When：当用户输入邮编时。

- Where：在邮编字段区域。

- What：在输入时验证邮编。有问题时提醒用户，或切换到新的账户页面。

- Conditions：初始情况下，邮编字段区域为空，注册按钮不可用。

表 5-6 可以帮助管理条件，并对条件进行分类。

表 5-6　条件分类

序号	检验条件	执行动作	判断触发器
1	如果用户输入的不是数字	注册按钮保持不可用状态，显示提醒用户修改输入内容的提示	每次按键输入后
2	如果用户输入的字符少于或多于 5 个数字	注册按钮保持不可用状态	每次按键输入后
3	如果用户输入的是 5 个数字，而且邮编在服务范围之内	激活注册按钮	所有字符都输入后
4	如果邮编不在服务范围之内	显示感谢信息；用户可以提供一个电子邮件地址，以便在该区域开通这项服务时通知他	所有字符都输入后

表 5-6 中的判断触发器在组织和规划采用哪种 Axure 事件来实现交互这一点上，是非常有用的。在这个例子中，每次击键后开始检验条件更合适，然后在输入完整后再次判断。

第2步：创建线框图

这次我们要使用一个独立的 RP 文件。下面来创建交互吧，这也是一个额外的练习机会。

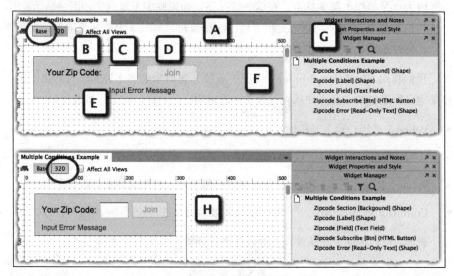

图5-12　桌面基本视图

为了让这个例子更有价值，我们使用 Axure 的自适应浏览功能。因此，示例必须在桌面基本视图（图 5-12，A）和智能手机的垂直（纵向）方向（H）之间。

先把小控件创建在基本视图里，然后再创建智能手机版本。这些小控件是：

- 标签控件 Your Zip Code（B）；

- 邮编的文本字段控件（C）；

- 默认设置为不可用状态的注册（Join）按钮控件（D）；

- 默认隐藏的错误信息标签控件（E）；

- 用来当模块背景的矩形控件（F）（可选）。

  再一次建议你为所有控件命名。

第3步：校验条件

先来看看需要校验的第一组条件要求，如表 5-7 所示。

表 5-7　第一组条件要求

序号	检验条件	时间（When）	执行动作
1	如果用户输入的不是数字	每次按键输入后	注册按钮保持不可用状态，显示提醒用户修改输入内容的提示
2	如果用户输入的字符少于或多于 5 个数字	每次按键输入后	注册按钮保持不可用状态

分步解决：Part 1

尽管前面的条件都是每次按键输入后，但是它们的操作反应却不一样，所以还是需要单独来校验。

让我们开始设置第一个条件，如表 5-8 所示。

表 5-8　第一个条件

序号	检验条件	时间（When）	执行动作
1	如果用户输入的不是数字	每次按键输入时	注册按钮保持不可用状态，显示提醒用户修改输入内容的提示

所有的交互都与邮编输入字段（图 5-13，A）有关。第一个条件命名为 Case 1—Not Numeric（情景 1——非数字），将使用 OnTextChange（文本变化）事件（B）。

在 Condition Builder（条件生成器）最左侧的下拉列表中，我们可以使用 text on widget（某一控件上文本）或 text on focused widget（当前获得焦点控件的文本）。在这里我们可以选择后者（C），因为在输入的过程中邮编输入框肯定处于获得焦点状态，这样就省去了选择指定控件的麻烦。

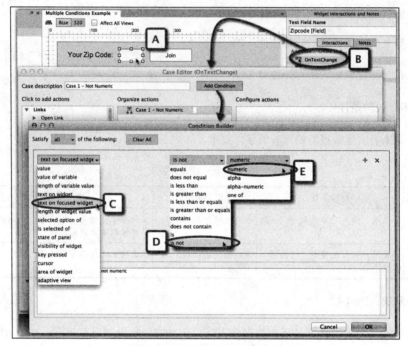

图5-13　设置条件：检验数字

接下来，选择 is not（D），因为当用户输入的不是数字时我们要提醒他，这也就是为什么我们在最后一栏（E）选择 numeric（数字）的原因。

关闭 Condition Builder（条件编辑器），然后添加以下动作：

- 设置错误提示区的文本，类似于"Numbers only，please"（请填写数字）。

- 切换隐藏控件为可见。

下一步是预览交互来验证工作是否正常。

计数器条件

有时候，我们需要添加的交互并非是最初设定的。如在这个例子中，我们需要显示当用户修改输入框内容（删除字母或添加数字）时会发生什么。计数器动作通常用于复位初始条件所触发的动作。例如：

1. 复制情景1，命名为Case 2—Numeric（情景2——数字）。

2. 修改条件判断为is numeric（是数字）。

3. 添加清除错误控件上的文本为" "（即为空）的动作。

4. 添加隐藏信息提示控件的动作。

现在，在 OnTextChange（文本变化）事件（图 5-14，A）下有两个情景。Case 1—Not Numeric（B）在用户输入非数字时提示用户，Case 2—Numeric（C）在用户修正问题后清除提示。

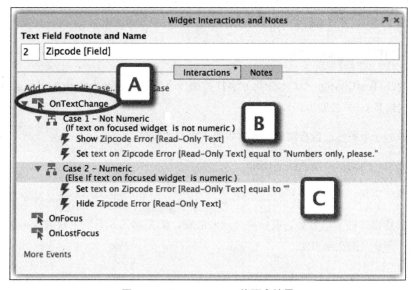

图5-14　OnTextChange的两个情景

分步解决：Part 2

现在我们可以开始设置第二个条件了，如 5-9 所示。

表5-9　第二个条件

序号	检验条件	时间（When）	执行动作
2	如果用户输入的字符少于或多于 5 个数字	所有字符都输入后	注册按钮保持不可用状态

校验数字的数量同时也关联到第三个条件，如 5-10 所示。

表5-10　第三个条件

序号	检验条件	时间（When）	执行动作
3	如果用户输入的是 5 个数字，而且邮编在服务范围之内	所有字符都输入后	激活注册按钮

这里有些冗余可以消除。注册按钮默认是不可用的,只有当输入内容长度是 5 时,它才会改变状态。也就是说处理好第三个条件,实际上就已经兼顾到了第二个条件。

提前规划的价值就是减少潜在的工作和复杂性。通常来说,需要隔离和调试的交互越少越好。举个例子。

初始设计看起来很简单：

1. 为OnTextChange（文本变化）事件添加一个情景，命名为Case 3—length is 5（情景3——长度为5）。

2. 添加一个条件：检查邮编输入框中输入内容的长度。

3. 添加一个动作：激活注册按钮。

4. 预览交互。

虽然错误提示信息如之前一样显示和隐藏，但是输入 5 个数字却激活不了注册按钮。到底是怎么回事呢？

切换IF/ELSE IF和执行顺序

下面是 Axure 和大多数软件操纵条件逻辑集处理过程的示例：

IF

此条件为真，做某事（并停止检验）

ELSE IF

另一种情况是真，做某事（并停止检验）

ELSE IF

另一种情况是真，做某事（并停止检验）

在这个例子中，当用户在输入框进行输入时，每一次按键输入都会进行一次检验，确定输入的内容是字母还是数字，检验完这一步骤后就停止了检验。这就导致第三种检验——检验字符串长度永远不会被执行。

自然而然，你可能会想到改变顺序，先检验字符串长度再检验其他的。你可以试试。确实只要输入 5 个数字，注册按钮就会激活。但是，如果第 5 个字符输入的是字母，注册按钮依旧会被激活，错误提示也不会显示。这是因为在检验输入字符长度之后检验就停止了。

为了让第三个情景能关联到 OnTextChange（文本变化）事件，Axure 提供了一种方法，这种方法可以使第三种情景与前面的情景独立开来，如图 5-15 所示。

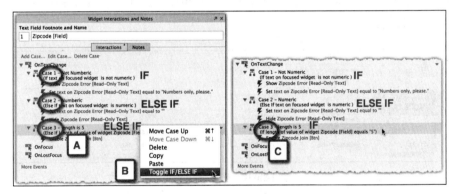

图5-15　创建第三种情景

Axure 自上向下扫描交互，视第三个情景为单组情景：IF, ELSE IF, ELSE IF（图 5-15，A）。

在 Case 3—length is 5 上右击，从菜单中选择最后一项 Toggle IF/ELSE IF（B）。现在，Axure 扫描三个情景的方式与之前的不同。会先从前两个情景开始，检验 IF 和 ELSE IF。当检验出字符是数字或非数字后，停止检验。然后单独检验字符串长度，这次检验只有 IF（C），且与其他情景完全无关。

满足全部或部分条件

你可能还记得你的父母告诉你，如果你吃完西兰花，而且在餐桌上表现很好，就可以有甜点吃。这就是一个满足全部条件的例子。你表现很好，但是没有吃完西兰花，假设你跟父母撒撒娇，他们心软了也会给你甜点，就属于满足部分条件。这就是满足全部和满足部分条件的区别。

言归正传，现在要准备处理第三个条件的第二部分了，如图 5-16 和表 5-11 所示。

表5-11   第三个条件

序号	检验条件	时间（When）	执行动作
3	如果用户输入的是 5 个数字（图 5-16，A），而且在我们的服务范围之内（B）	所有字符都输入后	激活注册按钮

把激活注册按钮的两个部分结合起来。添加条件行来检验是否与特定的邮编相匹配。因为原型主要是展示设计效果，以及在可用性测试中进行验证，所以这里只用三个邮编就够了。

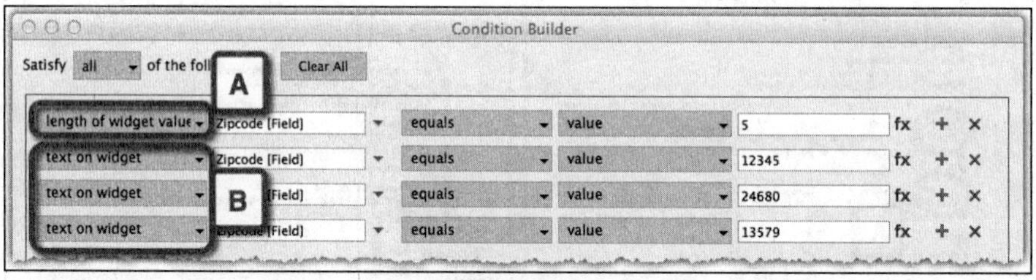

图5-16   多重条件

现在，这个情景的条件编辑器里有四个条件行。第一行用来检验字符串的长度。其他三行用来检验输入的值是否与特定值相匹配。

预览测试，还是无法激活注册按钮！为什么？

当多条件语句需要在一个条件分支进行检验时，除了使用 Toggle IF/ELSE IF 选项外，还必须特别注意条件编辑器上的 Satisfy（满足）下拉列表（图 5-17，A），它只有两个选项：all 和 any。

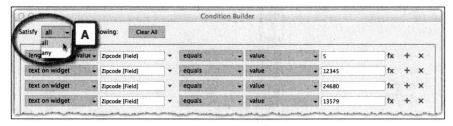

图5-17　Satisfy下拉列表

默认情况下，如果条件编辑器里只有一个条件，则选择 Satisfy 下拉列表里的 all 选项是没问题的。当有两个以上的条件时，就必须设置正确的选项。为了帮助你理解，我们给下拉列表设置了"西兰花"的示例。当你在考虑要选哪个选项时，请你阅读整句话。它会是下面句子中的一句：

- all：满足下面所有的条件（吃完西兰花并且表现良好）。

- any：满足下面任一个条件（吃完西兰花或者表现良好）。

怎么解决我们现在碰到的问题呢？

选择 all 看起来好像是正确的，因为注册按钮只有在输入的是 5 个数字，且匹配某个预设值的情况下才会被激活。之所以行不通，是因为它要求邮编同时满足 3 个不同的预设值（图 5-17 中"text on widget"的 3 个不同的预设值），这当然是不可能的。

如果改成选择 any，同样不行，因为当输入的是 5 个数字时，就满足了一个条件，注册按钮立刻会被激活。

反向思考

当然有很多种方法可以解决我们的问题，但首先要给你介绍在创建条件交互过程中你将会遇到的诸多问题及解决这些问题的方法。有时，反向思维就能解决问题，用下面的例子来说明。

在原来的条件（图 5-18，A）基础上，修改一下 A1 部分的参数，创建出一组新的条件行（B）。这些条件可以看作如下两组：

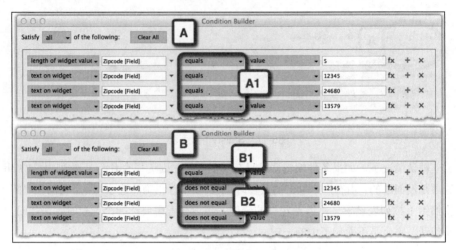

图5-18　条件不同组合的对比

- 第一行检查邮编字符串的长度（B1）；

- 其他三行检查邮编的有效性（B2）。

　　第二组的三个条件设置为 does not equal，而不是最初的 equals。Satisfy 下拉列表的选项依旧保持为 all。条件满足后，执行的动作改为禁用注册按钮。我们来比较一下 A 和 B 两种情况下 Axure 的运行方式，如表 5-12 所示。

表 5-12　A 与 B 两种情况下的 Axure 运行方式对比

条件行	方法 A		方法 B	
	检验条件	检验方式	检验条件	检验方式
1	邮编字段区域的字符串长度必须是 5	即使这行是 TRUE，其他行也必须都是 TRUE	邮编字段区域的字符串长度必须是 5	即使这行是 TRUE，其他行也必须都是 TRUE
2	邮编数值必须等于第 1 个预设值	即使这行是 TRUE，其他也必须都是 TRUE	邮编数值必须不等于第 1 个预设值	即使这行是 TRUE，其他行也必须都是 TRUE
3	邮编数值必须等于第 2 个预设值	即使这行是 TRUE，其他行也必须都是 TRUE	邮编数值必须不等于第 2 个预设值	即使这行是 TRUE，其他行也必须都是 TRUE
4	邮编数值必须等于第 3 个预设值	即使这行是 TRUE，其他行也必须都是 TRUE	邮编数值必须不等于第 3 个预设值	即使这行是 TRUE，其他行也必须都是 TRUE

续表

条件行	方法 A		方法 B	
	检验条件	检验方式	检验条件	检验方式
结论	显然，邮编不可能同时等于第二、三、四行的预设值。无论邮编值是什么，检验永远都不可能是 TRUE。这在逻辑上就是错误的，不管我们是不是创建了激活或禁用注册按钮的动作，按钮永远不会被激活		第二、三、四行被检验为 TRUE，是可以做到满足全部条件的。 只要输入的邮编与任一预设值不匹配，注册按钮就会一直不可用	

　　在方法 B 基础上，继续改进，删掉第一行。输入正确的邮编前，按钮不可能被激活，因为如果邮编正确，必然也会满足"邮编是 5 个数字"这一条件。

　　添加第四个情景：如果邮编字段（图 5-19，A）的长度是 5，则激活注册按钮。组合起来，通过四个情景来进行验证、提示，最终实现之前设计好的注册流程。

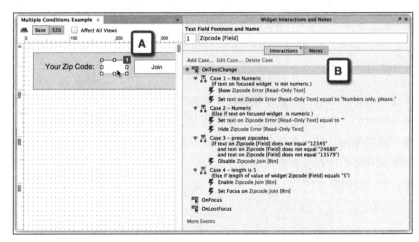

图5-19　删掉第一个条件

更多事件

　　为了降低整体界面的复杂度、减少视觉负担，Axure 7 在 Widget Interactions and Notes（控件交互和注释）窗口中只默认显示了主要的事件，其他的隐藏在 More Events 链接（图 5-20，A）里。这样就可以指定各式情景给复杂动作了。整个动作库可以在菜单中找到（B）。

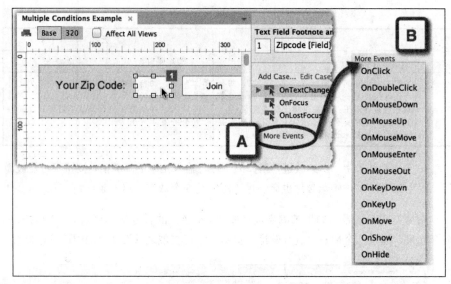

图5-20　更多事件

创建条件的时间预算

　　即使你对逻辑和 Axure 条件编辑器非常熟悉，经验也很丰富，也请你务必控制创建条件的时间，新手更需要如此。你可能花了几个小时都不能让某些条件交互运行起来，最后发现只是一个简单的逻辑错误导致的。就像前面的例子所表达的，可以有很多方式去构建条件和逻辑语句。越复杂的逻辑越容易出错，因而需要更多的时间来反思、组织和迭代。

5.1.3　处理条件异常

Troubleshooting Conditions

　　创建越来越多的交互和条件后，会遇到交互无法达到预期的情况，这就需要进行异常处理。以下是对异常进行处理的一些基本思路：

- 最常见的原因——复制和粘贴问题。若控件"行为古怪"，可能是因为复制行为而继承了原控件的交互和条件，可根据需要清除某些交互和条件。

- 是否选择了正确的控件进行条件判断？Axure 列出了页面或模板上的所有控件，因此存在选错控件的可能。如果很难找到某个控件，则可以将这个控件临时命名为 XYZ，这样有助于识别和找到这个控件。在交互问题修复后，再恢复到原来的命名。

- 在纸上写下条件化交互逻辑，然后依次和 Axure 中已有的条件逻辑进行对比。条件逻辑较为复杂时，在纸上写下逻辑有助于发现 Axure 中的问题。

- 如果有多个条件，则检查 Satisfy all/any 下拉列表，可能是这里设置错误。

5.2　触发事件

Raised Events

Axure 模板（Master）在不同的页面中可以改变尺寸和形状吗？答案是"No"。但是，Axure 模板可以在不同页面中针对同一个事件产生不同行为，这就是触发事件（Raised Events）。作为一项常用功能，触发事件大大扩展了模板的用途。

关于触发事件，需要记住以下三点：

- 只能在模板内的控件上创建触发事件。

- 一个模板可以带有多个触发事件。

- 创建一个触发事件有如下两步，如图 5-21 所示。

  ○ 在模板上创建触发事件。

  ○ 在模板实例对象所在的页面上为触发事件创建交互。

为什么需要触发事件？这是环境需要。具体解释如下：

- 如果没有一种方式可以让模板基于所在页面的不同而呈现不同的行为，则模板在交互原型中的作用会大受限制。

- 一个模板应用到页面上后，无法对该页面上模板内的控件进行交互设置或编辑。模板线框图必须在模板的编辑页面进行编辑。触发事件可以在模板实例线框图上创建交互，这些交互可以由模板内的控件进行触发。

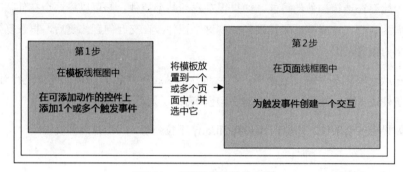

图5-21　创建触发事件的步骤

5.2.1　示例

Guided Example

接下来这个示例会帮助你了解触发事件及其特性。触发事件的强大功能和灵活性，可以让你更容易在原型中充分发挥模板的作用。

本例会介绍放置在三个不同的页面的同一模板如何才能被触发，并且能够随着触发事件，根据放置的不同页面产生不同的动作。如果没有触发事件，这是不可能实现的。因为本质上每个页面上的模板都必须表现一致。

请参看触发事件的示例 RP 文件，并尝试在 Farm2Table 项目中执行触发事件。Farm2Table 项目文件使用了 M 100 RE Item 模板和 200 – Produce 页面。

第1步：在模板上创建触发事件

无论用在什么地方，模板在视觉上会始终保持一致。模板是某个特定设计体系在应用软件内可以全面应用的关键。如果没有对线框图进行规划，想起来需要某个控件就临时创建，线框图就会杂乱无章地充满着整个页面且会产生冗余控件。每个控件都要命名、注释，还要保持风格一致。这很低效，也很麻烦，还可能会导致 UX 在研发过程中就夭折。

在这个例子中，我们使用一个基本控件（按钮）来证明一个强大的、简单的Axure功能。可以考虑触发事件作为一个策略功能，用来强化原型。

下面是在模板上创建触发事件的步骤：

1. 创建一个新的RP文件，保存为Raised Events Tutorial（触发事件使用说明）。不用为Sitemap（站点地图）的默认页面设置操心，保留原有样子即可。

2. 创建一个模板，并命名为M-1 Primary Action Button（图5-22，A）。双击打开，即可编辑（B）。

3. 用矩形控件来创建一个按钮，命名为Primary Action（C）。

4. 为OnClick事件创建一个交互情景，命名为Case 1—Raise Event（D）。

5. 从Case Editor（情景编辑器）的动作列表中，选择最后一项 Raise Event（E），它属于Miscellaneous（其他）分类。

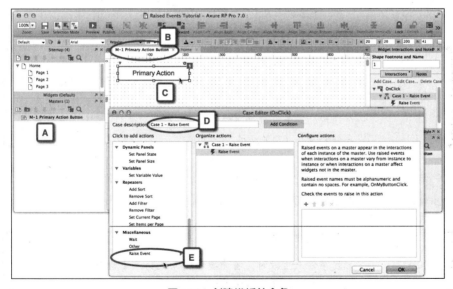

图5-22 创建模板并命名

6. 在Configure actions（配置动作）栏（图5-23，A），点击图标"+"添加一个触发事件，命名为DoPrimaryAction。

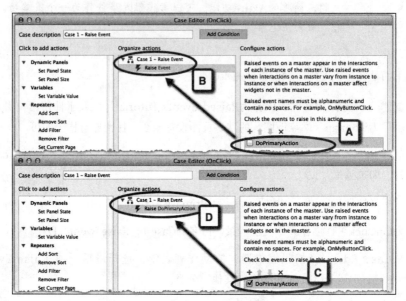

图5-23　在配置动作栏添加触发事件

重要提示

注意新标记的触发事件左边的复选框，现在没有勾选（图5-23，A）。在配置动作（Organize actions）栏，动作显示为一个通用的、未分配的事件（B）。勾选复选框（C），此时触发事件和动作（D）就关联上了。

恭喜你成功创建了第一个触发事件！你可以为每个模板创建多个触发事件。下一步就是为触发事件添加功能。

触发事件故障排查

当触发事件未生效时，首先要在情景编辑器中检查是否勾选了触发事件左边的复选框（图5-23，C）！

第2步：在某个页面上为触发事件添加交互

这就是强大而迷人的触发事件，学会触发事件是非常有价值的。复用模板到不同的页面上（包括将模板应用到模板线框图页面上）之后，在页面线框图上就会显示触发事件。在各个页面上，可以为同一个触发事件创建不同的交互。这就是为什么同一个模板在不同的页面上，可以具有不同的交互行为。

创建线框图

在主页（Home）上，模板将可以切换控件的可见性。

1. 打开主页开始编辑，如下所述：

   ○ 拖出一个模板（图5-24，A），命名为Primary Action [Btn] - 1。

   ○ 拖出一个矩形控件，命名为 Widget 1，并设置为隐藏（B）。

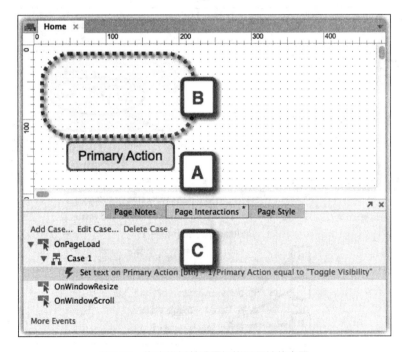

图5-24　拖出模板并设置切换可见性的交互

2. 切换到Page Interactions（页面交互）页签，为OnPageLoad（页面加载）事件添加一个情景：设置模板的文本为Toggle Visibility（切换可见性）（C）。

3. 预览页面。

绑定触发事件和动作

在这一步中，我们要把模板上的触发事件连接到这个页面的一个特定交互动作上。

本质上，触发事件是连接你和模板的桥梁，使你可以在页面上访问到它。只要触发事件的名称在不同的页面、不同的模板范例上的名称不变，那么你分配给它的动作就都会执行。

当你选中模板（图 5-25，A）时，触发事件 DoPrimaryAction（B）会在 Widget Interactions and Notes（控件交互和注释）窗口的 Interactions（交互）页签中出现。

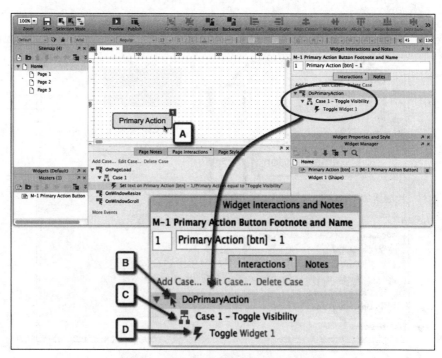

图5-25　选中模板并设置触发事件和交互

现在，创建一个情景，命名为 Case 1—Toggle Visibility（C），为控件附加一个 Toggle（切换）动作。然后预览交互。

同一模板，不同的行为

当你拖动模板的其他实例到同一个页面或其他页面上时，你为模板创建的触发事件会变为可见，这时你可以给它指定不同的操作。在示例文件中，模板应用到了原型的每一个页面，有的是多个实例，而且每个都有不一样的地方。这有几个优点：

- 每个地方都保持了模板的视觉样式。

- 模板可以作为一个范例来记录。

- 模板中每个实例的独特行为都可以被记录。

5.2.2　在嵌套模板中扩展触发事件

Amplifying Raised Events In Nested Masters

在模板中嵌套其他模板，这也很常见。然而，嵌套模板的触发事件，不会出现在父模板所在的页面线框图上。Ezra 在很多年前提出"扩展"触发事件，叙述了解决问题的三步法：

1. 在模板A上创建触发事件 X，将模板A 的某个实例放在模板B的线框图中。

2. 在模板B的线框图中，选择模板A，然后为触发事件X创建一个动作。这个动作也会用到一个触发事件动作。将这个触发事件命名为Amplify X。

3. 将模板B放在第N页的线框图中，选择模板B，此时动作 Amplify X会显示出来。现在，你可以在 Amplify X 下面创建动作，也就是你想要模板A做的动作。

   下面我们通过一个例子来说明这个概念。

创建

我们想将 M-1 Primary Action Button 模板列入其他模板中，并且使用 DoPrimaryAction 这个触发事件来连接，以下是实现步骤：

1. 在Sitemap（站点地图）中添加新页面，命名为Amplified Raised Event（图 5-26，A）。

2. 添加一个新模板，命名为M-2 Product Box（B），并打开进行编辑。

3. 添加一个图片控件（C）和一个矩形控件（D），添加第一个模板M-1 Primary Action Button（E），组合成一个产品缩略图组件。

4. 在模板线框图中，添加OnPageLoad（页面加载）事件：设置Primary Action按 钮上的文本为Add to Cart（加入购物车）（F）。

5. 打开Amplified Raised Event页面（图5-27，A），拖M-2 Product Box模板到页 面上（B），在控件交互和注释面板中将其命名为Product Box 1。

    模板M-2 Product Box是模板M-1 Primary Action Button的一个嵌套模板； Primary Action按钮是嵌套在模板M-2 Product Box里的。但是当你点击模板M-2 Product Box时，在Widget Interaction and Notes（控件交互和注释）面板的 Interactions（交互）页签里的动作列表中什么也没有（C）。

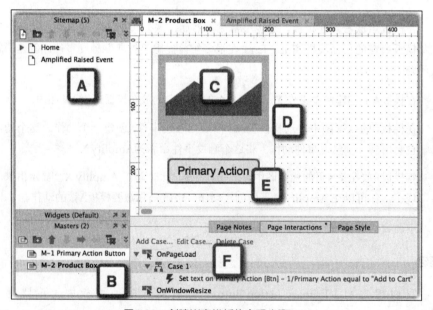

图5-26　创建嵌套模板的实现步骤1~4

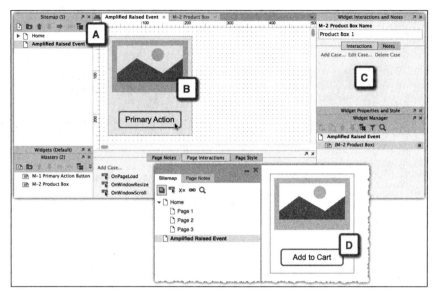

图5-27　创建嵌套模板的实现步骤5~6

嵌套在M-1 Primary Action Button里的触发事件在使用模板M-2 Product Box时，并没有显示出来。

6.　预览页面。为模板M-2 Product Box创建的OnPageLoad（页面加载）事件可以正常的运行，即模板M-2 Product Box的文本变成Add to Cart（加入购物车）（D）。

扩展触发事件

下面的步骤可以帮助你扩展触发事件：

1.　打开模板M-2 Product Box（图5-28，A），选择Primary Action 按钮的嵌套模板（B）。

2.　此时，该模板的触发事件DoPrimaryAction显示出来了（在Widget Interaction and Notes面板的Interactions页签中）（C）。在情景编辑器（D）中，为这个动作创建一个情景，命名为Case 1—Amplify DoPrimaryAction（E）。

3.　这个情景（F）也是一个触发事件（命名为AmplifyDoPrimaryAction），勾选复选框（G）。

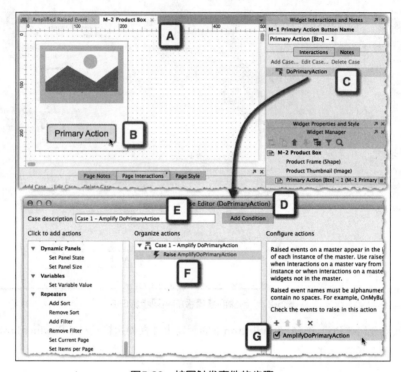

图5-28　扩展触发事件的步骤

完成

将扩展的触发事件添加到嵌套模板 M-2 Product Box，然后返回页面 Amplify Raised Event（图 5-29，A）。

现在点击模板 M-2 Product Box（B），使 AmplifyDoPrimaryAction 动作显示出来（在 Widget Interaction and Notes 面板的 Interactions 页签中）（C）。

虽然这个动作在模板 M-2 Product Box 上绑定了一个触发事件，在模板 M-1 Primary Action Button 上也绑定了一个触发事件，但是这个动作在页面上是需要与按钮的行为关联起来的。

至此，在情景编辑器（D）上添加交互就很简单了。在本例中，点击按钮仅仅切换文字设置（E），即文字变为 Added to Cart（F）。但是，这一步还是很有必要的。

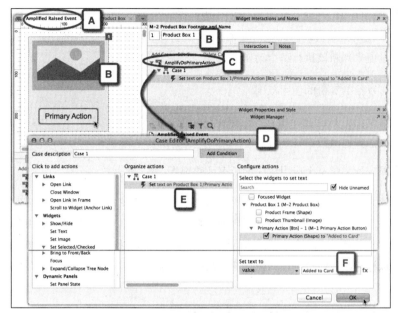

图5-29　设置点击按钮时切换文字

最后，再强调一遍，这个特征对于高保真原型的构建非常有用。模板可以帮助加强原型的视觉一致性、减少多余的线框图，而触发事件则帮这些模板分配前后关联的交互行为。

5.3　变量

Variables

Wikipedia（维基百科）上对变量（Variables）有一种很好的定义，在计算机科学领域，变量是"给一些已知或未知的数量或信息定义一个符号名称，目的是可以单独使用一个名称去代表这些信息"。

其实我们一直都在使用变量。例如，描述账户中的余额时，"账户余额"就是一个变量名。实际数值会发生变化，但"账户余额"这个名称是不变的。如同希腊哲学家爱比克泰德说的，变量的名称是不变的，变化的是它的值。

除了存储数据，变量还可以用来传递数据，在一个事件中设置变量值，在另一个事件中使用变量值。因此，需要条件来做逻辑判断时，变量非常有用，可以通过检查变量值来判断该执行哪个动作。

也可以控制变量的使用范围。

- 局部变量：只能在应用程序的某个特定区域的某个特定函数中使用，而在其他区域的其他函数中是无效的。

- 全局变量：对整个应用程序的所有函数都"可见"或有效。

好比人类的记忆。我们有一个短期记忆，只有有限的存储能力，能够完成某些特定任务，如帮助记住"水烧开了"或"电话放在哪里"。当这些活动结束时，就不再需要存储这些信息，取而代之的会是新的暂存信息。我们也有长期记忆，在需要时就可以检索以前的信息，即使这些信息已经发生很久。

5.3.1   示例：记录购物车里的商品数

Guided Example – Tracking Items In A Shopping Cart

记录事务的轨迹是非常有用的，这个功能很常见，从收件箱里的未读邮件数量到购物车里的商品数量等，很多应用都会用到。这个计数的例子涉及变量、条件逻辑及 Axure 环境的基本工作原则。

第1步：定义交互

从非常基础的计数器开始。给用户呈现一个商品页面；每个商品都包含一个按钮，点击它会执行以下操作：

- 购物车的商品计数器 +1。

- 按钮文案从 Add to Cart（加入购物车）变成 Remove from Cart（从购物车移除）。

第2步：创建交互

我们需要一个有少量商品的页面和一个购物车计数器的描述。当在购物车里添加或删除商品时，计数器会记录购物车里的商品数，如图 5-30 所示。

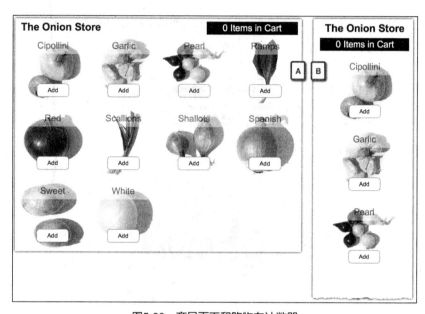

图5-30 商品页面和购物车计数器

你自己的项目文件不需要做得太花哨，也不必使用适配视图。

但是，如果你想借机会练习一下中继器和适配视图的使用技巧，可以跟着我们的教程来创建文件。在这里我们只使用基本视图（图 5-30，A）和智能手机的竖屏视图（B）。

创建一个新 RP 文件，保存为 Variables Tutorial。

在 Sitemap（站点地图）中，将主页重命名为 The Onion Store，删除其他默认生成的页面。

中继器线框图

中继器线框图（图 5-31，A）包含三个控件：

- 一个标记为 Onion Name 的半透明矩形，它显示的是洋葱的名字（B）。

- 一个标记为 Onion Image 的图片控件，它表示的是洋葱的缩略图（C）。

- 一个标记为 Add（添加）的圆角矩形（D）。

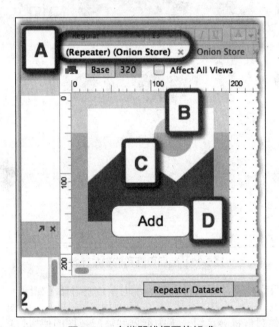

图5- 31　中继器线框图的组成

中继器数据集

如图 5-32 所示，表格里共有三列：

- 第一列是序号（图 5-32，A）。

- 第二列是洋葱的名字（B）。

- 第三列由洋葱图片组成（C）。在这一列的单元格上单击，然后从上下文菜单中选择 Import Image...（导入图片）（D）。

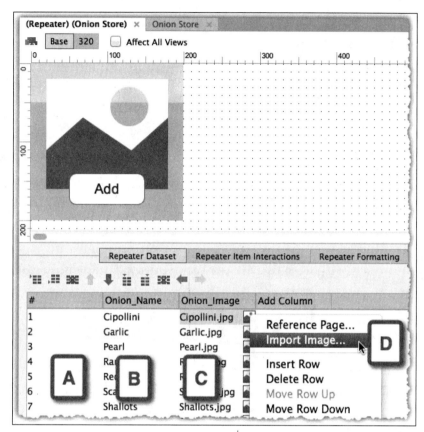

图5-32　中继器数据集

中继器商品的交互

数据集通过 OnItemLoad 事件填充到中继器上（图 5- 33，A）。创建一个情景来填充中继器，命名为 Case 1—Populate Repeater（B）。需要的两个交互动作是（C）。

- Set Text（设置文本）：这个动作会用 Onion_Name 数据列的值来填充 Onion Name 控件。

- Set Image（设置图片）：这个动作会用 Onion_Image 数据列的图片来进行填充。

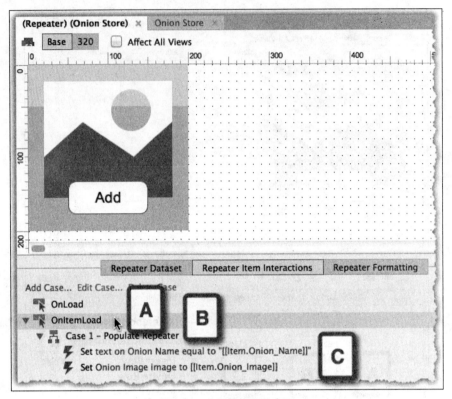

图5- 33　中继器商品的交互

中继器格式

最终，中继器商品在基础视图页面（图 5-34，A）和 320 的智能手机页面（B）上的组织如下所示：

- Layout（布局）：两种视图均设置为横向、绕排（网格），基础视图一排 4 个，320 视图一排 1 个（C）。

- Item Background（背景）：两个视图都不选任何项（D）。

- Pagination（分页）：两个视图都不选任何项（E）。

- Spacing（间距）：两个视图下，行距和列距都设为 20 px。

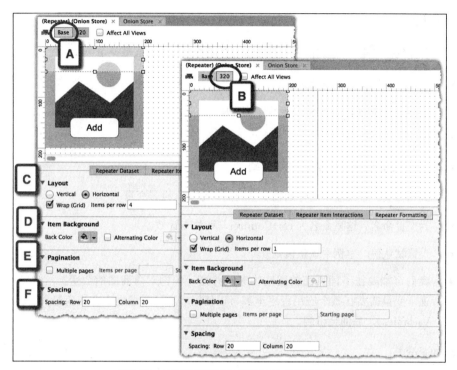

图5-34　中继器商品在不同视图上的组织形式

第3步：引入变量

个性化和基于不同场景的用户体验，是现代应用和程序的核心特点之一。因此，人们也会期望项目原型能够体现出这种个性化和基于不同场景的设计。

没有变量，交互原型要模拟用户操作的情境、屏幕上的数据，并准确地反映实际的行为是非常难的。多年来，UX 从业者需要借助严格的脚本和代码编写死的线框图来展示这些交互。这种方式需要利益相关者和可用性测试参与者听大量关于预想行为的解释，需要花费很多精力去想象界面，而不是与它进行交互。

在 Axure 7 中，变量的使用，以及变量与包含条件逻辑的情景的结合使用既简单又强大。继续我们的例子，请记住在有效的原型中规划依旧是很关键的。

确定所需的变量

首先列出当用户点击任一 Add 按钮时页面需要发生什么变化：

- 用户可以按任何顺序点击商品。

- 点击 Add 按钮，购物车的商品计数器加 1。

- 当商品添加成功时，Add 按钮文案变成 Remove。

- 点击 Remove 按钮，商品计数器减 1。

我们需要一个变量来储存购物车里商品的数量。设置变量：

- 为变量命名。这里命名为 cartCounter（购物车计数器）。

- 设置默认值。本例中默认值是 0。

- 我们可能要在不同页面放置购物车，并显示购物车内商品的数量。这也就是说，变量需要在整个应用程序里都可以使用。这种变量称为**全局变量**（Global Variables），后面会讲到。

添加变量

创建全局变量的时机：

- 创建由控件触发的交互时；

- 创建页面交互时。

创建和管理变量

在所有的情景下，Global Variables 对话框都会如图 5-35 的 A 一样。

这就是原型里管理变量库的地方。内置变量 OnLoadVariable 采用默认值（B）。添加和删除变量很简单，但是你必须遵守 Axure 中变量的基本命名规则，变量名称必须：

- 由英文字母和数字组成；

- 少于 25 个字符；

- 没有空格。

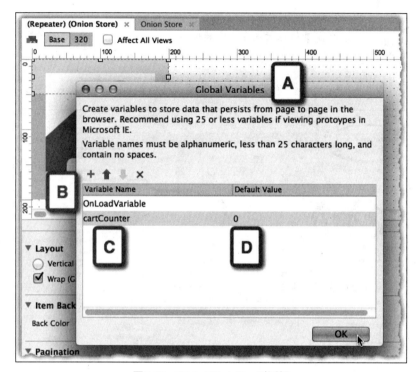

图5-35　Global Variables对话框

　　所有的变量会列在一个表格里，包含它们的名字（C）和默认值（D）。这两个值都可以直接在表格里编辑。

让变量开始工作：第1步

　　请执行下列步骤：

1. 切换到中继器线框图（图 5-36，A），选中Add按钮（B）。

2. 为OnClick 事件创建一个情景（C）。

3. 在情景编辑器中，将该情景命名为Case 1—Add an Item（D）。

4. 选择动作Set Variable Value（设置变量值）（E），Configure actions列使用默认

值即可，最后一列的Set variable to（F）这一项从下拉列表中选择value。

> 这个变量值应该在它现有的值上加1。

5. 点击功能按钮fx（G），去确定变量和创建公式。

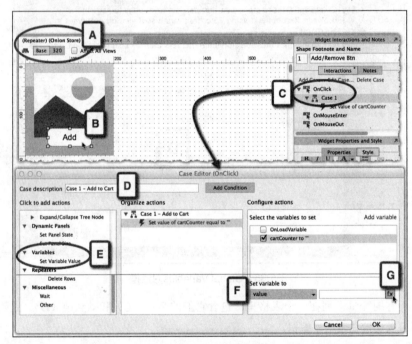

图5-36　第1步

让变量开始工作：第2步

点击 fx 时，Edit Text（编辑文本）对话框（图 5-37，A）就弹出来了。

点击 Insert Variable or Function...（插入变量或功能）链接（B），然后从功能下拉列表中选择 cartCounter（C）。

变量最初出现在两个方括号之间，例如，[[cartCounter]]。最终的计算方法应该是 [[cartCounter+1]]（D）。

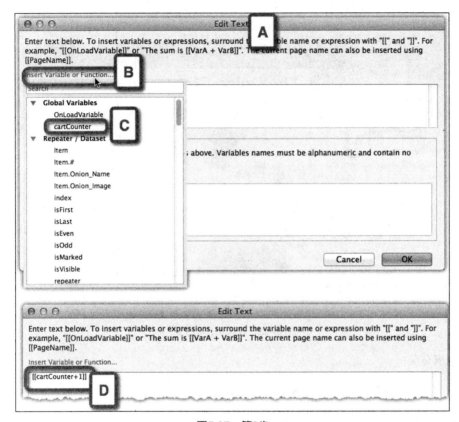

图5-37　第2步

让变量开始工作：第3步（预览）

预览页面。在 Sitemap 栏上点击 "X=" 图标（图 5-38，A）查看变量浮层，其中列出了页面中所有的变量及变量值（B）。

购物车计数器的默认值是 0。现在，点击页面上的任何一个商品，什么顺序都可以，计数器会累加（D）。

需要排查包含变量的交互问题时，可以使用这个浮层来查看变量值是否如期望的方式在变化。

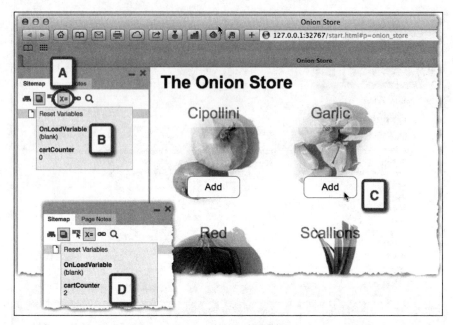

图5-38　第3步（预览）

完成交互

为了完成交互，我们还需要做以下几点：

- 在购物车控件上显示出 cartCounter 变量的值。

- 更改 Add 按钮的文案为 Remove。

- 改变按钮的行为，使其可以从变量中减 1。

把按钮连到变量值加 1 上（图 5-39，A），添加第二个 Set Text（B）交互——按钮文案变为 Remove（C），并且在计数器上反映出变量值（D）。

预览线框图，你会发现在第一次点击后，文案 Add 变成了 Remove，同时购物车里显示了正确的新数值。

但是，如果你继续点击 Remove 按钮（图 5-40，A），文案不会变回 Add。每点击一次 Remove 按钮，购物车里的数字还是会加 1。

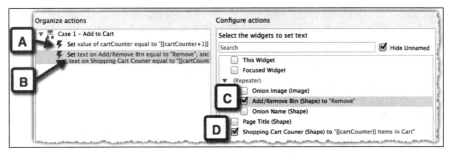

图5-39　添加第二个切换文案的交互

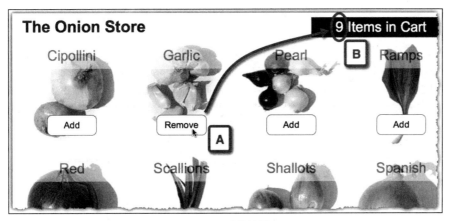

图5-40　预览效果

为了让按钮真实地工作，我们需要使用条件逻辑。

如果按钮上的文本是"Add"（图 5-41，A），那么执行情景 1（B）。

在情景编辑器中，点击 Add Condition（添加条件）按钮（C）打开条件编辑器（D），然后创建条件行（E）。

最后，复制情景 1（Case 1—Add to Cart），重命名为 Case 2—Remove from Cart 如图 5-42 所示。

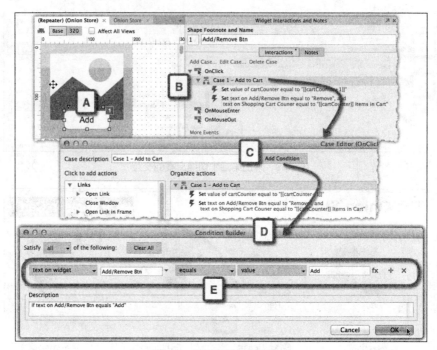

图5-41　按钮的条件逻辑梳理

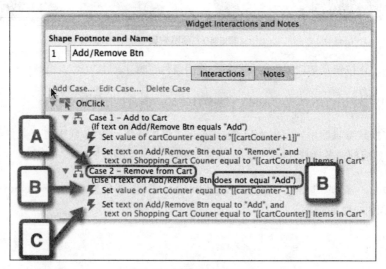

图5-42　编辑情景2的参数

这个情景实际上是情景 1 的反操作。记得做以下几步：

- 更改条件；

- 每次点击变量值都减 1（B）；

- 按钮上的文本改回 Add（C）。

变量的几个要点

调试交互是不可避免的，而且可能会非常耗时。Axure 7 引入了重要的辅助工具，使调试过程更高效。

全局变量窗口（见图 5-43）可以一次性查看所有的全局变量和默认值。初始变量（就是设置的默认值）是非常重要的。所以，在创建变量时请记得设置默认值。当原型加载时，变量会被设置成该值，在整个交互中变量会以这个值为基础来变化。

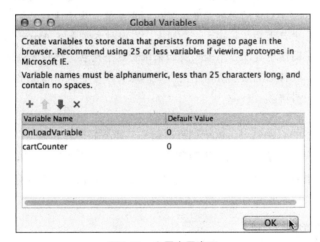

图5-43　全局变量窗口

当你生成含有网站地图的 HTML 原型时，新选项之一就是按钮"X="（图 5-44，A），点击这个按钮可以展示变量查看浮层（B）。

单步调试交互时，可以实时观察变量。这样交互错误会更容易被发现，因为你可以找出具体是哪个位置的变量不符合预期。

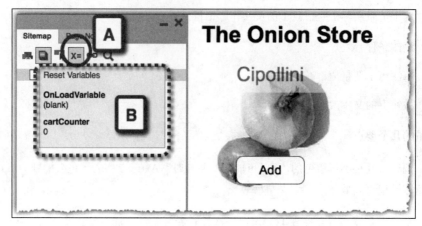

图5-44　通过按钮"X="查看变量

 把所有变量想象成一群羊，并想全程了解这群羊的状况。可以为原型中的所有变量、可能的变量值、基于这些变量值在过程中产生的结果建立一个列表。有一种方法是在 Axure 的站点地图区中建立一个专门页面来维护这个列表。这种方法对共享项目特别有用，有助于所有团队成员分享和获知原型中变量的使用情况。

至此，变量的示例结束。这个过程写起来可能会显得冗长而复杂，但实际上操作起来既快又简单。这里提到的步骤都相当基础，几秒钟就可以完成。高级交互的关键是要彻底想清楚整个流程，要记住模拟的是什么，并把它实践出来。

5.4　变量类型
Variable Types

早期版本的 Axure 就已经具备变量功能，而在 Axure 7 中这项功能更加强大，使变量在原型中更加实用，提供了创建高保真原型的又一可能。Axure 提供三种类型的变量，下面分别进行介绍：

5.4.1　全局变量

顾名思义，全局变量只需要设置一次，就可以在浏览器会话的所有页面中使用。换句话说，只有关闭了浏览器页签或窗口，这些变量才会失效。

Axure内置的全局变量

Axure 有一个内置变量 OnLoadVariable。原型加载页面时，这个变量是非常有用的一种容器。由于页面加载是必然发生的事件，因此这个变量可以用来对页面上的控件值（或其他变量值）进行初始化、设置或重置。需要注意的是，虽然变量名称是 OnLoadVariable，但它不仅适用于页面加载事件，还适用于其他任何地方。然而，变量名称应该遵循符合变量用途、与触发事件相关的原则，所以不建议将 OnLoadVariable 变量用于其他地方。

自定义的全局变量

Axure 没有限制变量的个数，但凡事都要有个度。如果使用 IE 浏览器来测试原型，则建议最多使用 25 个变量。实际中 25 个变量已经能够满足大量高级原型的需要。

如果使用 Firefox 浏览器（ Axure 推荐使用该浏览器运行 HTML 原型），则变量的使用个数可以不限。变量通过 URL 来传递，Firefox 的 URL 字符长度限制是 64000 个字符。换句话说，组成所有变量名称和值的总字符数不能超过 64 KB。如果这是一个限制，那么 64000 个字符应该足够了。不管怎样，"少即是多"的说法对变量也同样适用。

5.4.2 特殊变量

Special Variables

在原型中显示当前日期或当前页面名称是非常实用的。就像本章中其他地方提到的，不要被术语吓住。可以把特殊变量想象成 Word 里的"插入"功能，可以在文档中插入今天的日期或在页脚显示当前页数。类似地，Axure 提供一种调用这些实用参数的内部方式，可以在需要时把它们整合到原型中。

目前，这些内置变量包括当前日期的属性、当前页面的名称。将来很有可能还会在 Axure 中添加如当前时间等更多属性。表 5-13 列出 Axure 7 提供的所有特殊变量。

表 5-13 Axure 提供的特殊变量

变量名称	说明	示例	原型中显示的结果
PageName	当前页面的名称，即站点地图里的页面名称	当前页面是 [[PageName]]	当前页面是首页
Day	当前的日期数值，范围是 1~31	今天是 [[Day]] 号	今天是 17 号
Month	当月的月份数值，范围是 1~12	这个月是 [[Month]] 月	这个月是 5 月
MonthName	当前月份的名称	这个月的名称是 [[Month-Name]]	这个月的名称是 May
DayOfWeek	当天是星期几	今天是 [[DayOfWeek]]	今天是 Friday
Year	4 个数字组成的当前年份	今年是 [[Year]] 年	今年是 2011 年
GenDay	原型生成时的日期数值，范围是 1~31	这个原型是 [[GenDay]] 号生成的	这个原型是 3 号生成的
GenMonth	原型生成时的月份数值，范围是 1~12	这个原型是 [[GenMonth]] 月生成的	这个原型是 8 月生成的
GenMonthName	原型生成时的月份名称	这个原型生成时的月份是 [[GenMonthName]]	这个原型生成时的月份是 January
GenDayOfWeek	原型生成时是星期几	这个原型是 [[GenDayOf-Week]] 生成的	这个原型是 Friday 生成的
GenYear	原型生成时的年份	这个原型是 [[GenYear]] 年生成的	这个原型是 2011 年生成的

5.4.3　使用示例

Usage Examples

表 5-14 所示的是变量组合使用的示例。

表 5-14　变量组合示例

编辑器中的编码示例	原型中的显示结果
Today is [[DayOfWeek]]，[[MonthName]][[Day]][[Year]]	Today is Thursday，August 21 2011
Prototype generated on[[GenMonth]]/[[GenDay]]/[[GenYear]]	Prototype generated on 12/28/2011

5.4.4　局部变量和函数

Local Variables And Functions

局部变量和函数在 Axure 7 里也有更新，极大提升了创建复杂交互式原型的能力。然而，若深入讨论这些主题，就超出了本书的范围，而若粗浅地讲解这些功能，只会让你更加迷惑，所以在这里就不详述了。

5.5　变量的命名

Naming Variables

Axure 变量有一条基本的命名规则，一个变量名称必须：

- 由英文字母和数字组成；

- 少于 25 个字符；

- 没有空格。

建议牢记以下这些最佳实践：

- 虽然不能使用空格，且只能使用字母和数字，但可以使用"驼峰式大小写"格式，以让变量名称字符串易于阅读。实际上，每个单词的首字母大写即可。例如，用 WishListCount 来代替 wishlistcount。

- 使用描述性名称来命名，那么你以及其他使用这个文件的人可以明白这个变量是做什么用的。避免使用 Var1、Var2 这样的名称，因为一段时间后，你会忘记这些名称的含义。

- 如果在一个共享项目上工作，则每个团队成员应该在变量名称的最后加上自己姓名的缩写，要注意使用大写字母，例如，WishListCountES2。注意潜在的变量冗余问题，因为各个设计者可能会对同一个变量创建自己的版本。这是协作流程中可能会遇到的问题，在第 9 章"协同设计"中将会讨论这些问题。

5.6   使用变量的利与弊

Pros And Cons of Using Variables

要有战略眼光！请永远记住这句话：可以这么做，并不意味着应该这么做。如果计划广泛地使用变量，那么一定要知道整体交互和特定变量给工作带来的影响。如果是团队协作，也要知道使用变量对他人的影响。

Axure 有助于对原型结构和交互的理解。事件、情景和条件都是以自然语言呈现的，可以避开晦涩的程序代码。如果所有控件都用有意义的名称来命名，那么任何 Axure 用户都可以打开你的文件并理解你是如何画线框图的。

然而，现实中，在几个星期或几个月后打开一个文件，你可能需要几分钟才能想起这个文件是干什么的。忘记变量值所代表的含义也并不少见。此外，因为 Axure 没有调试器，所以有时很难确定一个交互是否失效。因此，建议把关键的交互和变量的赋值写成文档。这里有一些方法，比如，使用一个专门页面来记录这些信息，也可以在复杂的交互后面添加 Other 动作来描述这个交互。

使用变量可以大大提高原型创建的效率。不需要使用多个不同页面，而只需要使用一个页面和变量去处理不同的布局。在 HTML 原型中，这种做法没什么坏处，但在生成 Word 规格文档时，开发人员和其他受众不太容易理解。

5.7　总结
Summary

本章介绍了创建真正交互原型的一系列 Axure 功能，如条件、触发事件和变量，不再局限于页面之间跳转的基本导航，还可以响应用户输入，创建与场景相关的交互。

这些功能虽然不太复杂，但要熟悉它们还是需要经过一些学习和训练的。虽然没有在原型中编写代码，但条件逻辑和变量的使用还是会涉及一些编码思维。只要事先规划好变量值和所对应的交互动作，就可以尽量避免变量相关的交互无法正常工作的问题，节省调试时间。

最后，要多尝试有助于与利益相关者及用户进行交流的交互，传达为产品所规划的用户体验愿景。

第6章
控件库
Widget Libraries

时间就是金钱。

——本杰明·富兰克林

一个 Axure 控件库简单地理解就是存储在一个后缀名为 RPLIB 文件中的一系列自定义控件集。这些自定义控件集很大限度地扩展了 Axure 内置控件库。可以自己创建控件库，也可以从网络上下载他人创建的控件库。

如果能正常辨别颜色，可以在视觉上轻松地通过图标的色彩区分出 Axure RPLIB 库文件（图 6-1，A，绿色）和标准 RP Axure 文件（B，蓝色）。本章节还会讨论到其他不同点。

Axure 控件库专注于效率、一致性和资源共享，这些得益于库本身提供的分发和复用的方法。它通过删减大量的不必要操作来节省时间、缩减成本。此外，它还可以保持 UX 项目之间设计模式的一致性。

作为一名 UX 设计师，其任务是交付一套具有说服力的用户体验设计方案，以满足用户期望、商业需求，实现技术可行性。这个过程一般需要快速进行：从高级概念草图到细节设计，从静态线框图到可点击的交互原型。因此，我们必须：

- 快速创建大量线框图。

- 保持新建线框图与已有线框图设计模式的一致性。

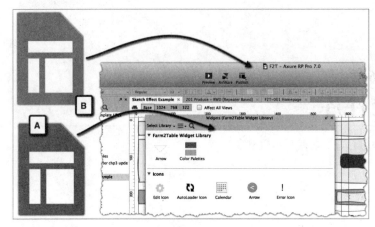

图6-1　Axure RPLIB库文件与标准RP Axure文件

　　确保这些需求能顺利完成的有效方式是复用。正如在软件开发中，利用已有的插件可以节省开发时间一样，"预制"是创建过程的核心。而且，还可以同步模式库中的变化到使用了该模式库的项目文件中，从而管理设计模式的一致性。

　　在学习控件库之前，有必要先对设计模式进行简单了解，因为设计模式的概念在许多不同学科里都存在，从艺术到计算机科学。在 UX 设计中，模式的使用司空见惯，它也是对面向对象编程和软件开发的补充。一种 UX 设计模式就是一种模板，包含一组与具体应用无关的控件，以一种通用的方式来解决一种特定的交互需求。

　　设计模式的作用非常大，但实际应用起来非常困难。大家知道，如果在一个或多个应用程序中使用相同的设计模式，则有助于技能传承、降低学习曲线，并可以产出卓越且一致的用户体验。但是，仍然有数百万的用户承受着操作系统不一致所带来的痛苦。除了 Microsoft Windows 和 Apple 操作系统之间的"战争"外，还要面对不同移动平台（Google Android、Apple iOS 等）之间的不一致性。更糟糕的是，在云端的应用中，交互模式更是五花八门，可能还会与桌面应用程序不一致，更不用说基于手势、声音和行为的交互模式了。

　　关于跨平台一致性，我们可以做的不多。有些人认为这样的不一致性带来的影响相对较小，因为很少有用户经常在不同的操作系统之间切换。然而，这不是真正的问题，本示例是要强调过分利用特定设计模式带来的基本问题，因为变化很快。

虽然模式的有效性取决于应用的一致性，但更重要的一点是，要保持开放的心态来不断完善旧模式，并发明新模式，避免形成教条主义，被现有模式奴役。

在以下这些类型的交互中，模式扮演了重要角色：

- 导航。

- 数据输入。

- 表格和列表。

- 搜索。

- 消息和错误处理。

- 购物。

- 登录 / 退出和认证。

 在设计过程中，不要过早地受限于模式库。请记住，你的最终目标是设计一个应用，而不是一个模式库。

本章将带你领略控件库的功能，协助你为团队确定设计模式创新的最佳方案。本章的主题有五个：

- 何时使用控件库。

- 库的类型。

- 如何创建自己的库。

- 使用控件库的利弊。

- 使用模板作为库的利弊。

6.1 何时使用控件库

When To Use A Widget Library

当你打算创建一个全新的项目，且没有任何之前的模式能用时，尽量去探索挖掘已有的控件库，特别是当你正在为一个移动／响应式网站设计时，因为在这种场景下，UX 设计师有很多已有的移动模式可以用来借鉴。以下是控件库的适用情景：

- 想创建一个控件库，并与其他用户体验设计师分享。

- 打算为后来加入你们组织的成员建立一个标准控件库。

- 参加一个大型的企业级项目，并希望在不同的产品线或项目之间分享你的模式。

- 一个人管理、更新控件库。在较大的团队中，这可能会变得棘手，因为负责更新的人非常重要。

6.2 库的类型

Library Types

有多种不同类型的库可以使用，接下来我们将介绍各种库。

6.2.1 Axure的内置控件库

Axure's Built-in Libraries

控件库可以通过 Axure 工作界面的 Widgets（控件）区进行访问。Axure 包含两个内置控件库，提供用户体验设计的基本元素。内置控件库不能被修改，也就是说，不能在这两个控件库中添加或移除控件。单单使用内置控件库中的控件，也可以为应用进行完整的原型设计，哪怕是一个复杂的应用。

- 从控件区中可以看到，Wireframe（线框图）控件库中有 25 个控件。

- 如果要创建流程图，则可以使用 Flow（流程）库，这个库下面有 17 个独特的流程图控件。Flow 库还包括图片控件，此控件在这两个内置控件库中都可以被使用。

 第2章"初识Axure"已详细介绍了控件面板的使用，这里不再赘述。

6.2.2 Axure社区里的控件库

Axure And Community Libraries

除了内置控件库，Axure 网站还提供了越来越多的第三方控件库。这些控件库大多数是 UX 从业人员提供给同行的。在由 Marc-Oliver Gern 参与编写的附录"从业者的实践"的其中一节中将描述第三方控件库。

UX 从业人员的分享精神值得称赞。在 Axure 社区中可以找到各种控件库类型，例如，iPhone、iPad、OS X 系统用户界面组件，以及 Android、Windows 7、各种图标和社会化媒体元素，等等。

尽管创建控件库会花大量心思和精力，但大多数人还是愿意免费分享给大家。

 要访问第三方控件库，请访问http://www.axure.com/ community/widget-libraries。

如果什么时候你也创建了一个很酷的 Axure 控件库，别忘记将其分享到 Axure 网站上！

提交控件库

关于如何提交控件库，Axure 官网有详尽的介绍，这里直接引用，以期尽可能缩减学习的时间成本。如果希望自己创建的库能成功通过审查，进而发布到社区，分享给更多的人，最好听取以下建议：

- 用 Axure 的当前版本（v7）制作。

- 创建时使用本地 Axure 控件，而非图片。

- 通过自定义控件样式来管理控件的格式。

- 如有必要，运用交互元素。

- 用文件夹管理控件。

- 将库文件保存为 RPLIB 文件。

在你的网站或者 Axshare 网站上，必须提供控件库的截图、描述和下载链接。

为了提交库，要给邮箱contactus@axure.com发一封邮件，在邮件里附上你的库和一个可链接到你的描述及下载页面的地址。

不是所有的控件库都能通过审查。有些可能会要经过编辑处理。不过，一旦通过审查，Axure就会把你的作品上传到我们的控件库页面。

6.2.3 创建自己的控件库

Create Your Own Widget Library

Axure 可以很方便地创建、管理、分发自己的控件库。尤其出现以下情况时，创建自己的控件库来扩展 Axure 内置控件库可带来极大便利：

- 和其他 UX 设计师合作一个项目，并需要确保整个文件的一致性和有效性。

- 复用已有线框图中的某个部分，却发现需要花费大量时间。

- 为一些应用设计用户界面，但这些应用共用了某些界面框架。

- 想把你的控件分享给其他人，让他们在创建原型项目中受益时。

6.2.4　如何创建一个控件库

How To Create a Widget Library

本示例将创建一个控件库，目的是在原型项目中保持设计模式的一致性，这里用的是本书的示范性项目——Farm2Table。

第1步：创建库文件

Axure 控件库和项目文件的文件格式不同，并且库文件和链接到库文件的项目文件相互独立，不过，要创建一个新的库，首先要创建一个新的 RP 文件，或者打开一个已有的 RP 文件，如图 6-2 所示。

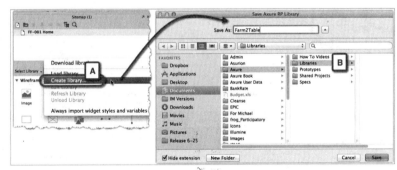

图6-2　创建库文件

创建库文件的步骤如下：

1. 创建一个新的或打开一个现有的Axure RP文件。在Widgets（控件）区的下拉列表中选择Create library ...（创建库）选项（图6-2，A）。

2. 把库保存到任何想要保存的目录下。

3. 打开库文件，然后开始建立它。

创建控件库使用的原型会自动生成一个链接，关联到新创建的控件库。

关于控件库用户界面，需要注意的几点事项如下：

- Widget Lirary（控件库）面板（图 6-3，A）代替了 Sitemap（网站地图）面板。

- Widget Properties（控件属性）页签（B）和 Widget Notes（控件注释）页签（C）代替了页面属性、页面交互和页面样式页签。

- 在 RPLIB 文件格式下，菜单栏不再有 Share（共享）菜单。也就是说，一个控件库文件不能被转换成一个共享工程文件。这给需要多人共同创建并维护控件库的团队带来了挑战。

创建好库文件后，接下来开始在库中创建控件。

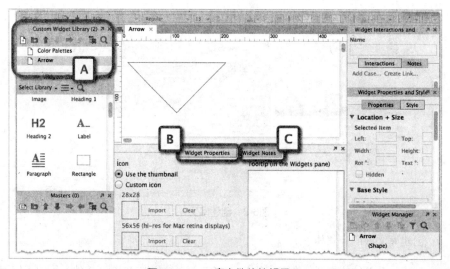

图6-3　Axure库文件的编辑界面

第2步：创建自定义控件

这一步非常直观。点击 Add Widget（添加控件）图标（图 6-4，A），在页面里添加要创建的控件。

在控件属性页签中，可以给控件添加标签（图 6-5，A）和提示（B）。输入的内容可帮助自己和使用该控件库的人理解这个控件的用途。

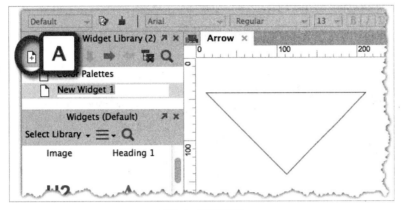

图6-4 添加控件

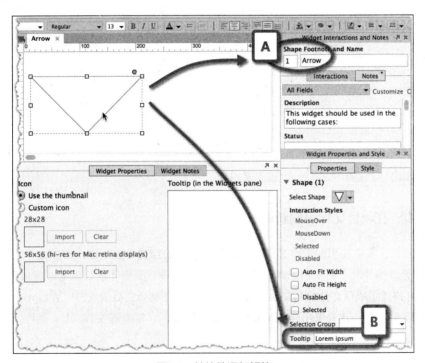

图6-5 给控件添加标签

点击打开 Widget Style Editor（控件样式编辑器）（图 6-6，A）。选中 Custom

（自定义）对话框，创建一个新的自定义样式，并将其标记为 ArrowStyle（B）。应用所需的样式（C），然后关闭编辑器。在命名控件时需要尤为注意，要统一风格，不要太突出个性。

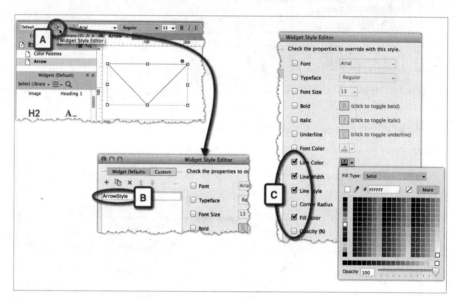

图6-6　创建自定义样式

恭喜你创建了你的第一个自定义控件！

第3步：在项目文件中刷新库

在第 1 步中使用的项目文件会自动链接到新的控件库。不过，在库文件里添加或者更改控件时，需要刷新库。这样，库文件的最新变更才能反映到项目文件中。图 6-7 描述了项目文件的 Widget Pane（控件面板）在刷新前后的状态。从 Options（选项）菜单（A），选择 Refresh Library（刷新控件库）（B），在文件（C）里可以看到所有变更后的效果。

 如果修改了控件库文件，记得要在项目文件中刷新控件库，只有这样才能见到变更后的效果。

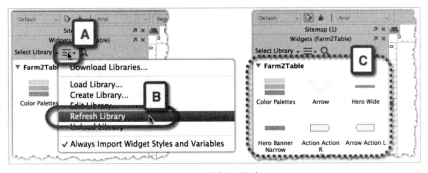

图6-7 刷新控件库

6.3 管理控件库

Managing Widget Libraries

你刚刚创建了自己的第一个控件库，还可能已经从网上下载了一些控件库。从现在开始在项目中使用这些控件库。Axure 的控件面板集中了所有对控件库相关的操作。通过控件面板的下拉菜单，可以进行以下操作：

- 载入库（Load Library）。

- 创建库（Create Library）。

- 编辑库（Edit Library）。

- 刷新库（Refresh Library）。

- 卸载库（Unload Library）。

使用已加载的控件库中的控件时，与内置控件一样，只需要使用鼠标拖入即可。如果控件中包含变量或自定义样式，则拖入时会弹出 Import Wizard（导入向导）对话框；如果想要创建自己的交互，或者避免导入的样式与现有样式发生冲突，则可以选择"取消"按钮只导入控件；否则单击"完成"按钮导入整个控件包。

一旦把控件从控件区拖入线框图中，所拖入的控件实例就不再与原来的控件库有任何关联。这样，对控件库中的控件进行的更新和修改就不会应用到已经拖入线框图中的控件实例上，即便对控件库进行刷新也不会有效果。

为跟踪自定义控件和使用了自定义控件的线框，可以在你的项目文件控件级别的注释集里添加一个新的注释字段。当你从一个库中拖放一个自定义控件时，在字段里写上控件的名称。如果使用了较多的自定义库，那就在字段里写上库的名称。

记住，控件库文件和原型项目文件是完全独立的。在控件库文件中添加新控件、修改已有控件，或者从网络下载一个新版的控件库时，这些变化不会自动在原型项目文件的控件面板中立即体现，需要自己单击"刷新"按钮。此外，重申一次：已经被拖入线框图中使用的控件不会被自动更新，所以需要亲自更新这些控件。

6.4　使用模板还是外部控件库？

Masters or External Widget Libraries?

控件库有助于向世界分享你创建的控件。在一个大型项目中或一个完整应用中管理一个模式库，有以下两种方式。

- 方式一：将项目中的模式（控件或模板）存储到一个外部 RPLIB 控件库中，在使用时加载。

- 方式二：将项目中的模式作为一个模板集合存储到共享项目文件中。

这两种方式孰优孰劣，因项目的具体情况而异，可以根据自身需求来决定采用哪种控件存储方式。

6.4.1 使用 RPLIB

Using RPLIB

使用控件库文件有以下优缺点。

- 优点：

  - 控件库可以同时在多个项目文件中使用。对一个控件库进行更新，可以在所有项目文件中刷新使用。

  - 控件库可以作为团队文档的迭代存储库，用来记录团队标准、UX设计样式和模式等。

  - 对于UX从业人员来说，把经常使用的模式做成控件库，这样可以节约大量的时间。

  - 在团队里，可以轻松地将库文件分发给团队各成员。

- 缺点：

  - 在团队合作时，更新库文件后需要告知团队中的每个成员，让各成员都更新库文件。

  - 在团队合作中，库文件创建者对库中控件进行修改时，可能无法考虑到这个库的修改对团队中其他成员的线框图造成的影响。

  - 在团队合作时，同一时间只允许一个人对库文件进行修改。在大型、高速运转的项目中，这可能成为流程的一种瓶颈，因为在这些项目中模式的变更需要更快的速度。

  - 控件库的更新无法直接应用线框图中的控件。如果控件没用使用模板，那么原型变化管理的成本会增加。

6.4.2   在RP或RPPRJ文件中使用模板

Using Masters In An RP Or RPPRJ file

采用模板作为控件库的好处会在项目共享中得以体现。而只更新本地 RP 文件上的模板，你的同事不会从中获得便利。在 RP 或 RPPRJ 文件中使用模板作为控件库有以下优缺点。

- 优点：

  ○ 模式控件的更新会立即应用到使用了该模板的线框图中。

  ○ 在团队中，设计师修改一种自定义控件模式前，可以先查阅这种模板在哪里被使用，然后和团队中成员讨论对线框图的潜在影响。

  ○ 不需要刷新一个外部控件库。

  ○ 更加顺畅地更新流程，因为模式库建立在项目文件内部。

  ○ 在共享工程文件中，多个设计师可以拥有和更新其自定义的控件模板，这种并行的工作流程非常适合于大型、高速的项目。

- 缺点：

  ○ 基于特定的项目创建，所以，在考虑模式的通用性方面，其表现会差很多。

  ○ 与其他人进行分享时，会有比较大的局限性。如果对方在异地办公，则必须把项目文件传给对方。如果对方用的是另一个版本的Axure，模板可能无法导入。

  ○ 随着时间的推移，模板很难在多个项目中进行沿用，尤其当包含模板的特定项目文件不再使用时。

6.5　何时创建模式

When To Begin Creating Patterns

正如你所看到的，创建控件库的步骤非常简单，现在我们来讨论一些最佳实践。在过去，我们已经看到很多设计师致力于打造最酷的设计，而忘了停下来观察在他们不断迭代的项目中是否出现了新的模式，因此往往以一个支离破碎的设计作为结束。从长远来看，会有很多问题。最明显的两个问题：该网站的可用性差；需要很长的开发时间，因为开发者们需要根据设计创造许多独特的元素。为了避免这种情况，可以在设计进程中短暂停顿来进行检查。假设你发现了一个新模式，那么请将它添加到你的控件库里。在项目一开始，说模式显然为时过早，除非你是从以前项目里的模式开始，或者是使用了众多不错的库里的某一个模式。

实际上一旦设计的方向选定了，我们就已经开始创建模式。我们参与了有很多设计师的大型复杂项目。一旦清楚了设计方向，就开始打造高层次的模式。随着项目变得更加细致，模式也变得更加具体和详细。

通常，我们所创建的模式会包括以下内容：

- 表格样式。

- 按钮样式（一级、二级和三级）。

- 表单元素。

- 标签样式（标题情景 vs 语句情景、标签位置）。

- 原型风格指南。例如，部分背景色：当进行灰度设计时，具体浓淡值应该一致，以保持视觉一致性和质量。

- 一些独特的设计元素。例如，在 Farm2Table 概念原型里，我们将图像占位符控件、灯箱等富媒体特效放进模式库里。

- 当然，还有图标库。

创建的模式文件夹和图标文件夹如图 6-8 所示。

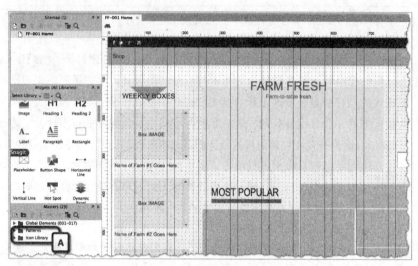

图6-8　模式文件夹和图标文件夹

6.5.1　线框图的全局模式

Wireframe Global Patterns

　　记录和设计全局模式非常重要。这也是项目老板以及开发团队所希望看到的。为了达到这个目的，我们可以召集团队一起开会来决定解决问题的方法，如错误处理方式。可以持续相互检查来确保所选模式在设计进程中持续有效。虽然每个项目都可能有自己独特的全局模式要素，但我们为大家提供了一个清单帮助你确保覆盖全部内容。当然，这也不是完美的，开发人员总是能想到一些团队可能漏掉的内容！

- 当加载数据时显示什么。

- 用户输入错误处理。

- 系统错误处理（如系统崩溃了）。

- 数据显示规则（金额、整数、零，等等）。

- 排序规则。

- 表格模式。

- 所有表单元素的行为。

- 基本的页面规则。

6.6 总结

Summary

　　控件库可以帮助 Axure 扩展内置控件，并将自定义的控件分享给他人，可以免费分享，也可以收费分享。可以在 Axure 网站中下载控件库，或者在其他地方下载。现有的控件库非常丰富，如为操作系统独特的移动设备、流行的社交网络准备的常用页面元素等，这些可以帮你在原型设计中节省很多时间和精力。此外，控件库还可以帮助你在项目或一系列应用开发中管理并执行一种全局的设计模式。也就是说，控件库为管理原型的变化提供了一种策略，而这正是第 7 章要讨论的内容。

第7章
管理原型变化
Managing Prototype Change

> 万物终将消逝，唯有演变永存。
>
> ——赫拉克利特，古希腊哲学家

大多数 UX 项目在进行过程中都会不断地变化，原因有两点：一方面，优秀的 UX 设计产生过程都会经历设计、评审、测试和修改的迭代周期，这个过程会导致原型的不断变化。另一方面，根据商业计划和时间计划表，需求和项目重心范围也会不断调整，这也会导致 UX 设计的变化。

此外，还有一种变化和设计工具有关。从草图和线框图阶段进入详细设计阶段时，需要不断修改 Axure 文件。在开始阶段，我们会快速创建新的页面、中继器、模板、动态面板并添加交互动作。在多数时候，我们倾向于使用省时的快捷方式（比如复制、粘贴）去创建方案，而不是花更多的时间去考虑模板的结构和复用性。我们还会保留以前版本的线框图，以备以后之需。不知不觉你会看到一个非常臃肿的 Axure 文件，这通常要花更多的时间去生成 HTML 原型，且难以找到最新版本的线框图。

本章将介绍如何利用 Axure 提供的功能和创建方法，以一种高效的方式去处理原型的变化。本章涉及的内容有：

- 应变清单；

- 开发方法、用户体验和变化；

- 估算 Axure 工作量；

- 更有效地创建和维护原型。

7.1　从愿景到现实

From A Vision To Reality

　　UX 项目遵循一种不幸的可预期过程。项目开始启动时，我们充满激情和活力，有着鸿鹄之志。紧接着是紧张、刺激、宏观的概念探索阶段，去探索一个"杀手级"的用户体验。最终，将一种高保真视觉原型呈现在决策者面前。这种 UX 原型可能让决策者眼前一亮，给这个项目亮起绿灯。但是，如果项目只分配了微薄的预算，并被要求尽早交付，那么高保真原型就需要作出务实的妥协，以满足时间安排和预算。

　　也许你会认为以上描述有点夸张，但事实确实如此。IBM Rational 的精益、敏捷首席方法学家 Scott W. Ambler 对 2013 年和 2010 年的 IT 项目成功率（IT Project Success Rates）做过调查（相关内容参见 *http://www.ambysoft.com/surveys/ success2010.html* 和 *http://www.ambysoft.com/surveys/success2013.html*）结果对比如表 7-1 所示。

表 7-1　2010 年和 2013 年 IT 项目成功率的调查结果对比

状态	2010	2013
成功	约 55%	约 60%
面临危机	约 32%	约 30%
失败	约 13%	约 10%

　　Ambler 采用诸如精益、敏捷等方法来完成项目。令人欣喜的是，项目成功率有改善的趋势。尽管如此，假设一下，如果医疗过程只有 60% 的成功率，会怎么样？如果摩天大楼有 10% 坍塌，有 30% 最终落成却又充满了问题，会怎么样？这些数字是完全无法接受的，但在软件开发项目中，却不得不面对。

　　Ambler 还对软件开发的其他方面进行了比较研究，发现尽管 UX 对于一个产品的成功至关重要，但在支配和管理项目的预算和进度方面，往往仍只起着小角色的作用。

不过，只要利用好 Axure 的功能，我们就可以维护一个高品质和可响应不断变化的 UX 原型，进而增加 UX 在项目中的价值。另外，变化往往会带来压力和加班，管理好变化也可以让我们减压和减少加班，从而改善自己的生活质量。

7.1.1　应变清单
The Change-readiness Checklist

你和你的利益相关者会在参与的项目中面临一个永恒的话题，即变化。要成功应对这个问题，可采用下面介绍的一些通用方法。其中，前期投资和初期基础建设这一理念贯穿了整个主题。换句话说，为有效应对下游变化，必须在项目上游做好充分准备，并特别关注以下内容：

* 了解团队对你的期望；

* 准确预估工作量和计划；

* 使用恰当的构建策略。

7.2　期望和变化
Expectations And Change

不管你在项目中的身份是外部顾问还是内部员工，在项目正式启动前，都需要解决以下两个问题：

* 你到底要交付什么？

* 你在用 Axure 构建项目时选择什么策略？

回答第一个问题总是有点棘手，因为很难对工作作出精确的量化评估。但是，作出有根据的推测还是可能的。第一个问题强调的是你（UX 设计师）和项目各利益相关者之间的关系和协议，第二个问题则会影响你能否按所达成的协议成功交付。

对所期望的 UX 产品和交付物，细节要达到什么程度，这方面务必要达成共识。

在达成协议之前，需要先评估工作量，以便制订合理的计划、提出恰当的预算。在实际中，我们往往容易做出过于乐观的评估，导致这种现象的因素有多种：

- 这是一个招标项目，你投了标，并想要在竞争中胜出。
- 这是一个特殊领域的应用开发，而你缺少这方面的经验。
- 规模变化而缺少经验。在小项目中适用的方法不一定适用于大型项目。
- 不熟悉个别客户或团队的文化。
- 以上所提及的都做不到位，刚参加工作的应届生更容易有此缺陷。
- 天生乐观，在每个新项目启动时，都满怀热情，希望做到更好。

不管怎样，错误的评估会给整个项目带来风险，甚至影响你的生活。你没日没夜地疯狂工作，很可能是因为没有事先评估到（但利益相关方却期望你交付）的需求和变化。这种情况并不罕见，但可以避免，至少在一定程度上降低出现的概率。

团队和项目越大，你的能见度就越低。管理层、管理部门、办公室政治和斗争，这些都会延缓项目进度。

在诸如此类的情况下，可以考虑以下三个方面，这将有助于你从 Axure 的角度对 UX 的工作作出合理的估算，从而使你更轻松地处理变化：

- 项目的软件开发模式；
- 原型的预期细化程度；
- UI 规格文档的详细程度。

这些是通用的建议，并且独立于个人经验、项目领域和其他变数。这些都是关于期望的，如果你知道一开始的期望是什么样的，就可以合理管理预算、进度和交付物质量，从而准确达到项目的要求。

7.2.1　UX和软件开发模式

UX And Software Development Models

在一项调查中，我们走近一些在 UX 社区的同事，询问他们是否可以定义以下几种开发模式：

- 精益；

- 敏捷；

- 迭代；

- 对等；

- 传统。

你是否清楚这些模式，能定义它们吗？毫不奇怪，从业者的定义似乎反映了他们自己的经验，并在模式的模糊性和巨大的可变性上有一种普遍的无奈。

通常，UX 与开发方法总是矛盾重重，这往往是由于开发过程与 UX 过程相互之间的了解不充分。通常，UX 从业者受雇于业务方，并被强加在流程中，这可能会使 UX 和内部工作方法、过程无法对应一致。因此，对于 UX 来说有几点很重要：

- 熟悉一般流行的开发方法，特别是项目的开发风格。

- 在方法、流程、产品和交付上，要寻求 UX 和开发的协同。

以我们自身的经验而言，这也是我们很多同事共有的理念，我们还没有找到这样的项目——能和这些模式所期望的那样可以优雅地融入的项目。我们通常找到的是一个方法论的融合，它随着项目的进展演变，有时甚至恶化。对于流行开发方法整个景观的广泛的评论回顾超出了本书的范围，但是我们想介绍一两个常见的方法。

传统模式（瀑布开发模式）

几年前，一种常见的做法是基于需要创建的线框图数量和用户流程来评估 UX 工作。通常的开发模型遵循一个相当线性的过程，这种开发模型称为"瀑布开发模式"。该模式首先定义需求，然后进行界面设计、软件开发、测试和发布。第一个版本发布以后，软件会持续地做些周期性的增量改进，直到软件生命周期结束。

传统的瀑布开发模式不需要太多的协同或迭代工作，这样滋生了"封闭式文化"。在这种文化中，业务团队和开发团队的工作是相对孤立的，有时甚至相互"敌视"。这个过程主张各团队专注于自己在项目中的那部分工作，然后把所完成的产出物交付给下一个团队。

这个过程大致简述如下：业务团队花一年时间去开发一个产品的完整业务需求，然后将需求文档提交给开发团队。开发团队再花一年时间来开发应用，完成后再交付给业务团队。虽然从书面文档上看，实现了大部分需求，但开发出来的产品往往和利益相关者的期望存在很大差距。所以基本上是公司要花费两年或更长时间对产品进行重大投资，还得以失败告终。而且由于整个过程缺乏责任共担意识，团队之间也会相互责备。

在规划阶段 UX 通常很少介入或根本没有介入。商业团队、业务团队和利益相关者在对 UX 设计过程不太了解的情况下，通常会基于自己对用户需求的理解，去假设界面应该如何设计，并且很少会通过真实用户去验证这些假设。

对于 UX 来说，这种开发模式有一个小小的好处，即用户界面设计工作相对容易规划和评估，因为前期已经做了大量工作。当然，一旦 UX 工作真正启动，实际交付物几乎总会偏离最初的评估。但是，只要你和利益相关者制定了明确的变更控制过程，就可以相对容易地追踪变化。

敏捷开发模式

敏捷开发模式和 UX 所确立的以用户为中心的设计方法有着共同的价值观和原则。事实上，《敏捷宣言》（Agile Manifesto）（参见 *www.agilemanifesto.org*）的第一条就是："个体和交互胜于过程和工具。"虽然这里提及的个体是项目团队中的成员，而不是 UX 里的最终使用者，但这条观点却得到了 UX 从业者的一致赞同。

敏捷开发模式是高度协同和迭代的，并遵循下面这些关键阶段：需求（Requirements）、架构和设计（Architecture and Design）、开发（Development）、测试（Testing）和反馈（Feedback）。如果没有迭代和强调交付可运行的软件，这些阶段可能会让你想到瀑布开发模式。敏捷开发模式不是在建立了详细需求后才开始开发（这是传统的瀑布开发模式）的，它以一种灵活的方式考虑需求，以在迭代过程中支持快速适应和变化。

从 UX 角度来看，敏捷开发模式也存在缺陷。敏捷开发模式充满了技术术语，如 Scrum、Sprint、Timebox、Backlog、Burn Down、Team Velocity、Planning Poker、DoD，等等。幸运的是，网络上已有大量的优秀资源，可以帮助了解这些术语。

过多的术语往往是一种麻烦，对关键术语的误解增加了沟通失败的风险。切记，不要以为一切都是理所当然的，你要确保自己和管理敏捷开发的相关人员对各种敏捷术语有相同的定义。这样可以降低由于大家对术语理解不一致而产生问题的风险。

如果不熟悉某个术语的含义，则要赶紧向人求教。如果不好意思提问，或者担心不熟悉术语而使团队成员对你的能力有负面印象，则可以先自己研究一下这个术语，然后再跟他人讨论。

敏捷的风格

有几种不同的敏捷方法，它们遵循着敏捷开发模式的基本原则，但在实施过程中（有时在术语和实践上）存在不同。这些方法包括 Scrum、极限编程（XP，Extreme Programming）、Crystal、动态系统开发方法（DSDM，Dynamic Systems Development Method）、特征驱动开发（FDD，Feature-driven Development）和精益软件开发（LSD，Lean Software Development）。

这些方法和它们关联的敏捷开发模式可能会吓倒 UX 从业人员，因为他们一般不太深究其开发复杂性。敏捷开发模式有多种实践风格，绝大多数公司之间都有其细微的实践差异。要确保大家尽早理解规划好的敏捷开发过程，以及在项目中进行实践。以往的敏捷开发经验可能会让你对现在的项目流程作出假设，但这个假设可能不切合实际。要牢记，你是一个更大的跨学科团队中的一分子，因此不要假设、不要羞于询问。

有时，在 UX 进入项目之前，项目计划已经由开发团队制定好了，尤其是当 UX 工作外包时，而这个计划可能没有全面考虑 UX 的工作。例如，可能已经包含可用性测试任务，但遗漏了支持这项任务的某些事项；又如，需要预留足够的时间用来招募测试人员、创建脚本、准备配合测试场景的 Axure 文件。重点是要对计划进行审核，并确保计划能够实施。

7.3   评估Axure工作量

Estimating Axure Work

不考虑开发方法，评估工作量及相关预算本身就是一个挑战。由于现在应用的复杂性和响应式 Web 设计的需求，单单评估线框图的数量和修改次数显然是不够的。估算 UX 工作量时，一定要确定好别人对于交付物的期望，是静态线框图还是动态可交互原型，等等，这会直接影响我们的工作量。

看起来简单的问题，做起来可能会很复杂，比如"什么是一个线框图"。这里，拿一个首页来说明（因为所有的网站都有一个首页）。仅仅几年前，首页会被看成是一个单一线框图进行评估和交付。今天，同样是一个首页，却要面对以下问题：

- 网站至少拥有三种响应式布局（比如，分别针对台式机、平板电脑和智能手机）。

  评估预算、期限和资源时，这一系列布局应该是被当作一个单一线框图还是当作一个复杂线框图来评估？

- 针对访客和不同用户类型，界面要有相应变化。

  估算预算、期限和资源时，这一系列变化应该是被当作一个单一线框图还是当作一个复杂线框图来评估？

  最重要的是，首页不再是简单模块的集合，而是控件、中继器、模板和动态面板的组合：

- 每个模板是一个独立的线框图，并可能由控件、动态面板或者中继器和其他模板组成。

模板是Axure特有的功能，功能强大，省时省钱，但是，每个模板应该被当作一个独立的线框图来考虑，还是我们只需考虑Sitemap面板中的页面？

- 每个动态面板是一组独特的规定，有时也由另外嵌套的动态面板和模板组成。

动态面板是Axure中一个强大且有用的特有功能，但是，动态面板的每个状态应该被视为一个独特的线框图吗？

- 线框图还包括使原型动态化的交互集合。

- 最后，锦上添花的是，为这些线框图或者原型生成必要的文档所添加的注释。

换句话说，相比传统静态类型的线框图，Axure 线框图能提供更强大的功能和更高的价值。但是，时间和预算估算模型应该充分考虑已规划好的建设方法、复杂性和工作流程。

7.3.1　时间都去哪儿了？

Where Does Time Go?

典型的项目时间表都有一个误区，即把一天上班 8 小时等同于 8 小时有效工作时间。出于种种原因，尽管人人都知道有更好的计时方式，但都选择接受了这种无意义的概念。另外，大多数项目没有充分考虑，或者干脆没有考虑以下内容：

- **分析与综合时间**。UX 是要创造性地解决问题，并为一个富有挑战的项目制定一个成功的框架。而这是有时间成本的。我们需要消化需求开发阶段收集到的信息，并对这些信息进行分析与综合，然后形成一种概念或方法，这些都需要时间。简言之，你需要时间来思考。遗憾的是，大多数项目并没有将思考时间计划在内。

- **探索和迭代**。初稿方案很少能成为最佳解决方案。通常需要设计多种方案并进行探索，然后通过讨论才能获得一种最佳解决方案。这个过程也很耗时，而且这个时间也不会被完全考虑到计划中。

需要明确的是，我们知道时间的紧迫性，也知道将产品推向市场是非常重要的。我们不是要休闲轻松地工作。相反，我们在前期时间和资源上的投资是为了获得一个强有力的框架，而这个框架能为争取时间而战。

- **会议**。UX 设计过程需要面对面交流，也就是说，要和利益相关者及团队成员之间进行面对面会议；会议会消耗大量时间。在项目的某些关键时期，会议可能会占用你每周时间表的 50% 以上，例如，在业务需求的开发和审查阶段。

- **精细推敲**。尽管 Axure 高效且易用，但线框图和交互需要时间，尤其是在对多种情景、条件化流程和异常处理进行建模时。你会频繁地生成 HTML 原型、修改模板和动态面板，等等。这些都要消耗时间。

- **隐患**。有时，你会意外地卡在一个线框图或交互上。由于某种变化，可能要重建一个之前被视为已完成的线框图。不要假设每个 Axure 设计都会绝对顺畅和快速。

- **沟通**。电话、电话会议、回复电子邮件或写电子邮件、创建演示文稿、阅读和创建辅助文档，这些活动都会占用大量时间。

- **休息**。在某些项目中虽然你可能觉得自己像部机器，但我们不是机器。我们还要吃饭、喝咖啡、上厕所，休息是必须的，因为工作压力会影响工作效率、创造力和积极性。同时，为了让眼睛休息、身体放松和改善血液循环，也应该鼓励每 50 分钟休息一会儿。

- **健康问题和个人紧急状况**。如果患上流行性感冒、过敏症和其他常见的季节性疾病，则需要暂停工作以恢复健康。

如何评估 Axure 的工作量（比如线框图和交互）和真正需要的创作时间，这没有绝对的答案。不过，可以结合常识和经验，采用以下的公式：

- **乐观主义者**（25% 的时间用于会议和交流，15% 的时间用于其他项目相关工作，10% 的时间用于休息）。也就是说，有效率的原型设计时间约为 4 小时。

- **现实主义者**（40% 的时间用于会议和交流，20% 的时间用于其他项目相关工作，

10% 的时间用于休息，10% 的时间用于缓冲）。也就是说，有效率的原型设计时间不足 2 小时。

这就是有时候一天工作超过 8 小时，甚至周末和节假日也在工作的原因。如果你的经历和我们的描述不一致，请告诉我们！我们至今听到的，都证实了我们的描述。

7.3.2　响应式Web设计的预估
Account For Responsive Web Design (RWD)

显而易见，响应式 Web 设计（RWD）必须纳入估算。我们需要确切地知道所需的工作量。下面是一些应该被加到工作量估算中的基本活动：

- 开发一个跨设备的设计系统；
- 设计每个布局的内容和功能策略；
- 学习并实践 Axure 自适应设计功能；
- 每个响应式系统拥有多个版面，考虑了这些版面的布局、功能和行为的迭代周期；
- 方案施工、调试和跨设备的原型测试。

这些活动都很耗时，而且范围和功能一旦变更，就得调整所有的设计。不算清响应式设计和 Axure 实践的工作，很难得出一个准确的估算。如果没办法评估，通常的经验是，把你的时间和资源估算加倍，这样会比较合理。

7.3.3　重构Axure文件的预估
Account For Refactoring An Axure File

这里的重构是指，在不改变线框的外观或原型的行为的前提下，对 Axure 文件进行重构的过程。

大部分 UX 项目的第一阶段可以视为"蜜月期"，这个阶段通常会产生有时被称为"概念"或者"概念验证"的原型。"蜜月期"有以下几个特点。

- 兴奋。这是一个探索阶段，此时你有机会去了解项目目标，与利益相关者、最终用户一起去定义和验证一个概念。

- 团队建设和亲密合作。就像一对新人度蜜月，每个人都表现出最好的一面，但也可能出现这样那样的问题。如果你是一个外部顾问，便会逐步了解团队的内部格局。如果你是内部员工，或许已经认识多数团队成员，也熟悉团队的内部格局，这样你便能快速评估出能从他人那里获得什么样的协作。

- 高层次的需求。蜜月旅行，人们经常选择到遥远浪漫的地方，如巴黎或一些热带岛屿，借机远离日常工作的烦扰。同样，概念原型（Vision Prototype）是一个宏观的概念，用于诠释战略和高层级目标。你可以探索和规划酷炫的用户交互，高效流畅地呈现信息和用户流程，等等。此时你的工作不受详细业务和技术需求的限制。

传统上讲，你创造的产品和交付物，以及对前几章中提到的细节和详细阐述的预期，这些都会影响从概念到详细设计的过渡。这时，往往就需要对可视化原型进行重构。为什么这么讲呢？

概念原型描述一个应用的高层级 UI 框架、导航和布局，而无须去好好考虑具体业务规则或技术的限制。当然，你的目标是用你的想法和能力给团队留下深刻印象，而对概念线框图和富交互原型进行高速迭代时，Axure 是个非常适合的工具。

你尽你的努力来推动工作，整合所有利益相关者抛给你的反馈和修改需求，诸如"如果这样，是不是更好"，等等。但在这期间，你通常会直接做以下操作：

- 不标注或注释。

- 复制网页和控件，而不是创建和使用模板。

- 不使用 Axure 的自定义样式功能去控制控件的视觉外观——好像手工操作会更快些。

- 不重视空间和控件的排列，不使用指南或者考虑太多元素间的比例关系。

你快马加鞭地提出一个令人印象深刻的概念。当利益相关者和管理者接受了这个概念时，往往会误以为设计差不多都完成好了。

现实的情况是，从概念原型到细节设计的转移必须要快速适应具体需求、业务规则、范围的优先级顺序，以及技术上的限制：

- 除了视觉效果以外，线框图可以辅以注释或者细节说明等文字来和利益相关者进行沟通，另外也可以用标签和笔记。

- 模板或者控件库的使用成了确保线框图的构建、变更和文档一致性的关键。

- 使用 Axure 自定义样式来确保一致性，以及应对视觉规范或品牌规范的变更。

- 原型要能应对一些变更，以支持方案验证和可用性测试。

7.3.4　瞄准期望

More On Expectation Alignment

通常，对于 UX 设计者的工作，大家都只有模糊的认识。利益相关者和来自不同学科的其他团队成员虽是交付物和最终产品的受众，但他们常会低估 UX 的工作量，这对 UX 设计师来说是一个问题。

在阐述了工作流程、使用 Axure 的价值和为了创建优秀用户体验需要做哪些工作后，你将获得更多的协助和理解。了解这些以后，大多数人会开始将 UX 需要的时间考虑进去。下面是两个例子：

- **原型的粒度**。原型的受众是所有项目成员。所期望的原型要到什么粒度呢？利益相关者可能没有意识到越精细的原型，在迭代过程中就要投入越多的精力去管理它。低层次交互原型的指导原则应该是它应该有助于理解用户体验，它可以作为可用性测试的一部分，用来从多个备选方案中选出一个大家认可的方案。

- **规格文档**。UI 规格文档的主要受众是开发团队。利益相关者可能只知道在 Axure 中轻松点击按钮就可以产生规格文档，而忽视了以下内容：

  ○　编写注释的烦琐工作。

  ○　可能还要有一个对已生成的原始规格文档的内容进行一些必要的手动清理

　　过程。

　　○　对不同适配视图的设计和评审都需要额外的时间。需要召开更多会议，因
　　　　为要同时考虑智能手机、平板电脑和台式机的情况，会议也将占用更多的
　　　　时间。

7.4　关于变化
Construction For Change

　　"迭代"（iteration）和"变化"（change）会触发不同的情绪。迭代意味着按照
计划进行持续的改进，与进化过程类似，在设计过程中会不断地深入，产出更多细节，
保真度也会越来越高，越来越接近视觉初稿。变化是从一个状态到另一个状态的过渡，
有时是预期中的，更多的则是不可预知的，可能会从先前的状态突然来一个颠覆性
的背离。有证据表明，在实现概念原型上，迭代会比改变更频繁。

　　奇怪的是，在 UX 非常重要的项目上，经常出现迭代通常会不太讨喜，因为迭
代缓慢而且昂贵。然而，在战略、需求和人力资源上的变化却为人们所接受。或许
是因为"变化管理"已变得很常见，而"迭代管理"则主要在敏捷开发的晦涩内容
中被提及。在亚马逊的搜索结果中，关于"变化管理"的有多达 90000 条，而关于"迭
代管理"的结果则为 0 条。

　　在使用 Axure 来进行 UX 设计时，我们专注于让线框图和原型的变化过程更加
平滑。建议你在构建文件时要牢记"变化会破坏甚至颠覆你迭代工作的产出"，所以
需要做好预期和准备。

7.4.1　级联变化和回滚变化
Cascade Change And Rollback Change

　　多数项目中，我们会遇到两种典型的变更（见图 7-1）：一种是回滚恢复到老版本；
一种是修改一个现有的元素，让它可以应用在下一次迭代中。

在这里，我们特别推荐这样一种构建策略，即在创建线框图和原型时利用 Axure 的几个功能。这是一个很小的前期投资，却能应对回滚操作和接连不断的变更。

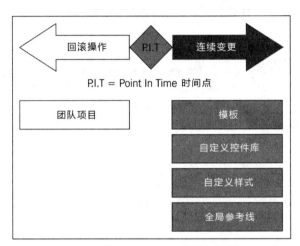

图7-1 修改现有元素进行版本迭代

7.4.2 团队项目的回滚

Rollback Change With Team Project

回滚过程是指把整个页面或一些全局元素恢复到之前的版本，可以看作是一种撤销操作。我们会经常遇到这种操作需求，因此，有必要掌握这一技能。回滚的原因有很多，比如，从功能缩小范围（受工期和预算影响，需要简化）到需求变更等。即便你是项目中唯一使用 Axure 的人，我们也强烈建议你把文件转成团队项目文件，而不是默认的独立 RP 文件。

对迭代工作来说，把项目回退并恢复到历史的某个版本是非常必要的。工作中经常会碰到这种情况：对一个线框图或者交互效果不满意想要修改，但同时担心如果改进的方案未被采纳又要改回来，重做要投入大量的时间和精力，变化的成本看起来高得有些离谱。但在团队项目（Team Project）中，你可以轻松恢复到之前任意版本。图 7-2 展示了历史记录浏览窗口的使用情况。

团队项目历史浏览窗口（图 7-2，A）是完成回滚操作的主要渠道。选择文件历史面板（B）的任意一点，在 Check In Notes 区域（C）可以识别出在那个版本被修改的元素，并能以 RP 文件的形式完全恢复到那一版本。想了解团队项目更多的内容，请参阅第 9 章"协同设计"。

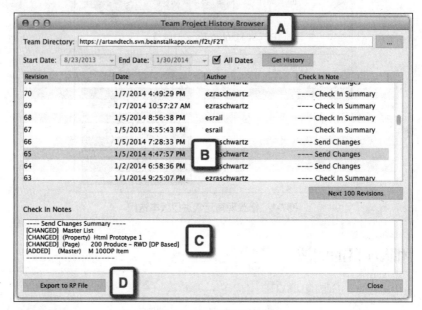

图7-2   历史记录浏览窗口

7.4.3   模板和库的级联变化

Cascade Change With Masters And Libraries

视觉一致性，是优秀软件设计的一个基本原则，同时也是可以有效协助管理变化的一个属性。在一个给定的软件中，不是所有的界面都有一样的布局。但是一定的视觉连贯性可以保证该应用在使用体验上的一致性。

使用模板来制作页面是一种好习惯，理由如下。

● 对 UX 设计者的好处：因为对于某些模块，我们经常会在多个页面中使用统一的设计模式，以保持一致性，并且简化创建过程。

- 对开发团队的好处：开发人员通常会考虑模板和代码重用。他们很能理解和欣赏你在设计中采用模板的做法。和开发人员讨论模板的结构，使模块化的方法和编程模块化的方法保持对应。

页面模板的概念和模板的概念类似，只是页面模板不是 Axure 内置的功能。在本章中，我们将讨论几个 Axure 的功能，这些功能可以用来完成 Axure 模板的创建、使用和修改。

7.4.4　自定义样式的级联变化

Cascade Change With Custom Styles

控件样式编辑器可以对控件的视觉样式进行全局控制。也就是说，它允许你使用控件的 CSS 样式属性（控件的高度和宽度属性除外）。

请注意以下几点：

- 样式编辑器没有涵盖控件面板上的全部控件。这是因为有些控件，比如动态面板，自身没有独立的视觉属性。

- 矩形、占位符和按钮形状控件都使用样式编辑器中的 Button Shape 控件的样式，所以，Button Shape 控件默认属性的改变会同时影响这三个控件。

控件属性的备忘单

下面的表格汇总了每个控件可以设置的属性。当你打算实现你的视觉设计时，对各种控件属性的熟练使用将大有裨益。

属性可以分为三大类，即字体属性、形状属性、对齐和间距属性，分别如下：

文字属性

文字属性可以应用于所有控件：

- 字体（Font）；

- 字样（Typeface）；

- 大小（Font Size）；

- 加粗（Bold）；

- 斜体（Italic）；

- 下画线（Underline）；

- 颜色（Font Color）；

形状属性

这些属性可以应用于某一些控件，但不是全部的，如表 7-2 所示。

表 7-2　控件对应的形状属性表

控件	形状属性								
	Line Color	Line Width	Line Style	Corner Radius	Fill Color	Opacity /（%）	Outer Shadow	Inner Shadow	Text Shadow
Shape	Y	Y	Y	Y	Y	Y	Y	Y	Y
Para-graph	Y	Y	Y	Y	Y	Y	Y	Y	Y
H1 to H6	Y	Y	Y	Y	Y	Y	Y	Y	Y
Image	Y	Y	Y	Y		Y	Y		Y
Text Link									
Text Link Mouse Over									
Text Link Mouse Down									
Text Field					Y				
Text Area					Y				
Droplist									
List Box									

续表

控件	形状属性								
	Line Color	Line Width	Line Style	Corner Radius	Fill Color	Opacity /（%）	Outer Shadow	Inner Shadow	Text Shadow
Check-box									
Radio Button									
Flow Shape	Y	Y	Y		Y	Y	Y	Y	Y
Tree Node	Y	Y	Y		Y				Y
HTML Button									

对齐和间距属性

表 7-3 显示了控件支持的不同对齐方式及间距属性。

表 7-3　对齐和间距属性表

控件	对齐和间距属性			
	Alignment	Vert Align	L-T-R-B Pad	Line Spacing
Shape	Y	Y	Y	Y
Paragraph	Y	Y	Y	Y
H1 to H6	Y	Y	Y	Y
Image	Y	Y	Y	Y
Text Link				
Text Link Mouse Over				
Text Link Mouse Down				
Text Field	Y			
Text Area	Y			
Droplist				
List Box				

控件	对齐和间距属性			
	Alignment	Vert Align	L-T-R-B Pad	Line Spacing
Checkbox	Y	Y		
Radio Button	Y	Y		
Flow Shape				
Tree Node				
HTML Button	Y			

默认控件样式

　　创建一个新 Axure 文件时，所有的控件都会有一个默认样式。调整控件的默认样式，不仅可以节省时间，而且能保持线框图的一致性。修改控件的默认样式时，所做的修改会立即应用到原型中所有对应的控件。

　　拖动 Rectangle（矩形）控件（图 7-3，A）到线框面板中时，它的视觉属性会被设置为默认属性，包括白底黑边、Arial 字体、13 号字，等等。单击工具栏中的控件样式编辑器图标（B），打开 Widget Style Editor（控件样式编辑器）对话框（C）。

　　在默认控件选项（D）下方的左边栏中，列出了所有可以编辑属性的控件。当点击列表中的某个控件时，可以看到它的视觉属性。修改后的属性会应用到原型中所有同类型的控件上。例如，如果修改一个 Rectangle（矩形）控件的字体、字号、背景和填充颜色（E），这些新样式将应用在整个原型内所有线框图中的 Rectangle（矩形）、Placeholder（占位符）和 Bottom Shape（按钮形状）控件上。

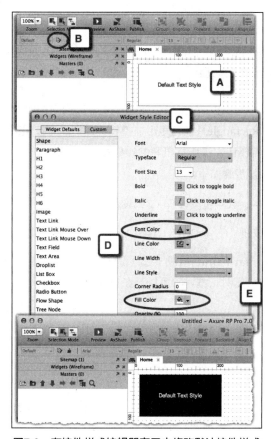

图7-3 在控件样式编辑器窗口中修改默认控件样式

如果修改一个控件的字体（如从宋体到微软雅黑），那么要确保把控件样式编辑器窗口中列出的所有控件都设置成一样的字体，否则会导致不同的控件上的字体不一致。此外，由于有些字体比其他字体宽，因此要审查所有的线框图，避免造成文本换行。

格式刷

格式刷在绘图软件中是一项很常见的功能。只要单击一次，它就可以将某个控件的视觉属性应用到另一个控件上。

例如：假设有一个包含 1 个主操作按钮和 4 个次操作按钮的对话框，这些按钮使用的是 Rounded Rectangle（圆角矩形）控件，最初所有按钮都采用默认样式，看起来都一样。现在需要让主操作按钮和次操作按钮在样式上有所区分（以下简称主按钮和次按钮）。操作步骤如下：

1.　为主按钮（图7-4，A）和次按钮（B）设置视觉属性。

2.　选中第一个次按钮（C），单击工具栏上的格式刷图标（D）。

3.　这时会出现Format Painter（格式刷）对话框（E）。点击Copy（复制）按钮（F）。先不要关闭对话框，它可以浮在工作区上面，同时可以选择线框图中的控件。

4.　选中三个待格式化的次按钮（G），然后点击格式刷对话框中的Apply（应用）按钮（H）。这时样式就会应用到选定的按钮上。

格式刷有助于快速保持控件间的视觉一致性。当你需要把带有渐变的视觉属性应用到另一个页面的控件上时，你会真正体会到它的便利。在这种情况下，使用复制、粘贴来代替格式刷并不是一种好的选择。

使用格式刷修改样式，存在以下缺点：

● 一个个地应用线框图控件的样式比较耗费时间，特别是在需要根据反馈意见修改样式的时候。

● 即使是细微的样式修改，也耗费时间。比如：要修改主操作按钮的渐变色中的一个色值，就必须逐个查找所有要修改的控件。

● 很难区分已更新的控件和未更新的控件。单击 Apply 按钮很容易，但找到剩下的未更新控件却很麻烦。

● 如果已经为某些控件应用了样式，但由于某些原因而中途停止，那么很可能忘记已经修改了哪些控件。你不得不遍历整个文件来确保所有控件都被更新。

图7-4　使用格式刷为按钮应用样式

　　另外，用格式刷不能把有些样式应用到其他按钮上，比如，翻转样式、选中样式，等等。格式刷在快速创建草稿时非常有用，能大大减少烦琐重复的格式化步骤。但是如果要维护界面风格的一致性，还是建议使用后面提到的方法。

　　如果你经常使用格式刷，实际上可以将相同风格的控件转化成自定义控件或者模板。

项目样式指南和CSS的集成

在调整线框图和原型的视觉设计时，采用下面介绍的方式可以大大提高效率和速度。Axure 虽然没有明确支持 CSS 的集成，但希望在未来版本中可以支持。

样式指南

样式指南是一个由项目中的视觉设计师产出的详细文档。对于大型项目而言，样式指南可以帮助项目负责人和项目质量监控人员对比设计规范和代码。一个典型的样式指南应该包括以下几个视觉设计要素：

- 品牌。其主要包括：

  ○ 调色板：调色板以十六进制列出所有主颜色（包括渐变色）的值。

  ○ 应用的Logo（标志）：包括Logo允许使用的场合、在各种页面上的尺寸大小和显示规则。

  ○ 模板剖析：模板剖析是指对于应用中的主要页面模板的各个布局元素进行命名和说明。

- 设计元素。其主要包括：

  ○ 文字：文字包括整个应用中的字体和字体样式。

  ○ 图形：图形指按钮和图标的显示规则和样式，包括大小、顺序、边距和间距。

- 结构元素：

  ○ 结构元素包括数据表格、窗口、浮窗、警告、提示消息、错误提示、表单等的样式和尺寸规则。

样式指南应该是一个记录与视觉设计相关的所有信息的文档。样式指南应该附带一个 CSS 样式表，将指南中的样式属性转换成 CSS 类和 IDs。

样式指南中列出的元素（如页面结构的细节），可能也会被包括在 UI 规格文档中。所以需要确保与视觉设计师同步各种元素的名称和标签，以避免在参考时发生冲突。

Axure自定义样式

　　虽然 Axure 目前不支持链接外部 CSS 文件，也不支持在内部创建 CSS，但运用一些方法，还是可以快速修改控件的视觉样式。当需要在原型中反映最新的视觉设计时，使用格式刷或默认控件样式都有其局限性。

　　然而，Axure 的自定义样式在逐步接近 CSS 的行为和用法。虽然在实现上还不完美，但控件样式的修改过程和维护效率已经有了很大的提升，并且能够符合该项目的样式指南和 CSS。

　　图 7-5 描述了对主按钮和次按钮的外观使用自定义样式，包括默认状态（A 和 C）、翻转状态（B 和 D）。

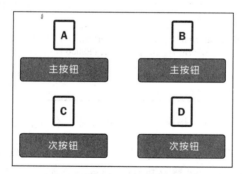

图7-5　主按钮和次按钮的样式

　　表 7-4 所示的为样式指南的一部分，它涉及图 7-5 中的按钮，它与提交给开发人员的 CSS 文件是不一样的。通常情况下，样式指南是视觉设计师交付的，而不是在 Axure 中创建的。但是有了中继器控件，在 Axure 文件中创建样式指南还是可行的。虽然写这本书的时候还没有，但是我们还是很期待可以实现这个功能。

表 7-4　主按钮和次按钮的样式表

控件	状态	样式指南	图 7-5
Primary Button（主按钮）	Default（默认）	Fill gradation: Hex#: FF6600 bottom to Hex#: FFCC00 top Border width: 1px Border color: 99000 Corner radius: 8 Font family: Arial Font style: Normal Font weight: Normal Font size: 16px Color: Hex#: FFFFFF Text align: Center Padding left，right: 12 px Padding top，bottom: 6 px	A
Primary Button（主按钮）	Rollover（悬停）	Fill gradation: Hex#: FFCC00 bottom，to Hex#: FF6600 top Border width: 1px Border color: FF0000 Corner radius = 8 Font family: Arial Font style: Normal Font weight: Bold Font size: 16px Color: FFFFFF Text align: Center Padding left，right: 12 px Padding top，bottom: 6 px	B
Secondary Button（次按钮）	Default（默认）	Height = 32 px Fill gradation: Hex#: FF9900 bottom，to Hex#: FFCC99 top Border width: 1px Border color: 99000 Font family: Arial Font style: Normal Font weight: Normal Font size: 14px Color: FFFFFF Text align: Center Padding left，right: 12 px Padding top，bottom: 6 px	C
Secondary Button（次按钮）	Rollover（悬停）	Fill gradation: Hex#: FF6600 bottom，to Hex#: FFCC00 top. Border width: 1px Border color: FF0000 Font family: Arial Font style: Normal Font weight: Bold Font size: 14px Color: FFFFFF Text align: Center Padding left，right: 12 px Padding top，bottom: 6 px	D

作为一种沟通方式的样式指南，相比 CSS 文档，有以下几个好处：

- 对非开发人员来说，样式指南更容易阅读。阅读 CSS 文档就像阅读代码，虽然不是复杂的代码，但 CSS 类名和 ID 名可能会非常隐晦难懂，也可能存在一些 UX 设计者不熟悉的其他属性和编写惯例。

- CSS 文档在相当长一段时间里无法使用。样式指南由视觉设计师创建和交付后，通常由开发人员将其转化为可使用的 CSS 文档，这种转化工作可能在开发过程的后期阶段进行。

没有自定义样式，也可以管理风格。有两种方法可以实现：

- 方法 1：在原型的控件库中创建按钮控件。需要主 / 次按钮时，就拖动控件到线框图中。

- 方法 2：在原型文件中把每个按钮当成一个模板来构建。使用时，将模板拖到线框图中，并把模板"敲平（Flatten）"[1]（即设置模板为 Break Away，将模板转换为普通控件），以修改模板中的文本及其大小。

对原型中的视觉设计的变化进行管理时，这两种方法都有一个缺点：一次只能应用在一个线框图上，不能全局修改所有按钮的视觉属性。因此，需要遍历每个线框图并进行手动修改，而这是一个冗长乏味的过程。

如果使用 Axure 的自定义样式功能，就可以捕获样式指南中所有元素的视觉属性。从此，只需在使用时应用这些样式。重要的是，在模板中（即使敲平模板后）也不会移除控件与自定义样式之间的链接关系。因此，在更新自定义样式后，也会同时更新所有模板实例的样式。

下面的步骤说明了如何将自定义样式应用到模板（按钮控件）上：

1. 在沙箱文件中，创建一个模板，命名为M Primary Button。

2. 打开Primary Button （主按钮）模板，创建一个高32 px的按钮（图7-6，A）。

3. 在按钮上输入文字Primary。

4. 单击工具栏中的 Widget Style Editor（控件样式编辑器）图标（B），打开 Widget Style Editor（控件样式编辑器）对话框（C），在左边的区域（D）中切换到Custom（自定义）页签。初始时这一列为空。

5. 单击添加图标，创建第一种自定义样式并命名。可以在自定义样式的名称中使用空格或其他字符，建议与CSS准则保持兼容。

6. 应用自定义样式到控件上：在控件风格编辑图标的左侧，点击下拉列表（E）。这个下拉列表列出了你刚刚添加的新样式。选中这个自定义样式，你会发现控件已经改成这个样式了！另外还有一种路径：可以用Widgets Properties（控件属性）面板，切换到格式化页签，这个样式下拉列表也会出现在样式页签下。

7. 重复这个过程对其他次按钮或控件应用样式。

---

[1] 译注："敲平"就是在画布中将模板转换为普通控件，具体操作方法是将模板拖入线框图后，单击右键，在弹出的菜单中选择 Break Away。

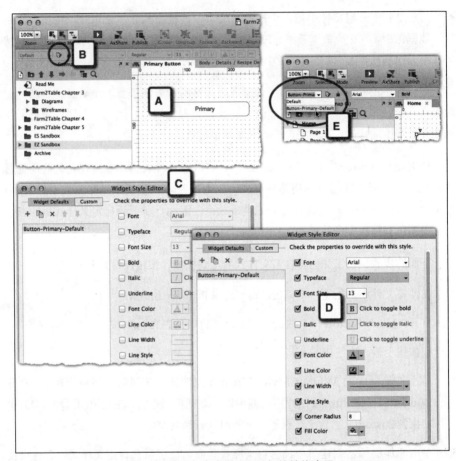

图7-6　应用自定义样式到按钮控件的流程

  如果你有项目的 CSS 文档并理解其中的内容，则可以使用文档中使用的类名。如果没有，则可以遵循W3C的CSS 2.1准则。

在 CSS 里，标识符（包括元素名、类名和 ID 名）只能包含字符（a~z、A~Z、0~9）和 ISO 10646 中 U+00A0 及以上字符编码，外加连字符（-）和下画线（_）；不能以数字或连字符作为开始字符。

访问*http://www.w3.org/TR/CSS21/syndata.html*，可获得更多信息。

Axure样式编辑器VS CSS

控件样式编辑器中列出的样式属性要与样式指南中的属性及标准 CSS 语法相匹配（见表 7-5）。

表 7-5　属性匹配列表

Axure 控件样式编辑器	样式指南 /CSS 语法
Font	Font-Family
Font Size	Font-Size
Bold	Font-Weight
Italic	Font-Style
Underline	Text-Decoration
Alignment	Text-Align
Vert Align	Vertical-Align
Left Pad	Padding-Left
Top Pad	Padding-Top
Right Pad	Padding-Right
Bottom Pad	Padding-Bottom
Line Spacing	Line-Height
Font Color	Color
Fill Color	Background-Color
Line Color	Border-Color
Line Width	Border-Width
Line Style	Border-Style

继续添加其他样式，扩大自定义样式库。只要使用自定义样式窗口控件，就能够非常迅速地响应样式指南的变化。

　　事实上，在设计过程的早期就可以开始创建自定义样式库。假如你像许多从业者一样，在开始阶段就使用灰度色调，也可以定义自定义样式。当真正的样式指南出来时，只需要更新自定义样式库。相比之前乏味的手动更新，可以节省很多时间。

原型与视觉样式保持一致的好处

　　原型需要与软件的视觉设计保持一致吗？回答是肯定的。其好处有以下几方面：

- 利益相关者和可用性测试的参与者可以根据体验高保真的整体外观提供一些宝贵的反馈意见。用户体验原型设计就是要根据反馈意见进行修改。

- 减少开发过程中的困惑。无论是在 HTML 原型还是在 Word 规格文档中，开发人员都可以很容易地看到他们要开发的东西是什么。

　　第二点非常重要。如果原型保持基本灰度、低保真的设计，就需要去维护两种不同类型的线框图：

- 有案可查的线框图，即 Axure 原型中创建的线框图。

- 视觉设计线框图，即视觉设计师交付的线框图。这些通常反映的是一个旧版本的线框，当然，实际线框图并没有反映出最新版本的原型。

　　对于开发人员来说，两种线框图容易造成混乱，他们需要知道如何处理这两种不同的线框图。大家都喜欢看视觉设计稿，而灰度的原型稿会显得过时，利用率也会大打折扣。这就迫使你需要去改善你的原型,让大家重新把目光聚焦到你的原型上。人们对于在原型上应用视觉样式的期望也很强烈。但是如果想要高效地工作，还是需要使用一些诸如自定义样式、模板等技术来进行高效地管理。

　　那么怎样开始这两种类型的线框图呢？

- 通常情况下，构思阶段一般在视觉设计介入前就开始了。在项目的前期，重点是确定基本元素：信息架构、全局导航和页内导航、主要功能、关键任务流程等。视觉通常用灰度线框图来表现。这些灰度线框图被不停地用来迭代和测试。

- 部分设计师认为如果视觉设计在前期介入过早，会导致讨论重点从实质问题转移到表面的色彩和图形上来。

结合已有视觉设计

有时候，你可能会受到某种既定的设计模式的限制，例如：

- 需要与公司其他已有应用在视觉和感受上保持一致；

- 需要符合公司的品牌指南。

你要设计的应用可能是新应用，也可能是已有应用的增强版。新开发的用户体验可能与现有的应用或以往的应用都不一样，但是视觉上必须是一致的或延续的。

你可能会以 Photoshop、Illustrator 或 PNG 文件的形式访问视觉资源的模板文件。不过，这些文件往往都使用在现有的网站或应用程序中。实际上，只要提取出这些资源并加以修改，就可以在自己的原型中使用它们。

Axure 提供了一种快速创建、扩展和管理交互式原型的方法，这种方法是基于已有应用的。下面的示例演示如何使用现有网站的截屏来创建一个自定义控件库，使它们成为已有应用程序扩展功能设计的模块资源。

图 7-7 所示的为一个基于 packtpub.com 主页的例子：

1. 获取页面截屏，最好是PNG格式的。

2. 在Axure中通过右键菜单中的Slice Image（切图）选项，切出可以复用的视觉部分。也可以通过图像编辑工具（如Fireworks、Photoshop或屏幕捕捉工具Snagit）提取组件。

3. 创建一个控件库，然后添加所有的图形到控件库里。

4. 现在，你可以在现有的网页外观和感觉基础上重新创建页面了。

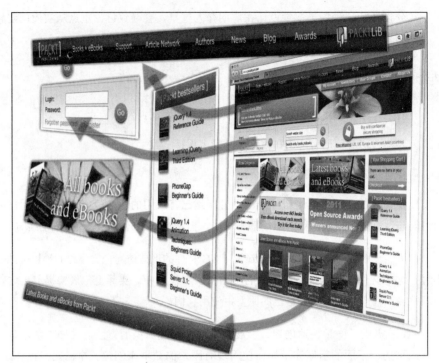

图7-7   使用现有网站的截屏来创建一个自定义控件库

页面样式编辑器

通过页面样式编辑器可以创建自定义的页面级样式，可以将页面样式应用到原型中指定的网页上。这项功能的好处如下：

- 保持所有页面样式的一致性。

- 在详细设计阶段，可以快速高效地修改线框图。当需要修改任何页面样式属性时，只需修改一次自定义页面样式。

本书前面谈到 Sketch Effect（草图效果）时，提到过页面样式编辑器。此外，与控件样式编辑器里的属性类似，页面样式属性可以对应到级联样式表（CSS）属性（见表 7-6）。Axure 不要求你懂 CSS 术语和语法，但了解一些相关知识还是有帮助的，尤其是在和开发人员、设计人员探讨视觉设计时。

表 7-6　与 Axure 页面样式属性对应的 CSS 属性

Axure 页面样式属性	对应的 CSS 属性
Page Align	Margin and Padding
Back Color	background-color
Back Image	background-image
Back Image—Import	background-attachment
Horz Align	background-position
Vert Align	background-position
Repeat	background-repeat

最后请注意，页面样式不影响部件的样式，但有一个例外：如果你使用了 Sketch Effects（草图效果），这种草图效果将被应用到页面里的控件上。该控件虽然会将保留所有的标准或自定义属性，但仍旧会显示草图效果。

7.4.5　参考线

Guides

线框图的质量很重要，利益相关者往往会自觉或不自觉地对线框和原型的外观很敏感。质量通常表现在小细节上，如合适的对齐方式、顺序、比例及页面元素的组合方式。

Axure 中的参考线不仅是临时的对齐助手，也可以作为支架（Scaffoldings），以保持原型中各个页面布局和模式的一致性。Axure 支持全局参考线和页面参考线。

Axure 的术语与普通的响应式 Web 设计（RWD）术语是相反的，实际上 Axure 参考线（Guides）就是响应式 Web 设计的栅格（Grid）。而在 Axure 中，Grid 指的是网格，它是一种可视化工具，可以帮助组织线框图的布局，大多数图形软件都有这项功能。网格是由预先设定间隔的无数条水平线和垂直线组成的，在编辑模式下作为页面背景的一部分，但在生成的 HTML 原型或 Word 规格文档的截图里不会显示。因此，要格外注意不要混淆这三个术语：参考线、栅格、网格。

全局参考线

　　全局参考线（即 RWD 中的栅格）可以影响整个设计框架。它能灵活组织固定宽度页面的内容，按比例对页面栏目进行布局。这有助于创造令人赏心悦目的页面布局，因为所有页面栏目的宽度都是基于相同比例的。如果在设计过程中尽早考虑使用参考线，就会让线框图的构建更有效率，因为所有空间的宽度都是按标准比例设定的，在整个页面上你可以灵活组合和匹配控件。

　　描述响应式 Web 设计中的栅格概念和变量超出了本书的范围，但 Axure 全局参考线功能可以帮助你生成栅格系统（支持修改数字以改变栅格大小），并且可以任意跨越栅格数量来进行内容组合。

　　Axure预装了两套全局参考线（960栅格和1200栅格）。但是类似于Twitter Bootstrap and ZURB Foundation的响应式Web设计框架已经逐渐变成主流，你可能需要创建与自身开发团队相近的栅格。这是非常重要的，所以在开始进行详细设计前请确保先与相关团队进行讨论商定。

　　我们经常被要求审查 Axure 文件，也总是惊讶地发现网页不符合任何全局参考线。结果导致很难建立一个统一的标准，很难建立组件库。控件的宽度变化导致替换、添加、模块化页面变得非常耗时。

　　即使你不需要设计自适应页面，全局参考线也很重要。

页面参考线

　　参考线也可以是页面级的。这意味着每一页或一组页面可以使用从水平或垂直标尺里拖出来的参考线来辅助对齐或管理间距。页面参考线通常就是前面提到的临时参考线。也许你的设计不遵循 960 栅格或不使用一种全局化设计，因为应用中的页面布局是变化的。采用页面参考线进行控制，能让页面级别设计更加灵活。

　　页面参考线也可用于一组页面，因为可以从这个页面上复制和粘贴参考线到另一个页面。然而，目前还不能保存当前页面的参考线，然后应用到其他页面上，希望以后能添加这样的功能。

临时参考线比较常用。通常，我们会用临时参考线来辅助控件的水平对齐或垂直对齐。使用过绘图软件的用户都知道，可以方便地从垂直或水平标尺里拖出参考线。

如果想要在页面上增加一条横向参考线，则只需单击水平标尺并向下拖动到页面里。鼠标会出现"+"形状，同时会显示 Y 轴坐标以帮助准确定位（图 7-8，A）。

如果想要移除这条参考线，则可以点击它并将其拖到页面外（B），或者右击它并在弹出的选择菜单中选择 Delete（删除）选项。

如果想要在页面上锁定这条参考线，则右击它并选择菜单中的 Lock（锁定）选项（C）。

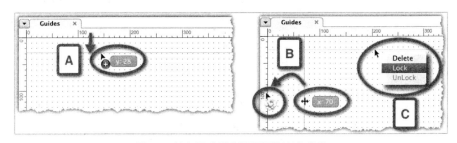

图7-8　从水平或垂直标尺里拖出参考线

网格

网格是 Axure 的一项微不足道的简单功能，许多用户都懒得将它显示出来或更改默认设置。然而，利用网格在水平轴或垂直轴上对齐组件，可以提高线框图的创建质量。

自定义网格

通过网格设置对话框可以定制 Axure 网格，这个对话框可以通过菜单 Arrange → Grid and Guides → Grid Settings... 打开。另外，也可以在页面空白处右击，在弹出的菜单中找到该选项，以显示或隐藏网格。Axure 也可以使用网格捕捉功能，使网格线像一块磁铁，在拖动组件时，它会把组件吸到最近的网格线上。图 7-9 描述了网格定制的过程。

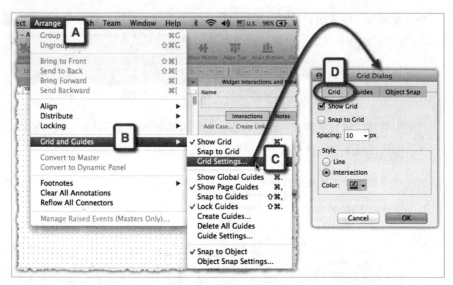

图7-9   网格定制的过程

从 Arrange 菜单（图 7-9，A）中选择 Grid and Guides（网格和参考线）选项（B），并在下级菜单中继续选择 Grid Settings...（网格设置）选项（C）。

打开 GridDialog（网格对话框）（D）。Axure 默认网格间距为 10 px, 并以 Intersection（交叉点）样式显示。

可以把网格样式切换到 Line 直线样式，但这样就可能很难区分 Grid（网格线）和 Guide（参考线）。

7.5　总结

Summary

谈到管理原型的变化时，大多数 UX 设计从业人员都面临着挑战。很多挑战与 Axure 无关，而与软件开发领域有关，需要把不断发展的 UX 设计整合到各种开发方法中。当然，UX 设计本身就存在变化。因此，最需要弄清楚的是，如何避免那些与布局、视觉设计的调整有关的烦琐、耗时的工作。

Axure 提供了很多功能来支持全局变化。有些是软件都有的常见功能，如为了修改文本字符串，在原型中使用查找和替换功能。真正强大的是仍在不断改进的自定义样式功能，其大大节省了时间和精力，并维护了整个原型的视觉一致性。

然而，成功应对变化的关键在于管理预期（Managed Expectations）。假如工作中的利益相关者不知道 UX 工作的内容，那么作为 UX 设计师除了完成线框图、原型、重构和规格文档这些工作外，还要向利益相关者阐述你的工作内容。

第 8 章将讨论创建 UX 功能规格文档的流程。正如之前提到的，首先要找准利益相关者对文档的内容和输出格式的期望。

第8章
UI规格文档
UI Specifications

每件大事都是由一系列小事或者细节组成的。

——文森特·威廉·梵·高

UX 规格说明书（也称 UI 规格文档，以下简称规格文档）是一种交流工具。在规格文档中，UX 设计师以一种正式的方式向开发人员描述用户界面行为。如果在工作中你也要交付这样一份规格文档，可以在本章学到以下几点：

- 在项目开始的时候就要确定 UX 交付物的形式：是一个带注释的原型，还是一个 Word/PDF 文档，抑或是两者都要？这个答案将直接影响你使用 Axure 的方式，以及工作量的预估。

- 收集 UX 交付物的受众对于规格文档的期望。

- 如果是 Word 或 PDF 文档，应该尽早地在项目早期给大家看一些样例，并在内容和格式上与项目组达成一致。

- 与开发团队交流是必不可少的，不管他们要什么样的文档，给他们讲解设计方案并获取反馈都将有助于成功。

通常，我们在项目后期才会开始制作规格文档。对于 UX 设计师来说，规格文档通常是最后一个交付物，总是有更紧急的任务需要设计师去优先考虑。在许多项目中，Axure 仍然是一个新的概念，因此很多开发团队不知道他们想要或需要什么。因此，他们不会在项目开始的时候就和你讨论这个话题，这就需要我们去主动沟通。

Axure 提供了创建和生成规格文档的功能，它很大限度地减少了创建和更新规格文档所需的时间和精力。也就是说，它让 UX 设计师可以把更多的时间和精力花在设计上，发挥其真正的价值。自 2004 年 Axure 发布以来，在 Axure 诸多突破性功能中，生成规格文档功能已经非常强大，并推动了 Axure 在 UX 行业内的普及。

Axure 已经简化了设计和编写文档的过程，但我们当中还是有很多人不知道怎么控制 Axure 的输出内容和形式。本章会教你一些有用的技巧来解决这些问题。

如果你的项目是响应式Web设计，我们强烈推荐你把原型作为交付物的一部分。在本章的后面部分，我们将会讨论一些响应式Web设计规格文档编写的最佳方法。

本章会帮助你产出一个实用且引人入胜的规格文档，主要会覆盖以下话题：

- 合作的重要性；

- 全局规格文档；

- 创建自定义规格文档；

- 生成规格文档。

8.1　协作的重要性
Importance Of Collaboration

在工作中，开发人员需要把设计文档（原型、UI 规格文档）转化成一个功能全面的应用。而 UI 规格文档则整合了我们在项目过程中创建的所有可视化原型，并且包含了对用户界面的细节说明。

为什么交互原型和规格文档能够相得益彰？

- 首先是"没人喜欢阅读"。一般软件项目都会生成大量文档，这些文档可能不是你创建的，但却需要你去阅读和评审。当项目时间紧张时，即使是最有耐心的团队成员，也可能无法仔细阅读所有文档。

- 其次，相比文字，交互原型的表达会更加直观。

- 作为 UX 设计师，我们与产品经理的关系会更密切。产品经理对项目很了解，但对于用户如何与产品交互却没有太多想法。如果我们有幸可以进行用户研究，则可以利用用户的心智模型进行设计。如果能整合所有人的知识，我们就能设计出更好的产品。

 在设计早期与产品经理合作来共同创建概念原型效率会更高；我们希望产品经理可以尊重我们的工作，不要干预设计。

作为一名 UX 设计人员，无论你是别人请来的外部顾问还是内部员工，都应该记住：UX 成功的一个重要因素就是需要与项目中的所有利益相关者建立牢固的关系。合作沟通的精神可以引导信任，有助于在项目过程中避免问题的产生。开发团队经常会被我们忽视，而他们正是 UI 规格文档的主要受众，应该尽早地在项目前期和他们打好关系，即使出现冲突，也可以继续愉快地一起工作。

8.1.1　找准期望

Aligning Expectations

开发团队是规格文档的主要目标受众。为了让这个文档成功交付，应该尽早并经常地和开发团队交流，来确认文档交付格式和内容。正如前面提到的，如果开发人员不了解 Axure，他们可能不知道想要什么，或者根本不知道要和你讨论什么。下面是几点建议：

- 尽早和开发团队就项目中的规格文档进行明确讨论。

- 向开发团队索要其他项目之前的文档样例，但不要指望这些文档样例能给你带来什么。

- 将 Axure 的文档功能演示给开发团队看，因为很可能开发团队对这款工具一无所知。如果开发团队以前使用的是 Visio/Word 形式的文档，那么刚开始可能会对 Axure 文档有些抵触。

- 不管开发团队刚开始如何犹豫，也要对 Axure 生成的文档进行各种可能的讲解和评审，让开发团队了解这种方法的好处。

- 和开发团队讨论好文档的内容和格式；然后再安排一个会议，演示按照之前讨论好的内容和格式制作出来的文档草案，并根据需要进行调整。

- 对于交付物的一些内容和样式达成一致，例如，业务逻辑说明、日期格式、风格样式等。

8.2 录入UI规格文档

The UI Specifications

本章开头提到，Axure 可以创建和生成规格文档。但是，也绝不是你想象的只需填写一些控件注释字段，然后点击"生成"按钮就大功告成。当然，这样做也可以得到一个文档，但这可能不是你想要交付给开发人员的最终文档。

一个优良的规格文档不仅要描述应用程序的整体用户体验，还要说明不同界面的结构和行为，最后还要描述界面上各种控件（小到按钮级别）的行为。也就是说，这个文档应该包含以下几方面的内容。

- 应用程序的整体描述，可以在文档生成器中的 Word 模板里添加。

- 页面级别的描述，可以使用页面注释。

- 控件级别的描述，可以使用控件注释。

下面详细讲解这些内容，让生成的文档适用于你的项目。

8.2.1　全局UI规格文档

Global Specifications

应用程序有很多交互行为和显示规则，UI 规格文档中应该对这部分有一个公约。在同一个地方来描述这些全局公约可以帮助 UX 设计师及团队节约时间。它可以帮助利益相关者（从开发到产品等）了解信息，也确保了团队可以更好地理解文档内容。以下是一些关于如何写好全局规格文档的建议。不一定所有内容都可以在当前项目中用到，但它确实是一个很好的备忘录。

- 介绍目的和目标受众：这个文档是什么？文档的读者有哪些？

- 指导方针和原则包含以下几方面：

  ○ 屏幕分辨率。

  ○ 支持的设备。

  ○ 对日期和时间的处理。

  ○ 支持的浏览器。

  ○ 性能：从一个UX的角度，可以接受的不同交互的响应时间。

  ○ 消息显示：用户和系统的错误提示、确认、警告，无结果提示。

  ○ 用户支持和指引（帮助）。

  ○ 对用户访问权限和安全性的处理。

  ○ 用户自定义功能。

  ○ 本地化功能。

  ○ 可访问性要求。

- 界面布局。

- 表格模式。

- 关键模式（示例）。

    ○ 窗口和对话框。

    ○ 提示：错误消息、警告消息、确认消息、通知消息。

    ○ 其他：日历、按钮模式、图标模式、登录。

- Axure 术语的缩写词汇表，例如，对模板、动态面板、控件的简单定义。

- 文档控制：

    ○ 文档版本。

    ○ 相关文档（例如视觉设计指南）。

    ○ 评审人员列表。

    ○ 审批人员列表。

从这几年来看，全局规格文档经常是被低估和忽略的部分，主要是因为审稿人不知道这部分信息的价值，也可能由于项目时间紧迫，没有足够的时间来阅读。通常在开发团队遇到问题的时候，我们才再次告诉他们可以在这里找到答案。为了让利益相关者注意到这部分内容，我们建议这部分要单独评审，也就是说不要和原型框架一起评审。

8.2.2　生成器：规格文档和原型

Generators And Outputs – Specifications And Prototypes

在介绍如何录入规格文档的详细内容之前，先来了解 Axure 的生成器、规格文档、原型之间的关系。图 8-1 描述了这些概念。

下面来进一步了解下这个菜单。

- **原型**。原型是指 Axure 输出的 HTML 文件。单击 Publish（发布）菜单上的 **Generate HTML Files...**（生成 HTML 文件）选项（A），会弹出 Generate HTML

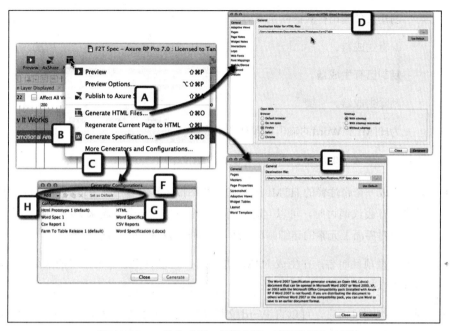

图8-1 Axure的生成器、规格文档、原型之间的关系

（生成HTML）对话框（D）。在这个对话框中，可以配置默认 HTML生成器的选项。你可以创建多个HTML生成器，这非常实用，在大型项目中就可以将原型切分成多个部分输出，以加快生成速度。生成之后的HTML原型可以在Web浏览器中打开查看。

- **规格文档**。规格文档是指 Axure 生成输出的 Word 文件。单击 Publish（发布）菜单上的 Generate Specification ...（生成规格文档）选项（B），会弹出 Generate Specifications（生成规格文档）对话框（E）。在这个对话框中，可以配置默认规格文档生成器的选项。与生成 HTML 一样，也可以创建多个规格文档生成器。例如，可以根据不同模块，将一个大型项目划分为多个小的规格文档。

- **生成器**。Axure 提供 HTML、Word 和 CSV 三种类型的生成器。单击 Publish（发布）菜单上的 More Generators and Configurations ...（更多生成器和配置）选项（C），会弹出 Generator Configurations（生成器配置）对话框（F），对话框中列出了所有可用的生成器（G）。可以对生成器进行以下管理（H）。

○   创建某种输出格式的新生成器。

○   编辑生成器。

○   复制已有生成器。

○   删除生成器。

○   为HTML和Word的输出设置默认生成器。

为什么需要多个生成器？我们来考虑以下情形：

• 可以生成一个带注释的 HTML 原型和一个不带注释的 HTML 原型。在与利益相关者进行会议商讨时，可以同时使用这两个原型，一个看起来干净清晰，而另一个有对界面上元素的详细解释描述，在演示过程中可以方便切换。

• 对于大型项目而言，在生成 HTML 原型时，可以只生成当前工作的部分页面，这样可以提高原型生成的速度。

• 对于大型项目而言，可以将 Word 文档切分成几个部分来输出，每个部分对应一个工作流或一个应用模块。这对于不同开发团队或利益相关者负责不同的工作流或模块非常合适。各模块的设计人员只需要对自己相关的文档部分进行评审即可。

相对于HTML原型，为了让规格文档更有意义，你还需要对线框图进行注释，例如，页面、模板、动态面板、控件等。这意味着要创建规格文档并不仅仅只是配置生成器这么简单。

8.2.3   定制规格文档生成器

Customizing The Word Specifications Generator

现在来为项目定制第一个 Word 规格文档生成器。虽然可以使用默认的生成器，但建议复制一个生成器进行实验，图 8-2 演示了这个过程。

下面这些步骤可以帮助你定制 Word 规格文档生成器：

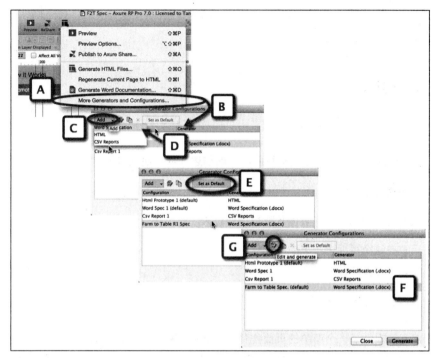

图8-2　定制Word生成器

1. 单击Publish（发布）菜单上的More Generators and Configurations…（更多生成器配置）选项（A）。

2. 在Generator Configurations（生成器配置）对话框（B）中，从Add下拉列表（C）中选择Word Specification选项（D）。

3. 重命名新生成器。

4. 单击Set as Default（设置为默认）按钮（E）。默认生成器是指单击Publish（发布）菜单下的Generate Specifications...（生成规格文档）选项时所启用的生成器。如图8-2中的F就是一个新增的生成器，现已被设置为默认。

5. 单击Edit and generate（编辑和生成）图标（G），会出现生成器编辑对话框。在这个对话框中可以对最终输出的规格文档进行设置，本章后面部分会详细介绍。

现在你已经理解了生成器与规格文档之间的关系，而且也有了一个 Word 生成器，下面来介绍如何填充内容。

8.2.4　页面注释

Page Notes

Axure 的页面注释可以进行页面级别的描述（或其他规格描述），包括：

- 页面概述；

- 页面的入口和出口（页面从哪里跳转过来，可以跳转去哪里）；

- 用户在这个页面上可以完成的任务（可操作的内容）；

- 重要用户体验原则；

- 关键界面组件。

Axure 提供了一个简单的页面注释字段名称 Default，可以对这个字段进行重命名，也可以添加其他的注释字段，让规格文档的页面注释部分更加结构化。例如，可以添加注释字段用于录入这个页面要解决的关键业务需求、功能规格、本地化和个性化注释，等等。

 虽然这部分称为页面注释，但是也可以使用在模板（Master）中。

你创建的页面注释字段在所有页面中都可以使用，但这并不意味着需要在所有页面上对所有注释字段进行描述。图 8-3 描述了自定义页面注释字段的创建过程。

1. 打开需要编辑的线框图页面（A）。

2. 在页面属性区点击 Page Notes（页面注释）页签（B），可以在下拉列表中看到 Default（默认）注释字段。

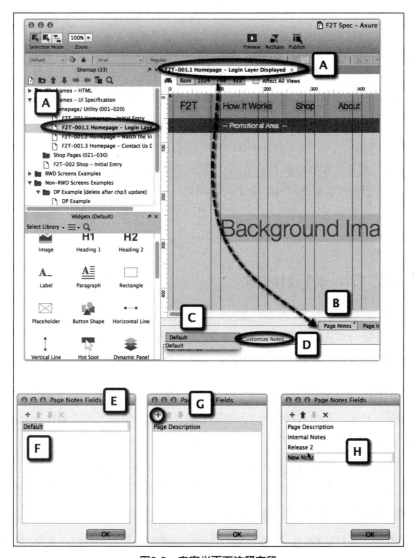

图8-3　自定义页面注释字段

3. 最好对这些注释进行重命名，因为这个注释名称会在规格文档中当作标题使用。显然，对于读者来说，Default这个词是模糊的。

4. 单击Customize Notes...（自定义）链接（D），对注释字段进行重命名。

5. 在弹出的Page Notes Field（页面注释字段）对话框（E）中，单击Default注释字段（F），输入新名称，如Page Description（页面描述）。

6. 如果要添加注释字段，则可以单击 Add 图标（G）。

7. 也可以添加一个自用的注释字段（H），用于记录问题、想法、利益相关者的疑问等。可以生成一个只包含这个字段的文档版本，这会形成良好的问题管理系统。

8. 添加完想要的注释字段后，关闭页面注释对话框。即使已经开始添加注释内容，也仍然可以对字段进行修改。但删除字段时一定要小心。

9. 此时，重命名的字段和新字段会在下拉列表框中呈现，可以在这些字段间进行切换。

一个注释字段 vs 多个注释字段

　　UX 设计团队经常讨论的一个问题就是，应该用一个大的注释字段来包含各方面的注释，还是分成多个字段来注释。多数人认为采用一个注释字段还是多个注释字段主要取决于项目性质。这里没有对错，但可以通过以下情况来判断你如何选择。

- 有些开发人员对规格文档的所有细节都感兴趣，而有些只关注一些重要的细节。

- 这个文档可能是给远程团队（很可能在海外）使用的，开发人员可能会逐字去解读文档内容，但在敏捷项目中开发人员可能只会阅读一些必要内容。

- 在少数项目中，规格文档还需要让商业分析师、商业利益相关者和其他非开发人员阅读和签署。要了解他们需要从文档中得到什么，以及如何为这些受众定制注释字段内容。这会有助于获得他们的审批。

- 带有多个注释字段时，容易出错。最常见的就是在输入注释时，忘记在各个注释字段间进行切换，导致注释内容输错地方。

- 一旦开发团队开始使用 UI 规格文档就去收集反馈。你也可能发现开发人员会忽略这个问题，如果这样的话，你可以问他们这部分信息类型应该是怎么样。

8.2.5　注释字段

Annotation Fields

线框图上的每个元素都应该有存在的理由，开发人员会将这每个元素都转化成代码。

因此，在规格文档中，你要为线框图上的每个元素提供描述性的信息或规格说明。虽然 Axure 可以帮助减少大量工作，并节省时间，但仍然需要花费大量的时间才能生成好的规格文档。

在建立页面注释后，接下来要花时间配置控件注释字段。在 UX 行业，还没有形成规格文档的统一标准。交付的格式和覆盖的内容也取决于 UX 设计师、生成工具及开发团队的需求。

Axure 自带九个注释字段，你可以对这些默认字段进行重命名或删除，也可以添加自己的字段，对它们的名称和类型进行自定义。注释字段的类型包含以下四种。

- Text（文本）。

- Select List（选择列表）。

- Number（数字）。

- Date（日期）。

每个 UX 项目都会很不一样，但可能也有人会说有些通用的属性可应用于任何 UX 项目。UX 作为一门学科，正在快速地演变，我们必须处理一些新的交互方式，如手势、触摸等。

这种演变会扩大规格文档中要记录的信息类型，因此，注释字段需要记录和传达这样的信息给开发人员。 以下就是自定义注释字段的步骤：

1. 从Project（项目）菜单（图8-4，A），选择Widget Note Fields and Sets...（控件注释字段设置）选项（B）。

2. 在弹出的Widget Note Fields and Sets（控件注释字段设置）对话框（C）中，Customize Fields（自定义字段）这栏列出了Axure自带的字段（D）。

3. 可以在字段上点击输入新文本，进行重命名（E）。这里可以修改注释字段的名称，但不可以修改其字段类型。

4. 如果字段类型是 Select List（选择列表），则它的当前字段值就会在右边的 Edit：Status这一栏中列出（G）。可以方便地对此栏中的列表项进行添加、删除和修改。

5. 可以使用字段列表上方的小工具栏（H）添加新字段、删除字段或对这些字段进行重新排序。强烈建议删除那些不打算使用的字段，以免造成混淆，让注释内容输错地方。

 建议你在开始工作之前先与相关团队一起确定哪些信息类型需要注释。最好也是从一小部分字段开始。

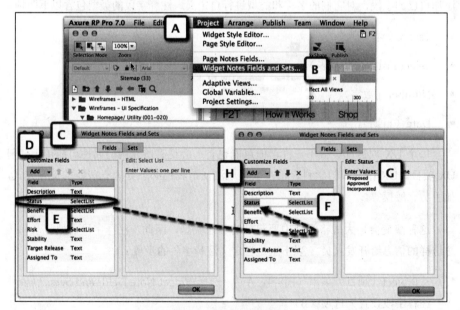

图8-4 自定义注释字段

8.2.6　注释视图

Annotation Views

　　注释视图是一项对注释字段进行分组的功能。当注释字段数量很多时，可以把它们分成多个小组。例如，可以把那些必须要开发团队相关人员知晓的注释字段归为一组并命名为 Mandatory（必读），其他字段归为可选。在控件属性区的 Annotation（注释）页签中选择 Mandatory 视图，此时只显示那些开发人员必读的字段。简短的注释字段列表更便于快速浏览控件注释，并确保所有必要信息都有注释。

8.3　生成规格文档

Generating Specifications

　　正如本章前面提出的，要尽早且经常对输出文档进行试验和测试。

　　可以在 Generate Specifications（生成规格文档）窗口中对规格文档的所有输出属性进行设置。这个窗口分为八个部分。完成属性设置并单击 Generate（生成）按钮后，Axure 会启动 Microsoft Word 来打开这个文档以便检查和编辑。

8.3.1　常用设置

The General Section

　　如图 8-5 所示，规格文档设置窗口的 General（常用设置）部分（A），可以完成以下两项工作。

- 设置规格文档的存放路径。默认路径（B）是 Axure 安装时创建的 Specifications（规格文档）目录（C）。对于 Windows 用户，这个目录位于"我的文档"目录下的 My Axure RP specifications 目录下；对于 Mac 用户，则是位于"文档"目录下。如果要修改存储路径，则可单击省略号按钮（D），也可单击 Use Default 按钮（E），将存储路径设置为默认路径。

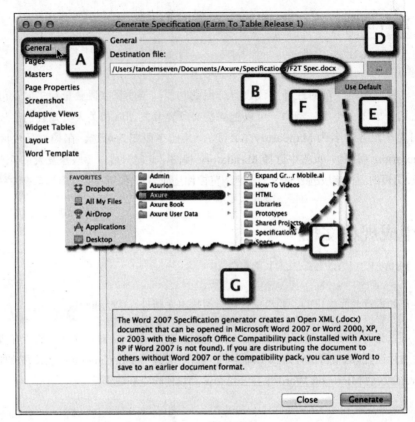

图8-5　常用设置

- 设置规格文档的名称。文档的默认名称为Axure 原型文件名称，可以修改存储路径的最后部分来修改文档名（F）。

8.3.2　Pages（页面）设置

The Pages Section

在 Pages（页面）部分（图 8-6，A）可以选择需要出现在规格文档中的页面。

下面来介绍页面设置的每个选项：

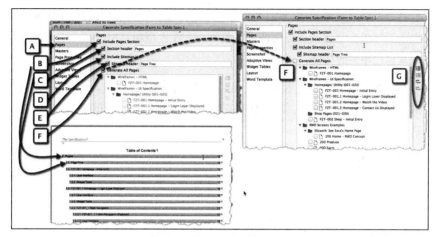

图8-6　页面设置

- **Include Pages Section（B）**

  该选项决定其后的所有选项。如果不勾选此选项，则所有页面都不会生成。

- **Section header（C）**

  该选项用于自定义规格文档中页面部分的名称。例如，将 **Pages** 改为"界面"。如果勾选此选项，则不要留白。这个文本会作为目录标题出现在所生成的规格文档中。

- **Include Sitemap List（D）**

  如果勾选此选项，则规格文档中会生成一个站点地图的列表。然而，即使选择了生成部分页面，列表中还是会显示所有页面，这可能会让读者有点疑惑。

- **Sitemap header（E）**

  该选项可以对默认的站点地图标题 **Page Tree** 进行重命名，如改为"应用界面"。如果勾选此选项，则不要留白，因为这个文本（无论是默认的还是自定义的）会出现在所生成的规格文档中。

- **Generate All Pages（F）**

  此选项会被默认选中。然而，如前面多次提到的，你可能不想生成所有页面。

将页面分成几组来生成会非常实用，不仅可以精确选择只与规格文档相关的页面，还可以为特定读者提供特定页面部分。在大型项目中，每个工作组可以生成与自己相关的文档。

这个选项在包含大量页面及子页面的大型项目中非常有用，它可以通过全选、取消全选、全选子页面、取消全选子页面（G）来控制所有页面。

8.3.3 模板设置

The Masters Section

在 Masters（模板）部分（图 8-7，A），可以选择需要出现在规格文档中的模板及形式。

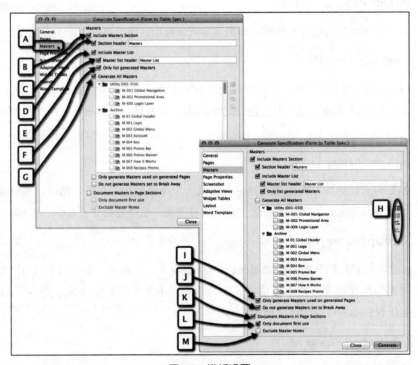

图8-7　模板设置

下面来介绍模板设置的每个选项：

- **Include Masters Section（B）**

  该选项决定其后的所有选项。如果不勾选此选项，则原型中的所有模板均不会在文档中生成。需要澄清的是，模板还是会显示在线框图中，但是不会在文档中有特定的模板部分。如果想要创建一个只包含关键应用界面的 PowerPoint 演示文档，则该选项会非常实用。不需要去 HTML 原型中手动截图，就可以生成只包含所需页面的文档，但不包含模板。所有需要演示的界面都会快速自动生成。

- **Section header（C）**

  该选项可以对模板部分的名称进行自定义。例如，默认名称 Masters（模板），对于不熟悉 Axure 的读者来说可能不易理解，可以将其改为"可复用的 UI 组件"。不能让这个标题留白，因为这个文本将会作为生成文档的目录标题。

- **Include Master List（D）**

  如果勾选此选项，则规格文档中会生成一个包含所有模板的列表。

- **Master list header（E）**

  可以将默认的模板列表标题 Master List 进行重命名，如命名为"可复用组件列表"。如果勾选此选项，则不要让标题留白，这个标题会出现在生成文档中。

- **Only list generated Masters（F）**

  该选项是默认选中的，也建议勾选——对没有生成在文档中的模板，在列表中列出来也没有意义。

  对于有很多模板的大型项目，右侧的四个图标也非常有用，它们分别是全选、取消全选、全选子节点、取消全选子节点（H）。

- **Generate All Masters（G）**

  该选项会被默认选中。如果勾选此选项，会生成原型文件中的所有模板。可以考虑取消勾选，尤其是当你要选择生成的页面时。通常，有许多不想纳入文档的部分，例如，一些老版本的页面、模板、各种备选方案，或是正在进行中的工作。

- Only generate Masters used on generated Pages（I）

  该选项默认不被选中，但是建议勾选，尤其当只生成一部分页面时。记住，模板不是独立的元素，它们是属于一个或多个页面的可复用部分。如果模板没有出现在任何生成的页面中，则毫无意义。

- Do not generate Masters set to Break Away（J）

  被设置成自定义控件的模板一旦在页面上使用，就与原来的模板毫无关联。也就是说，一个被设置成自定义控件的模板放在页面上很难被识别出来。所以，它对于开发者的意义并不大，而且很可能造成混乱。

- Document Masters in Page Sections（K）

  默认情况下，生成的规格文档，模板部分会在页面部分的下面。文档目录显示如下。

  页面部分

  　　页面 1

  　　页面 2

  　　　⋮

  　　页面 n

  模板部分

  　　模板 1

  　　模板 2

  　　　⋮

  　　模板 n

  这就意味着，开发人员要开发一个页面时，需要先在页面部分找到对应的页面，然后到模板部分找到对应的模板。与此页面相关的所有元素并不在同一个地方，不仅不方便，有时甚至还会让人感到困惑。

勾选此选项后，Axure 将会在页面部分生成所使用的模板。文档目录如下。

页面部分

　　页面 1

　　　　模板 1

　　　　模板 2

　　页面 2

　　　　模板 1

　　　　　　⋮

　　　　模板 n

　　页面 n

　　　　模板 1

　　　　模板 2

　　　　　　⋮

　　　　模板 n

此显示方式将所有与页面相关的信息整合在一起。

- Only document first use（L）

  勾选前一个选项的缺点是模板冗余。因为被各个页面使用的同一个模板会重复出现。根据项目大小、结构、方案，这种冗余可能导致文档中多出数百个页面。勾选此选项后，只会在第一个引用该模板的页面下生成该模板的相关说明——能节省大量文档空间。然而，这种排列也会迫使读者在整个文档中四处寻找模板。

- Exclude Master Notes（M）

  可以为模板添加注释，尤其是当模板很大时，添加注释格外有益。然而，也可以使用这个选项来排除这些注释。

8.3.4　页面属性设置

The Page Properties Section

　　在页面设置中，可以选择生成时需要包含的页面；而在 Page Properties（页面属性）设置中（图8-8，A），则提供了 14 个丰富的选项以配置页面信息。这些配置可以应用于 Axure 文件站点地图上的所有页面，如图 8-8 所示。

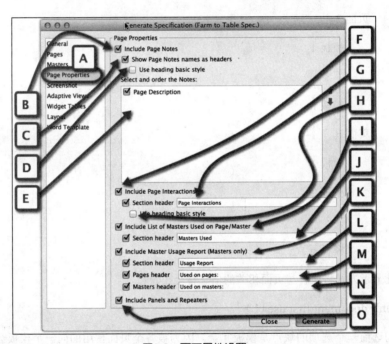

图8-8　页面属性设置

　　下面来介绍页面属性设置的每个选项：

- **Include Page Notes**（B）

　　该选项被选中后，每个页面都将生成相应的页面注释。

- **Show Page Notes names as headers**（C）

　　本章前面提到过，可以创建多个字段的注释。勾选该选项后，这些注释字段名称就会作为后面注释的标题和内容出现。

- Use heading basic style（D）

  该选项会在勾选前一选项后生效。该选项默认不被选中，此时表示将采用 3 号标题样式，显著突出页面注释。勾选此选项后，标题样式将变成 5 号标题样式，字体颜色为灰色，使得页面注释不那么突出。

- Select and order the Notes（E）

  该选项可以选择需要生成的注释及调整注释的顺序。

- Include Page Interactions（F）

  选中此选项，会生成 OnPageLoad 交互操作。

- Section header（G）

  如果勾选前一个选项，就可以选择给页面交互部分添加一个标题，同时还可以对其进行重命名。

- Use heading basic style（H）

  与图 8-8 中的 D 类似，是否启用此选项取决于需要交互部分的突出程度。

- Include List of Masters Used on Page/Master（I）

  列出线框图中的所有模板。

- Section header（J）

  如果选择前一个选项，就能够通过本选项来修改默认标题。

- Include Master Usage Report（Masters only）（K）

  这同样是一项非常有用的功能，每个模板都会列出其在整个原型中的所有实例。

- Section header（L）

  与图 8-8 中的 G 类似。

- Pages header（M）

  与图 8-8 中的 G 类似。

- Masters header（N）

  与图 8-8 中的 G 类似。

- Include Panels and Repeaters（O）

  如果在原型中使用了动态面板，那么最好勾选此选项以说明动态面板的各种状态。

8.3.5　截图设置

The Screenshot Section

Axure 生成规格文档功能的一项超级节约时间的方式就是自动生成所有线框图截图。也就是说，重新生成文档时，线框图截图会自动更新。不仅如此，还会同时创建注释编号脚注。图 8-9 可以帮助你理解这部分的设置。

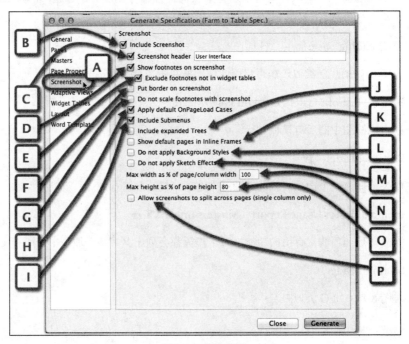

图8-9　截图设置

下面来介绍截图设置的每个选项：

- Include Screenshot（B）

该选项会影响之后的所有选项。如果没有勾选该选项，那么这个原型将不会生成任何截图。很难想象在什么情况下会不需要包含截图。

- Screenshot header（C）

该选项可以修改标题名称，例如，将默认的"截图"改为"线框图"。

- Show footnotes on screenshot（D）

勾选该选项后，截图会包含一个蓝色小脚标，用来注明线框中的元素。可能会在规格文档中使用该选项，但是，如果截图是用来制作 PPT 演示文档的，则可以不勾选此选项。

- Exclude footnotes not in widget tables（E）

在 Widget Properties（控件属性）部分将会讨论控件表。你可能会有很多注释字段，但不是所有字段都希望在文档中生成，你可以在控件表中管理这些字段。勾选此选项，将不再生成与控件表中注释内容不相关的脚注。例如，你可能会使用一个字段来记录内部问题或其他信息，在这个字段里输入的内容会在线框图中生成脚注。然而，如果不打算将这个字段包含在控件表中，就肯定不希望这些脚注在截图中出现。该选项主要就是用来满足这方面需求的。

- Put border on screenshot（F）

该选项的功能正如其名字所描述的那样——为截图添加边框。然而，在使用这项功能之前一定要三思。为截图添加边框之后，在视觉上很难区分这是线框图的一部分还是 Axure 后来添加的，开发人员可能会对这个边框产生困惑，切记应慎用。

- Do not scale footnotes with screenshot（G）

勾选此项，意味着蓝色脚注的大小尺寸会保持固定。

- Apply default OnPageLoad Cases（H）

这可能是一个需要勾选的重要选项。很多情况下，因为渲染生成的页面取决于 OnPageLoad 事件的执行情况。这项功能在交互式原型中尤为重要，同样，在生成规格文档时也举足轻重。

- Include Submenus（I）

  如果在原型中使用了 Axure 自带的 Menu（菜单）控件，勾选此选项则会生成展开相应菜单的截图。

- Include expand Trees（J）

  如果在原型中使用了 Axure 自带的 Tree（树形）控件，勾选此选项则会生成展开树形的截图。

- Show default pages in Inline Frames（K）

  如果需要在 iFrame 或其他页面中加载页面，那么很有必要勾选此选项。它将确保生成的是完整的线框图（包含父级页面和需要在 iFrame 中加载的页面）。

- Do not apply Background Styles（L）

  如果在原型中使用了背景效果（如背景颜色），则可以通过这项功能在输出的截图中移除背景。

- Do not apply Sketch Effects（M）

  通过该选项，可以控制是否在截图中应用草图效果。

- Max width as % of page/column width（N）

  该选项可以用来控制截图的宽度。例如，在一张 7.5 英寸（1 英寸 =2.54 厘米，下同）宽的纵向放置的页面（左右边距为半英寸）里，设置截图的最大宽度为其原始宽度的 60%，这样将生成一个最大宽度为 4.5 英寸的截图，余下的 3 英寸空间留给注释信息。然而，在实际项目中，每个线框图的尺寸是不一样的，因此需要通过实验以确保输出截图的质量。

- Max height as % of page height（O）

  与前一选项类似，但它控制的是截图的最大高度。它在大型的、需要滚屏的原型中很有用。同样，需要通过实验来确保输出截图的质量。

- Allow screenshots to split across pages（single column only）（P）

  该选项在大尺寸截图中意义非凡。一旦限制图像的高度，为了等比例适应页面，就必须缩减它的宽度，这样做很难看清一些细节信息。然而，如果采用分屏方式来输出截图，就可以让截图保持最大宽度以保证最佳的截图质量，而不需要担心高度问题。

8.3.6　适配视图

Adaptive Views

适配视图部分只有在项目中使用了适配视图才需要设置。这部分很简单，只需要选择需要在规格文档中包含的视图，如图 8-10 所示。

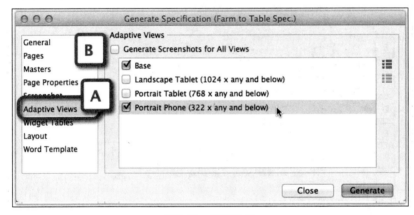

图8-10　适配视图

下面来介绍适配视图设置：

- **Generate Screenshots for All Views**（B）

如果没有选中这个选项，你需要选择在文档中显示的视图。在这个例子中，只选择了两个视图。我们觉得只需要选择差异十分明显的视图就够了。

如果生成的规格文档包含了适配视图，只需要选择几个独特的视图。在图8-10中，我们只选择了基础视图和移动（手机）视图，而另外两种尺寸的视图与基础视图相差不大。不过在任何情况下，都应该先与相关利益相关者讨论一下这个选项。

8.3.7　控件表设置

The Widget Tables Section

在 Axure 的注释系统中，页面注释属于宏观方法，提供一个注释区块对整个页面的概述和背景进行描述。控件注释属于微观方法，描述控件级别的 UX 相关属性。

Widget Tables（控件表）部分（图 8-11，A）提供了许多配置功能，可以对规格文档中包含的控件注释信息进行管理。

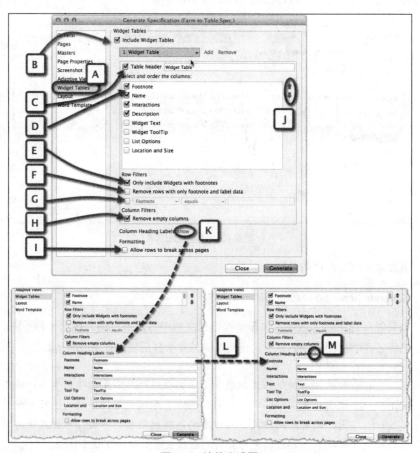

图8-11　控件表设置

下面来介绍控件表设置的每个选项：

- **Include Widget Tables（B）**

  该选项会影响之后的所有选项。如果没有选中该选项,则不会生成任何控件注释。Axure 允许添加任意数量的控件表,只需要单击 Add 链接就可以创建。

- **Table header（C）**

  可以修改这部分的标题名称。例如, 添加两个控件表, 第一个表称为 mandatory annotations（必读注解, K）,第二个表称为 additional annotations（选读注解, M）。可以通过下拉列表切换表格（L）。

- **Select and order the columns（D 和 J）**

  这里会列出所有控件注释字段。由于在生成的 Word 文档注释表中的每个注释字段都会独占一列,因此需要输出的字段越多,Word 文档中表格的每一列的宽度就越小。某些时候,表会变得无法使用。Axure 提供一种既简单又有效的方式来避免这种问题,即把注释字段分成多个表来展示。可以控制每个表中列的顺序。

- **Only include Widgets with footnotes（E）**

  通过只展示带有脚注的控件, 该选项有助于减少规格文档中不必要的混乱。

- **Remove rows with only footnote and label data（F）**

  该选项通过过滤掉那些只有脚注而没有实际注解的控件来节省空间。

- **Filter annotations（G）**

  该选项可以通过一些条件来过滤注释字段。通过这个过滤器,你可以在非常细的粒度上控制在规格文档中包含的控件。例如,有个叫“发行版本”的注释字段, 每个控件都标明相应的版本号。启用发行版本等于 1.0 的过滤项后, 生成的规格说明文档中只会包含属于发行版本 1.0 的控件的注释。在生成的截图中,脚注只会产生在符合过滤标准的项上。

- **Remove empty columns（H）**

  该选项通过消除表中的空白列来节省空间。

- Column Heading Label（K）

  该选项可以对列头进行命名。在这个例子中，脚注被重命名为 #（L）。点击 Hide（M）可以将这部分收起。

- Allow rows to break across pages（I）

  该选项控制是否允许在页面间断行。是否启用此选项需要和开发人员讨论，因为他们可能更愿意在同一地方浏览整行以避免潜在的错误。

8.3.8   文档布局设置

The Layout Section

文档布局设置（图8-12，A）提供对规格文档页面布局的可选控制，如图8-12所示。

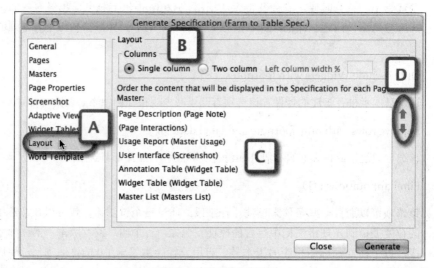

图8-12   文档布局设置

下面来介绍文档布局设置的每个选项：

- Columns（B）

  通过此选项，可以选择采用单栏或双栏的页面布局。在双栏布局中，一个页面的截图可能显得太小。但是，如果这个文档用于 iPhone 应用，那么这个布局会非常合适、紧凑。

- Order the content that will be displayed in the Specification for each Page and Master（C）

  该选项可以对文档中的主要内容部分进行先后排序，通过上下箭头按钮（D）可以对这些部分进行组织。

8.3.9 Word 模板设置

The Word Template Section

在**生成规格文档**窗口的最后部分是 Word Template（Word 模板）设置（图 8-13，A），单击这个窗口中的 Generate（生成）按钮，Axure 会使用一个 Word 模板，基于前面各个部分的选择，将所有内容组织起来。在这部分设置里，可以编辑 Word 模板、导入一个模板或创建自己的模板，如图 8-13 所示。

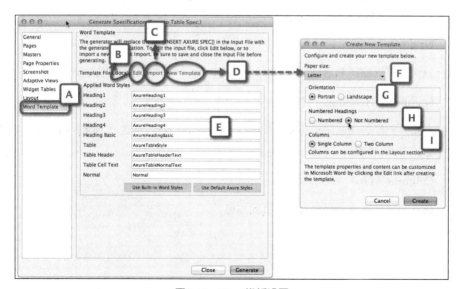

图8-13　Word模板设置

下面来介绍 Word 模板设置的每个选项：

- Edit（B）

  该选项可以编辑当前模板。

- Import（C）

  该选项可以导入已有的模板。

- New Template（D）

  这是一个经常需要用到的选项，越早创建越好。

- Applied Word Styles（E）

  该选项可以修改默认样式名称，也可以替换成 Word 的内置样式。你可以通过不断实验来确定自己喜欢的样式，如图 8-15 所示。

- Paper size（F）

  该选项可以选择不同格式的页面尺寸，如 Legal（美国法定用纸）、Letter（美国信件）、Ledger（分类账账簿）和国际 A4 格式。

- Orientation（G）

  该选项可以选择 Portrait（纵向）、Landscape（横向）等页面方向。

- Numbered Headings（H）

  如果你已经对线框图和动态面板进行了编号，我们建议你选择 Not Numbered（不带编号），这些编号已经足够用了。

- Columns（I）

  该选项可以选择一栏或两栏的页面布局。

8.3.10　Word样式应用

Formatting-applied Word Styles

作为一个设计师，你可能想要为标题设置一个自己喜欢的格式，所以值得一提的是如何设置格式，步骤如下：

1. 如果你已经创建过了自定义Word模板，单击Edit链接（图8-13，B）。

2. 打开Word模板，将你想要改变的标题高亮选中，查看当前的样式，如图8-14所示。

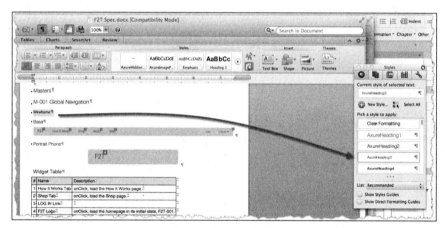

图8-14　标题样式设置

3. 打开导航 Format（格式）→ Style ...（样式），如图8-15所示。

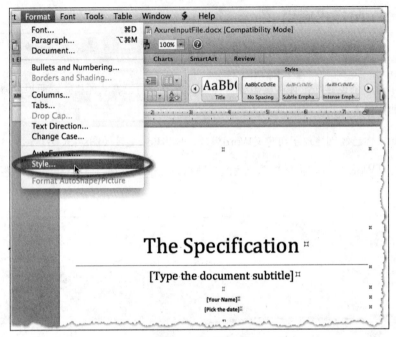

图8-15　样式设置

4.　在样式窗口中，单击Modify ...（修改）按钮，在修改样式窗口中，你可以修改
　　格式（图8-16，B）。

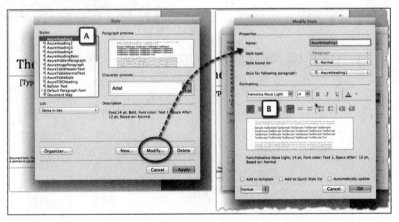

图8-16　修改样式

8.4　改善布局小贴士

Quick Tips To Improve The Layout

在写这本书的时候，Axure 是迄今为止最有效和高效的原型设计工具之一。不得不说的是，通过与社区里许多人交流发现，UI 规格文档最重要的是要容易阅读。下面是我们近年来发现的一些有用的小提示：

- 谨慎使用动态面板。

- 为不同的场景绘制相应的线框图，例如，首页的默认状态以及打开登录框后的状态都需要有线框图。

- 为了让原型布局易于管理，可以将页面上的一些控件做成模板。模板可以有不同的状态，并利用页面的 OnPageLoad 事件来设置当前页面需要显示的状态。

- 模板越小，放置在线框图上的灵活性就越高。

- 记住线框图中控件的标签名称在 Word 文档中都会成为标题。不要模糊地将控件命名成"控件 2"。这对阅读者来说没有意义。

- 为所有线框图、动态面板、模板编号，不要使用 Word 默认的编号系统，因为你已经对它们进行了编号，Word 的编号系统就会显得重复并造成困惑。

- 在生成文档之后，花 5~10 分钟去检查一下文档，可能有一些空白需要清除。

- 对于响应式 Web 设计项目，HTML 原型是最好的展示方式。如果非要生成 UI 规格文档，只需要包含几种在设计和行为上差异较大的视图即可。当然，前面说到的几点小提示也同样适用于响应式 Web 设计项目。

让我们来看一下 UI 规格文档和 HTML 原型在目录结构上的区别，如图 8-17 所示。UI 规格文档（A）的结构是扁平的，它需要列出页面的不同状态，而在 HTML 原型（B）中只需要通过模板或者动态面板就可以演示。

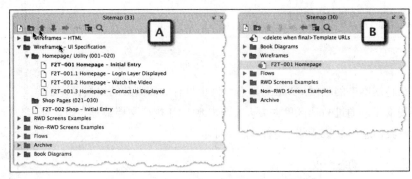

图8-17　UI规格文档与HTML原型的目录结构

8.4.1　通过OnPageLoad设置线框图

Setting Up The Wireframe With OnPageLoad

这个概念可能有点抽象，但我保证你会很快学会的。

图 8-18 中 A 是 F2T-001 homepage 这个页面的初始状态。注意界面中那些淡粉色的元素，这表明它们都是模板。图 8-18 中 B 是显示登录框时的状态。我们要做的就是将这个模板放置在线框图中，然后再通过 OnPageLoad 事件来设置显示的状态（C）。

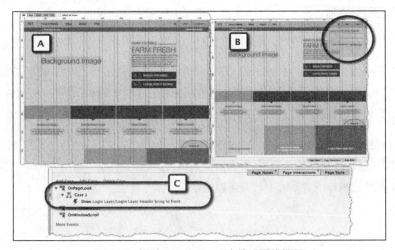

图8-18　通过OnPageLoad事件设置线框图

8.5　总结

Summary

不管你用什么工具，生成 UI 规格文档都是一件复杂的事情。然而，如果你能花时间去很好地构建文件，并且设置一个对利益相关者有用的模板，那生成 UI 规格文档也就没这么困难了。记住在创建项目计划的时候就为 UI 规格文档做好计划，并且尽早地开始评审流程。

本书的最后一章我们将来讨论团队协作的重要性。

第9章
协同设计
Collaboration

亨利·福特（Henry Ford）曾说过："志同道合是成功的基础，保持团结才能不断发展，共同奋斗就会走向成功。"

福特的这句名言在今天仍然适用。在项目过程中，团队协作的很多细节我们通常会忽略，例如，线框图的一致性等，而这些细节正是取得成功的必要条件。在本章我们会来介绍 Axure 的协同功能（只在 Axure Pro 版本才可用，在 Axure 7 中称为团队项目），会涉及福特名言中的三个方面：

- "志同道合"，指的是计划和训练；

- "保持团结"，指的是沟通和同步；

- "共同奋斗"，指的是个人和文化。

因此，如果说团队协作仍然是 UX 团队心中的痛楚的话，那么我觉得，只要利用好 Axure 7 的团队项目功能，采用最佳原则并且有规避风险的意识，就可以取得成功，并且形成可复用的经验。

团队协作的挑战来自许多方面。首先，需要 UX 团队的项目都有一定的规模和复杂性。每个 UX 设计师都会分到一个或多个工作流或模块，每一块都有其特定的业务、技术或其他利益相关者。其次，项目时间紧凑、预算有限，大家会在一个快节奏的环境中工作，从而导致 UX 设计师彼此之间也不能保持同步。也许你现在就正处在这样的环境当中工作。

使用传统工具（如 Visio）的 UX 团队，最大的痛点莫过于保持线框图的同步。这是因为：

- 同一时间同一 Visio 文档只能由一个人编辑。也就是说，各个设计师只能在自己的文档上独立工作。

- 为了完整理解整个应用，需要整合各个独立文档。

- 团队越大，项目节奏越快，越难管理每个设计师所产出的交互模式、元素之间的一致性。

向利益相关者收集反馈意见时，UX 团队也面临同样的挑战。常规的做法是，每个 UX 工作组为最新线框图创建 PPT 演示文档，并添加冗长的交互说明，然后发送给利益相关者以获取反馈意见。这样做有以下缺点：

- 界面本来是动态的，但利益相关者却要以静态描述进行反馈。

- 创建演示文档需要付出多余的工作。

- 合并多个利益相关者的反馈意见极具难度。

- 和其他 UX 工作组及时并持续分享反馈意见是一种挑战。

Axure 7 支持以下两种协同形式，以帮助解决前面提到的主要协同困难：

- 使用共享项目功能，让 UX 设计师团队和其他人（如 BA 商业分析师）之间可以在同一个项目上进行实时协作。

- HTML 原型中的"讨论"功能可以方便利益相关者进行审查和讨论，HTML 原型评审人员可以为站点地图中的每个页面添加评论。

与 Axure 其他功能重要功能一样，这些功能为 UX 团队和整个项目组提升效率并节约成本。对 UX 团队来说，它是一个提供了协同环境的原型工具，但对整个产业来说，它让这个产业变得更加成熟。团队项目功能在之前的版本中称为共享项目，早在 2008 年的 Axure 4.5 版本中已存在，它稳定可靠并且在不断优化。

讨论功能在 Axure 的 axureShare 云平台和项目中都可以启用。它是 HTML 原型的可选集成项，有了它，UX 团队或利益相关者就可以在线框图上讨论和反馈意见。

协作一直以来都存在巨大挑战，这是项目的本性使然：任何包含多个同时异步进行的项目本身就需要具备复杂的管理过程。本章会关注 Axure 的协同功能和方法，帮助 UX 团队、利益相关者保持原型的同步。

在本章中，我们会介绍：

- 团队项目环境；

- 设置团队项目；

- 团队（Team）菜单；

- 管理团队项目；

- 团队项目的最佳实践；

- axureShare（Axure 共享）。

9.1　团队项目（Axure Pro版功能）

Team Projects (Pro Version Only)

当你首次保存 Axure 文件时，它会默认保存为 RP 标准文件格式，这种格式就像 Word 和 Visio 文档一样，同一时间只能由一个人进行访问和编辑。

Axure 的团队项目（之前的版本称为共享项目）很显然是为了支持团队协作，但它的版本控制功能对于单兵作战的设计师也同样受用。

9.1.1　理解团队项目环境

Understanding The Team Projects Environment

Axure 团队项目环境比较容易理解，图 9-1 描述了典型的团队项目环境。团队项目的文件会放在 SVN 服务器上或者共享目录中（图 9-1，A），团队成员可以使用安装了 Axure 7 的 Mac 或 Windows 计算机来访问它。每个团队成员都可以签出以下元素：

- 页面。

- 模板。

- 注释字段。

- 全局变量。

- 页面风格样式。

- 控件样式。

- 生成器。

如果要在团队项目中编辑文件，团队成员要签出所需的元素（C）。如果其他人也想签出同一部分，则会被提醒该部分已经被签出。一旦完成了编辑，团队成员就可以签入元素（D），这时该部分就可以被其他人编辑。

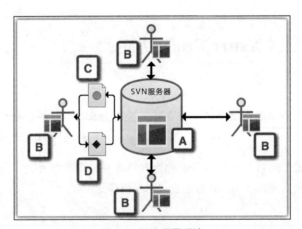

图9-1   团队项目环境

9.1.2   理解签出/签入状态

Understanding The Check Out/In Status

表 9-1 对不同的状态进行了描述。

表 9-1 团队项目元素的不同状态

状态	描述	图标
Checked In（签入）	这种状态下，元素可以被团队中的任何人签出。但这种状态只标注本地副本原件的状态，当签出时 Axure 才会让你知道是否可以签出	蓝色钻石图标
Checked Out（签出）	这种状态的元素表示已经被你签出。在团队中其他成员的本地，该元素副本仍然显示为签入状态	绿色圆圈。签出该元素的人会看到一个指示器——在图标或标签的表单上，标记它的状态。其他团队成员在本地副本可以看到该元素是签入状态，直到他们尝试去签出时
New（新增）	当你在本地 Axure 项目文件中新建一个元素时，会显示此状态，一旦签入元素，团队中的其他人就可以看到或使用该元素	绿色加号。这个加号会附加在页面或模板上，只会在创建人的本地副本上显示
Conflict（冲突）	本地 Axure 项目中的元素与服务器上（或共享目录）的文件中的相同元素发生冲突	红色方块
Unsafely Checked Out（不安全签出）	签出一个已被团队中其他成员签出的元素（尽管签出时被警告提醒，但还是选择签出）。当你或他人签入这个元素时，可能会丢失某些修改	橙色三角形

9.1.3 建立一个共享仓库

Setting Up A Shared Repository

　　下面来介绍团队项目环境的建立过程，在此之前还要做一些准备工作，只有这样才不会中途卡住。首先，需要有个存储空间，正如前面提到的，这个仓库可以建立在以下位置：

- 共享的网络硬盘；

- 公司的共享 SVN 服务器；

- SVN 托管服务器，如 Beanstalk 或 Unfuddle。

无论使用哪种方式，都将有一个指向该位置的地址，有了这个地址就可以进行后面的操作。

安全和备份

有些公司或机构不允许把文件资料放在它们确保安全的环境之外，这时SVN托管服务就不太可行。此外，无论你的团队计划使用SVN托管服务，还是使用组织内部的SVN服务器或者是共享目录，都要清晰了解对方所提供的服务，如定期备份、紧急备份还原等。

下面来介绍基于 RP 文件来创建团队项目的过程，任何 Axure RP 文件都可以转换成团队项目文件。

- 打开 RP 文件，在 Team（图 9-2，A）菜单中选择 Create Team Project from Current File...（B）。

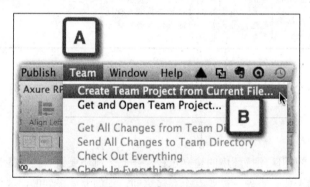

图9-2　创建团队项目

- 在弹出的 Create Team Project 窗口（图 9-3，A）中，会一步一步提示你创建团队项目。

- 在 Team Project Name 输入框中输入团队项目名称。注意此时的申明：与项目相关的文件和文件夹的创建过程将会用到项目的名称。请输入合法的项目名称，"\"和"/"等是非法字符。

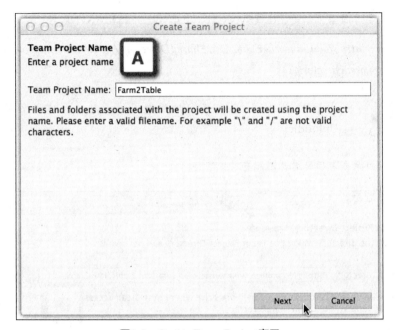

图9-3　Create Team Project窗口

建议保持简短的项目名称，如果名称包含多个独立单词，建议使用连接符或首字母大写来区隔，例如My-Great-Project或者CamelCase。因为项目名称会在URL中使用，所以要避免空白。

- 点击 Next 按钮进入下一步。

- 在 Team Project Directory 这一步（图 9-4，A），输入共享项目存储目录地址，这里的提示信息如下：

通常，这个目录建在其他人可以访问的网络磁盘上。

例如：/Volumes/Public/OurSharedDirectory。

在这个团队项目目录下，会建立一个由你命名的共享项目文件夹。

例如：/Volumes/Public/OurSharedDirectory/ProjectName。

这个共享目录可以是URL或SVN地址，且必须已经配置好SVN服务。

例如：*http://svn.myserver.com/OurSharedDirectory/*, *svn://www.myserver.com/OurSharedDirectory/*。

> 由于Beanstalk存在兼容性问题，因此Axure建议使用Unfuddle。

共享目录或者项目名称不能有特殊字符。

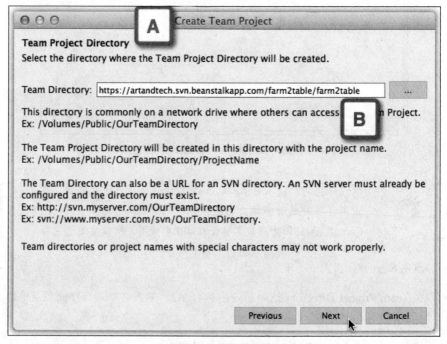

图9-4   选择共享目录

- 可以将目录地址粘贴到 Team Directory 输入框（B），也可以使用输入框右侧的省略号按钮来选取目录。

- 在点击 Next 按钮前，确保项目名称的拼写准确无误，因为这个名称会伴随整个项目周期，如果需要修正的话可以返回上一步。

- 在点击 Next 按钮之后，如果你提供的信息有问题，Axure 会有提示，那么你需要检查路径是否正确。如果确认路径信息需要依赖于另一个人，那么最好等那个人有空的时候再来创建。

- 在下一步 Axure 会让你确认团队项目的本地存储地址（图 9-5，A），也就是在你的硬盘上创建的本地副本。Axure 会默认存储在 Axure 目录下的 Team Projects 的文件夹中（B），但你也可以自己选择。

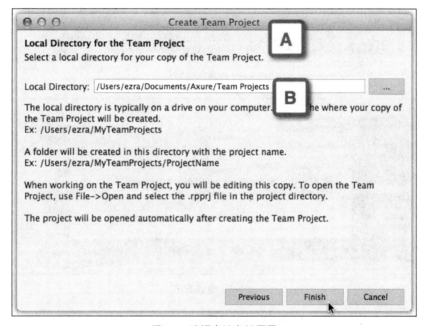

图9-5　选择本地存储目录

- 如图 9-6 所示，Axure 会为你创建本地目录。

- 如图 9-7 所示，在完成整个团队项目创建流程之后，Axure 会提示你创建成功。

  如果你仔细看本地目录，你会发现 Axure 创建了两个内容：

- RPPRJ 文件，例如 farm2table.rpprj（图 9-8，A）。

- DO_NOT_EDIT 目录（图 9-8，B），正如字面意思，最好不要去编辑它。

图9-6　创建本地目录

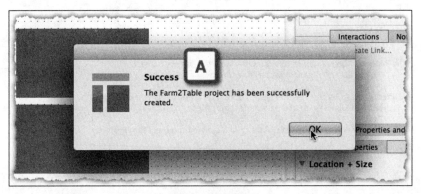

图9-7　创建成功

先恭喜一下，到了这里你的团队项目已经可以使用了。接下来要做的步骤是：

- 把共享目录的链接地址告诉你的团队成员。

- 同时把 SVN 服务器的用户名和密码准备好，因为团队成员在第一次连接下载时需要用到。

如果将 Axure 项目文件的标准独立版本与 Axure 共享项目文件对比，就会发现在 Sitemap（站点地图）区（A）和 Masters（模板）区（B）中有明显不同，如图 9-9 所示。

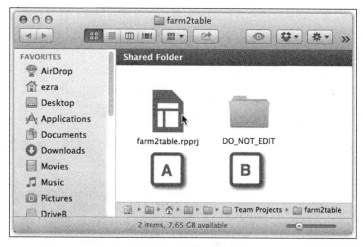

图9-8　本地目录

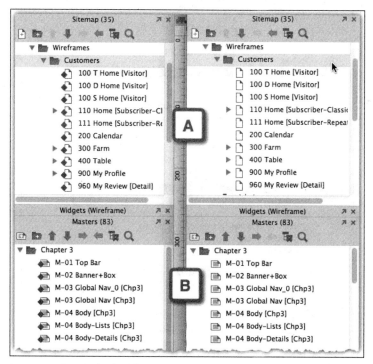

图9-9　团队项目（左）和标准项目（右）的站点地图与模块区的不同之处

在 RPPRJ 团队项目文件中，页面和模板均带有状态图标。这些状态图标用于标示本地副本元素的状态，而不是用于标示服务器上元素的状态。

另一个不同点是，RP 标准单独文件和 RPPRJ 团队项目文件的目录不同。团队项目文件中带有一个 DO_NOT_EDIT 目录。就像一扇被禁止进入的门，你可能会被这个目录名吸引，为了满足你的好奇心，我们不妨来探探究竟。

图 9-10 所示的为 DO_NOT_EDIT 目录的组成，这个目录在你所建立的本地团队项目目录之中。

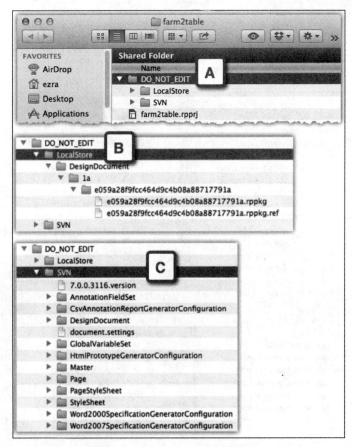

图9-10   DO_NOT_EDIT目录的组成

DO_NOT_EDIT 目录（A）下有两个文件夹：

- LocalStore（B）：包含了一系列被 Axure 用到的文件。

- SVN（C）：包含了所有用来与 SVN 服务器连接的项目文件。随着项目进行，这个文件夹所占的空间也会变大。

我们再三强调，千万不要去手动编辑这些文件，因为这可能导致 Axure 文件被破坏。

如果你不是自己配置的团队项目环境，或者因为某些原因需要重新创建本地项目副本，则你需要通过访问共享仓库来创建本地项目副本，接下来我们会讲到。

9.1.4　从一个共享仓库进行加载

Loading From A Shared Repository

首先，要知道服务器上共享仓库的路径，如果文件存储在 SVN 服务器上，则还要知道 SVN 用户名和密码。建议负责建立共享项目的人员将这些信息全部告知整个团队，如果有需要，还要帮助大家进行设置。要保存好这些信息，以备将来使用。

你应该获得类似于以下的 SVN 服务器 URL 或网络目录路径：

https://company.svn.beanstalkapp.com/alexandria/Alexandria

- 从团队菜单（图 9-11，A）中选择 Get and Open Team Project... 选项（B），如图 9-11 所示。

- Axure 会打开 Get Team Project 对话框（图 9-12，A）。Team Directory 输入框（B）就是用来输入之前我们粘贴的 URL，当然你也可以点击省略号按钮选择。在对话框的下面有一段文本介绍，可以仔细读一下：

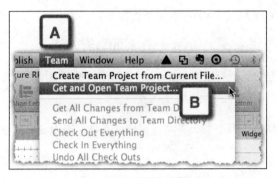

图9-11　打开团队项目

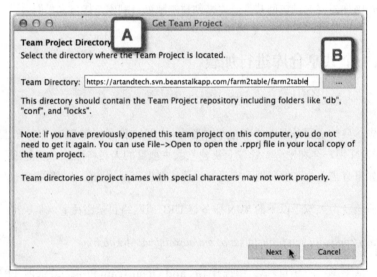

图9-12　Get Team Project对话框

　　这个地址应该包含团队项目仓库，团队项目仓库是一个包含"db"
"conf"和"locks"目录的文件夹。

　　注意：如果之前已经在这台计算机上打开过这个团队项目，就不需要
再次获取。你可以通过菜单 File → Open 在本地计算机上打开团队项目的
本地副本。

　　团队目录或项目名称中如果包含特殊字符，则可能无法正常打开。

- 下一步就是创建本地目录（图 9-13，A），Axure 会默认存储在 Axure 目录下的 Team Projects 文件夹中，但你也可以自己选择。

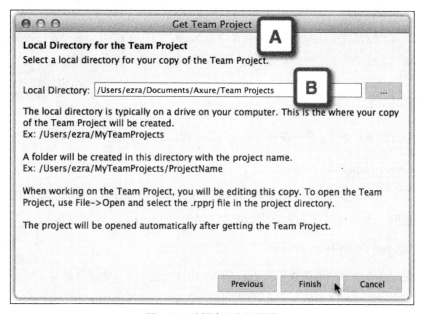

图9-13　选择本地存储目录

- 在点击 Finish 按钮后，Axure 会从服务器或者网络目录下载必要的文件，根据你的网速和文件大小，这可能需要花费几秒钟或者几分钟。

　　共享项目文件打开后，就可以开始编辑。如果要打开前一天所工作的文件，可以通过 File 菜单中的 Open Recent 选项打开文件，或者点击 Help 菜单下的 Welcome Screen... 选项从欢迎界面中打开。如果忘记文件保存在哪里，则可以使用文件搜索功能去搜索文件名中带".rpprj"字符的文件。

9.1.5　团队菜单

The Team Menu

载入共享项目本地副本后，会经常用到 Team（团队）菜单。强烈建议你和你的团队成员对这个菜单下的所有选项进行深入理解。

创建和加载

这些选项，可能在每个项目中只会使用一次，各菜单项的功能说明如下。

- Create Team Project from Current File...

  如果想在当前打开的项目文件中创建团队项目，则可以使用该菜单项。只有当前RP 文件打开时此菜单项才可用。

- Get and Open Team Project...

  使用这个菜单项可以基于一个已有团队项目创建一个本地项目副本。如果你是负责创建团队项目的那个人，则可以跳过这一步，因为在你创建团队项目时已经创建了本地项目副本。

更新整个文件

这组菜单项用于实现类似批处理的功能，如更新、签出、签入所有文件。各菜单项的功能说明如下。

- Get All Changes from Team Directory

  将团队其他成员所做的全部修改更新到本地。开始团队项目工作之前，要养成先去获取全部更新的习惯，可能每天要重复好几次更新工作。

- Send All Changes to Team Directory

  将最近做的修改全部更新到共享项目中去，类似保存功能。虽然可以使用 Save（保存）菜单将所做的修改保存到本地项目，但将全部修改更新到服务器共享项目后，能在本地项目出现问题时，帮助恢复到出现问题前的状态。要注意的是，选择这个选项后，正在编辑的文件仍然会处于签出状态。但是，发送所有修改到共享项目后，无法通过撤销签出（Undocheck Out）操作对修改进行撤销。

- Check Out Everything

  签出整个项目的所有元素，这是一种不太明智的操作，Axure 会出现一条警告框提示，如图9-14所示。

图9-14　签出全部的提示

如果确实因某些原因需签出所有元素，则要尽快将其签入回去，以便其他团队成员安全签出元素。

- Check In Everything

  将所有签出的元素进行签入。要养成在每天下班前使用这个选项的习惯，确保离开办公室时没有让任何元素处于签出状态。

- Undo All Check Outs

  撤销不想要的项目工作，将受影响的内容恢复到签出前的状态。有时可能发生这样的情况：签出了一个页面或一些模板，目的是想进一步修改原型。若发现所进行的修改陷入崩溃，则最好从头开始。此时因为你已经保存了工作，所以无法对本地项目进行撤销。然而，如果还没有发送修改至共享目录，则可以撤销签出。

更新单个页面或模板

这组菜单项可以一次处理单个元素。各菜单项的功能说明如下。

- Get Changes from Team Directory

  从共享目录获取修改。此菜单项仅适用于所选定的一个页面或模板。

- Send Changes to Team Directory

  发送修改到共享目录。此菜单项仅适用于所选定的一个页面或模板。

- Check Out

  签出。此菜单项仅适用于所选定的一个页面或模板。

- Check In

  签入。此菜单项仅适用于所选定的一个页面或模板。

- Undo Check Out

  撤销签出。此菜单项仅适用于所选定的一个页面或模板。

管理团队项目

在团队项目环境中，团队每个人在自己的本地计算机有一个项目副本。在一天的工作过程中，每个团队成员会创建一些新内容、签出文件、对项目进行修改。这些修改在团队成员发送全部修改到团队项目服务器，或者对所签出内容进行签入之后，才会反映到共享仓库中。

通过站点地图区，虽然可以知道是否签出了某个页面，但对于那些处于签入状态的页面，无法知道是否被团队其他成员签出（或自己是否可以签出）。不仅页面如此，Axure 共享项目中的所有元素都存在这样的问题。

单击 Manage Shared Projects... 菜单会弹出 Manage Shared Projects 窗口，可以让任何团队成员实时查看 Axure 共享项目所管理的元素。还可以查看项目中每一个元素的状态信息。有了这个视图，就不用再去尝试签出那些已经被团队成员签出的元素。

下面来看看具体的使用情景。

签出/签入使用案例 —— 团队成员A

团队成员 A 在对一些页面完成了编辑之后，需要向共享仓库发送更新，这时可以使用 Team（团队）菜单下的 Send All Changes to Team Directory 选项（图 9-15，B）。

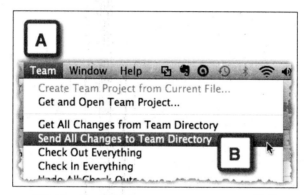

图9-15　Send All Changes to Team Directory选项

在打开的 Send Changes 对话框（图 9-16，A）中，可以看到将被更新的所有元素列表（B）以及一个用来输入更新日志的输入框（C）。点击 OK 按钮，所有更新将会被发送到共享仓库。

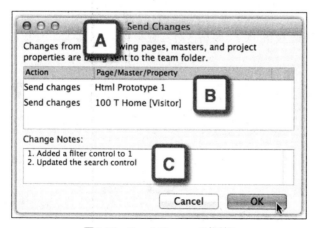

图9-16　Send Changes对话框

签出/签入使用案例 —— 团队成员B

再来看看团队成员 B，他也想签出成员 A 所签出的页面。这时可以使用 Team
菜单（图 9-17，A）下的 Manage Team Project... 选项（B）。

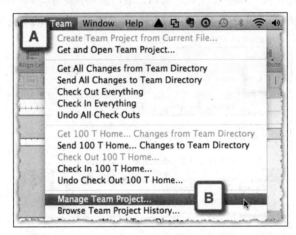

图9-17　Manage Team Project...选项

在打开的 Manage Team Project 对话框（图 9-18，A）中，可以看到共享目录的
地址以及一段介绍："单击 Refresh 按钮，获取共享项目中的页面、模板和文档属性
的当前状态。在某一个项目上右击选择签入、签出和获取最新修改。单击列头可以
进行排序。"注意，这时表格区（B）中是空白的。

单击 Refresh 按钮（C），表格区会实时罗列出所有页面、模板、设计文档的清
单列表。

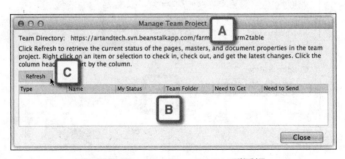

图9-18　Manage Team Project对话框

表格区的列头（图 9-19，A）可以排序，这可以让用户更方便地找到被签出的页面并且看到被谁签出。

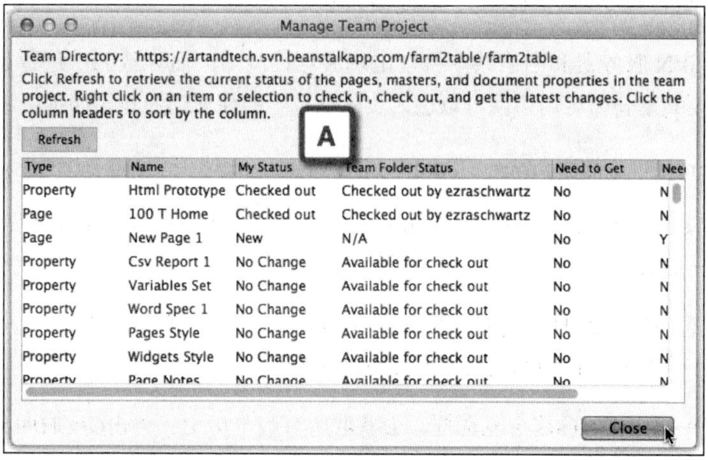

图9-19　表格区

在每一行上右击，在右键菜单中可以看到对当前列的操作选项。

单击 Close 按钮关闭对话框。在签出由团队其他成员负责的页面之前，养成使用 Manage Team Projects 的良好习惯。

浏览团队项目历史

浏览共享项目历史，有以下作用：

- 大幅降低丢失工作的风险。只要共享项目所在的 SVN 服务器或网络共享目录是可靠的，就可以恢复到项目的之前任何版本。但不能过于依赖这项功能，应该以平和的心态来使用这项功能。

- 团队可以退回到以前某个准确时间的项目版本，能访问原型的早前迭代。在一个大型快节奏的项目中，可能需要将某些设计恢复到早前版本。该功能能帮助团队在迭代设计过程中高效地恢复到（或对比）早前的版本。

这项功能对 UX 的价值是实际的、可衡量的。在原型的整个生命周期中，Axure

系统维护了完整的版本控制。每次团队成员发送修改和签入工作成果，日志中均会添加一个新版本。每个版本都用唯一修订号和获取日期进行精确标记，根据当时创建的版本号将其转化为一个功能齐全的独立 RP 文件。

除非 SVN 服务器和网络共享目录出现灾难性故障，而导致无法进行正常备份，否则，只要共享仓库可用，就可以进入实际项目中的任何还原点，如下所示：

1. 在Team菜单中选择Browse Team Project History...选项（图9-20，A）。

2. 打开Team Project History Browser对话框（图9-21，A），在顶部的Team Directory输入框中显示了共享目录的地址。

3. 如果要寻找指定时间内的版本，可以使用起止日期筛选项（图9-22，A）。默认情况下，开始日期和结束日期间隔设置为1周。

4. 可以单击All Dates这个复选框，去获取所有版本历史。单击Get History按钮进行操作。

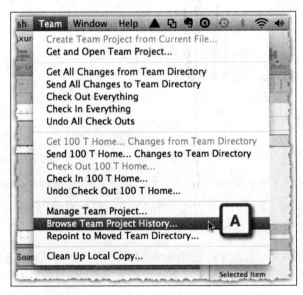

图9-20　Browse Team Project History... 选项

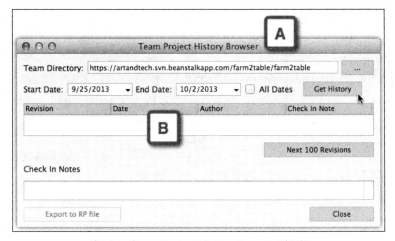

图9-21　Team Project History Browser对话框

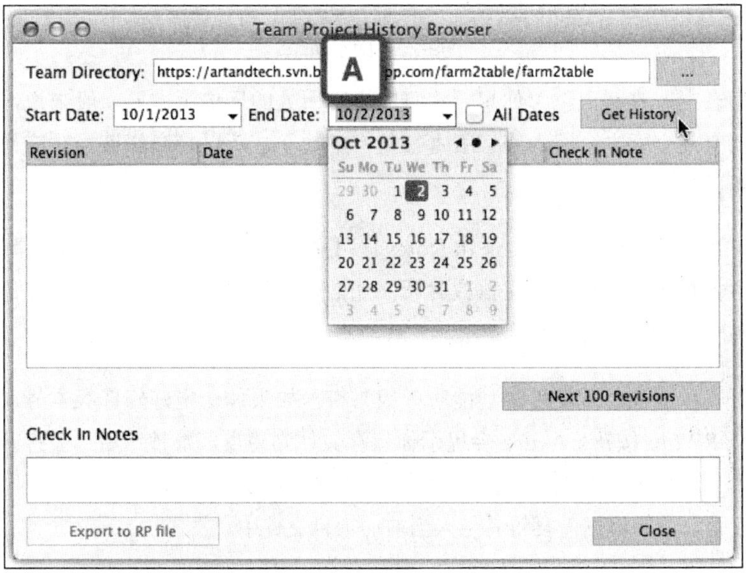

图9-22　选择起止时间

5. 几秒钟后，表格区（图9-23，A）将显示出版本清单。每一行代表一个完整功能
   的 Axure文件还原点。每一列可以按照版本属性（包括修订版本、日期、作者
   和签入日志）进行排序。

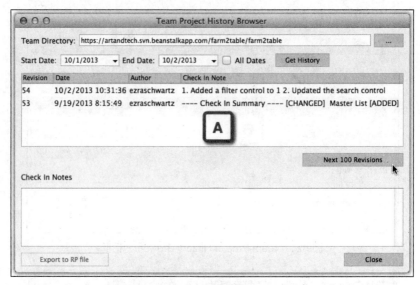

图9-23　版本清单

6.　在列表中，鉴别出包含你想要恢复的内容所处的历史版本。一般来说，一天中可能有几个版本。因为修订版本号是一串数字，所以最高修订号对应最后一次更新日期。

　　单击某一行时，会在 Check In Notes 区域中显示所有被 Axure 自动记录的活动。另外，也会显示团队成员发送修改时所添加的任何日志。这条信息非常有价值，可以据此判断要恢复的页面或模板。

　　不得不承认我每次使用该功能时都很兴奋。如果你认定好修订版本号，则使用 Export to RP file 按钮。Axure 会提示你保存文件到磁盘，数秒钟后，会打开一个与修订版本号的日期和时间一致的、功能齐全的标准 Axure 文件。此时，可以找到你想要的元素，然后根据需要将其导入当前的项目文件中。

　　然而，如果在前面导出的历史文件中没有找到你想要的元素，则可以继续去寻找。如果有更多的历史版本，则 Next 100 Revisions 按钮会变为可用状态。单击 Close 按钮关闭窗口。

这个历史浏览器的一个附带好处是，不需要在站点地图和模板区保留页面或模板的旧版本，避免当多个团队成员连续不断地添加和更新时，项目文件不断变大。随着原型项目深入详细设计阶段，就有必要和团队成员进行定期审查，然后丢弃那些不再有意义的页面和不被任何页面使用的模板。这样做能使原型文件更精简，生成 HTML 原型和 Word 文档的速度更快。如前所述，如果有需要，还可以轻松地恢复之前的所有工作。

重新指向被移动的共享目录

有时，可能需要移动共享目录在网络磁盘上的位置。只要共享仓库被完整地移动，这个操作就是安全的。所有团队成员可以继续使用本地副本文件，但要指向共享仓库的新地址。具体的步骤如下：

1. 与整个团队协调好移动事宜。最好选择一个能最大限度地减少对团队日程安排（计划）造成影响的日期和时间。

2. 确保所有团队成员都能知道移动共享目录的计划。要与所有团队成员沟通清楚，共享仓库会在哪个时间段内不可用。

3. 移动共享目录前，所有团队成员应该使用Check In Everything菜单签入全部工作。

4. 移动完成后，要将新地址提供给所有团队成员。

5. 各团队成员可以使用Team菜单下的 Repoint to Moved Team Directory 菜单项重新指向新地址，输入URL到Team Directory 输入框中（图9-24，B）。

图9-24　重新指向团队目录

清除本地副本

在 Axure 中，极少出现未知错误。但是，假设你正要对工作进行签入时，遇到一条错误提示消息：工作副本已锁定（Working Copy Locked）。Axure 对这条错误消息作出如下解释：导致工作副本被锁定的原因有很多，包括病毒扫描程序、连接服务器失败或计算机操作故障。

Working Copy Locked 错误一般发生在签入时，可以进行如下操作。

1. 从 Team 菜单中选择 Clean Up Local Copy...。

2. Axure 将尝试对问题进行修复，遵循 Clean Up Local Copy 对话框（图9-25，A）所描述的步骤（B）。

    ○ 保存项目（需要自己操作）。

    ○ 将项目导出为RP文件并进行备份（需要自己操作）。

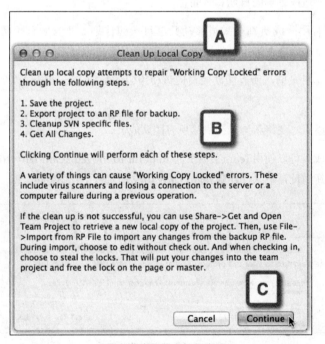

图9-25　清除本地副本

  ○ 清除 SVN 特定文件（Axure 会自动操作）。

  ○ 获取所有修改文件（Axure 会自动操作）。

  根据经验，这些步骤完成后，签入工作就能顺利进行了。

9.2　UX团队的Axure协作最佳实践

Best Practices For The UX Axure Teamwork

  每个团队都是复杂的。一个团队的表现由很多因素决定，很难进行比较。正如谚语所说：尺有所短，寸有所长。本节将详细分析最基本的团队属性。

9.2.1　UX团队的属性

Attributes Of The UX Team

  UX 团队属性如下。

- **团队大小**。团队有多少人？显然两个人也是一个团队，但在一个项目中，UX 团队的设计师人数越多，越难保持同步。一个大团队往往会分成几个小组，所以还存在跨组的交流和挑战。

- **办公位置**。在同一个办公空间？在同一楼层？在企业园区的各个角落或不同城市？在家？在世界各地？

- **项目的领域知识**。有些团队成员可能接触过应用领域知识，有项目经验；而有些团队成员可能是新手。在专业系统应用的项目中，这是个问题。

- **UX 经验和专业知识**。有些 UX 团队成员可能是经验丰富的老手，有一套自己的做事方式；而另一些 UX 团队成员则有不同的方法。资历浅的成员在 UX 工作上经验不足，缺乏对潜在问题的预见、对工作量的评估能力和面对利益相关者做陈述的技巧。

- **Axure 专业知识**。有些团队成员拥有娴熟的工具（如 Visio）使用技能，但对 Axure 了解不多，甚至有抵触情绪；有些团队成员对工具完全陌生；而少数团队成员有丰富的 Axure 使用经验。

- **个人性格**。团队中，成员的性格各不相同，有外向型、内向型、过分自信型、腼腆型、户外型、宅型、迟钝型、主动型、有责任感型、懒散型、礼貌型、α 型和 β 型，等等。

- **文化的影响**。有些文化认为在资深团队成员面前表现得过于自信是不礼貌的，一个深受"平等"文化影响的成员可能会将此误解为胆小、犹豫和缺乏自信。我们处在一个全球化、多元化的团队中，文化上的差异可能会导致紧张和敌对的团队关系。

定期高效沟通，是团队合作成功的基础。然而，说起来容易做起来难。对于远程办公和分散在不同地理位置的虚拟团队，尤其如此。另外，即使身在同一个房间，也可能无法进行有效的信息交流。以下是可供参考的一些团队协作的最佳实践：

- 尽可能地为员工成长提供空间，这很重要。确保所有团队成员均具有一定程度的 Axure 使用技能。不仅可以提高员工的工作效率，也可以避免某个团队成员因缺乏知识而弄乱共享文件，避免由于错误而丢失工作成果。

- 确保团队成员理解如何在共享项目上进行协同工作。所有人都应该熟悉 Team 菜单的操作，以及熟悉区分如 Get All Changes from Team Directory 和 Get Changes from Team Directory 这类选项。

- 团队新人应该跟一个资深前辈深入学习网站结构，在上岗前要有一段深入学习期。

- 所有团队成员应该参加每周进程会议，会议主要包括站点地图、变量（全局变量和本地变量）及其他重要内容的变化。使用 Web 共享查看文件，确保团队成员理解他人是如何构建线框图的。

- 不管项目时间有多紧张，在签入和签出时也要分外小心，数分钟的用心可以避免丢失数小时的工作成果。

- 团队成员应该避免不安全签出，这很重要。制定明确的规则，规定不安全签出的时机。

- 开始一个页面的工作之前，要确保先从共享项目获取所有更新。确保你有最新的页面副本。

- 全天持续不断地更新文件。

- 对所签出的页面或模板编辑完成后，要进行签入，以便他人进行编辑。

- 只签出设计时所必需的元素，完成后及时签入，然后再签出下一步工作时的必要元素。

- 如果可能，在某一部分列出站点地图和模板的结构，团队成员可以并行在某一块文件上工作。在页面和模板的命名规则上达成一致，可以帮助团队成员访问正确的内容。

- 确保共享文件定期备份。

9.3 axureShare：Axure的云共享解决方案

axureShare – Axure's Cloud Solution For Sharing

axureShare，就之前被大家所熟知的是 AxShare，它是用于存放 HTML 原型的 Axure 云主机服务。

于axureShare这项有价值的服务，Axure一直都在更新和优化，尽管我们现在才讲到这一部分，但相信你读了一定会有所收获。

在开始这部分前，请确保电脑可以连上网络，确保可以访问 *share.axure.com*，边学习边实践以加深印象。

- axureShare 目前托管在 Amazon 网络服务云平台，是一个相当可靠和安全的云环境。

由于时间和篇幅限制，我们不会详细讲述 axureShare 的全部功能，但会集中讲它的协作功能，如下：

- 将你的原型托管在 axureShare 上并与利益相关者分享。

- 使用 HTML 原型的讨论功能让利益相关者与 UX 团队进行离线讨论。

你可以在 *Axure.com* 上链接到 axureShare，也可以直接访问 *share.axure.com*。图 9-26 和图 9-27 所示的是 axureShare 页面登录前和登录后的状态。

图9-26   axureShare登录前

图9-27   axureShare登录后

9.3.1   创建axureShare账号

Creating an axureShare Account

要使用好 Axure，你必须要创建一个账号。从 2014 年 5 月开始，axureShare 就全部免费了。一个账号可以上传 1000 个项目，每个项目的大小限制为 100 MB。这真是太慷慨了：Axure 取消了它的会员等级制度，并退还了之前付款用户的费用。

9.4 反馈意见

Feedback From Stakeholders – the Discussion Tab

几年前，从利益相关者那里收集关于用户体验反馈意见的方法和手段非常有限。因为很难提供交互式原型进行定期评审。Axure 的出现变革了用户体验的表达，它用吸引人的交互式原型替代了静态线框图。然而，一段时间内，收集反馈意见的方法依然有限。

通常的做法是将利益相关者召集到一起，由 UX 设计师演示和讲解原型，然后大家对产品设计的各个方面提出反馈意见。这是很好的做法：要求与会者先安静听完陈述再发表反馈意见。然而，这个过程中很少有人能控制住自己不去评论，所以演示过程往往被打断，出现讨论偏离主题的情况。

于是，UX 设计师的演示技能尤为重要。然而，让利益相关者提供有思想性的反馈也非易事，因为他们只有短暂的时间可供查看、理解和对原型作出反馈。

Discussion 功能解决了上面提到的传统原型讲解演示的困难。通过这项功能，利益相关者能坐在私人办公室里对原型提出反馈意见，可以有更多的时间去查看、理解界面和交互。HTML 原型的左侧菜单栏增加了一个 Discussion 页签，可以让观看者为每个页面添加评论。虽然这项新功能还存在很多问题，离成熟稳健相差甚远，但是 Axure 在不断倾听社区论坛中的用户意见并逐步增强此功能。

9.4.1 托管在axureShare的讨论功能

Feedback From Stakeholders – The Discussion Tab

本章前面提到，在为共享项目使用第三方 SVN 托管服务时，重要的一点是要让你所在公司的相关部门能够准许使用 axureShare，最好测试公司防火墙对该访问网站有什么影响，从而为利益相关者提供轻松无忧的体验。

使用 axureShare，在与利益相关者、用户进行讨论时，你有以下两种可选方式：

- 将原型文件存储于 axureShare 托管服务上。这里有许多限制条件：当前上传的文件有最大尺寸的限制，存储的文件有数量的限制，安全性也无法估计。

- HTML 原型存储在自己的服务器上，并附带 Discussion 功能。

  使用第一种方式将原型文件上传到 axureShare。

1. 登录之后，你就可以创建新项目并上传RP文件，创建新项目的对话框非常简单（图9-28，A）。

2. 选择需要上传的RP文件（B），如果你想要共享团队项目，可以将最新版的RPPRJ文件导出成RP文件。检查一下文件大小，确保文件小于100 MB。

3. 添加项目名称和密码（可选）（C）。如果创建了密码，那么大家访问或添加反馈的时候就需要输入密码了。添加密码的好处就是增加利益相关者对于工作安全性的信心。

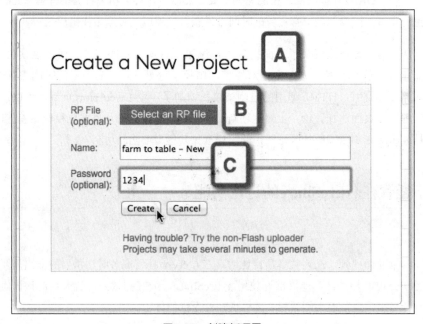

图9-28　创建新项目

原型ID和其他功能

一旦文件在 axureShare 服务器上传并生成原型，便会在 My Projects 列表下列出，如图 9-29 所示。

在 My Projects 标题下方有一排按钮（B）用来创建新的项目或文件夹。项目和文件夹也可以移动以便更好地管理。

当选中 My Project 表格中的某行（A）时，就可以在按钮区进行以下操作：

- Move，移动文件到文件夹。
- Delete，删除。
- Rename，重命名。
- Duplicate，复制。

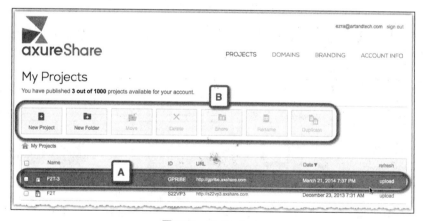

图9-29 My Projects

axureShare 会为每个托管原型生成一个原型 ID。有了 ID 才能激活原型的 Discuss（讨论）页签。你不必把文件上传到 axureShare 也可以创建这个 ID，这意味着你托管在公司内部的原型也可以使用讨论功能。

在 Axure 中，点击 Publish（发布）菜单下的 Generate Prototype Files...（生成

原型文件）选项或者发布按钮，打开 Generate Prototype（生成原型）对话框。选择 Discuss 页签并将你从 axureShare 网站上复制的 ID 粘贴到 Prototype ID 输入框（图 9-30，A）中。这样就可以在生成的 HTML 原型中激活 Discuss 页签。

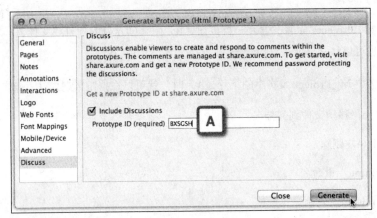

图9-30　Discuss 页签

我们强烈建议你对利益相关方做一些简单的培训，告诉他们如何使用讨论功能（图 9-31，A）。

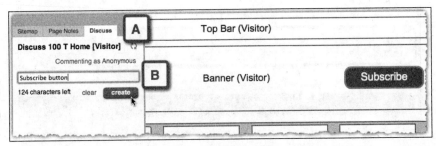

图9-31　原型讨论功能

下面来看一个使用案例：

Susan 是一个利益相关者，通过你提供的链接打开原型，在发表讨论的时候输入输入自己名字（图 9-32，A）。

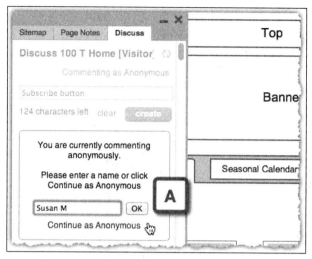

图9-32 在讨论时输入名字

第一条讨论有一个主题和一条回复；他们都是由第一个人创建的（图 9-33，A）。因为这里只有一个输入框，没有单独的标题输入框。

图9-33 讨论主题

当另一个人想要发表一个回复时，可以先在 Commenting as 输入框中输入自己的名字，然后再发表回复，如图 9-34 所示。

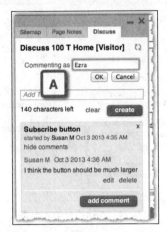

图9-34　通过Commenting as输入名字

图 9-35 所示的是多个人的评论。

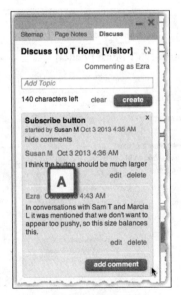

图9-35　多人评论

所以对于每个页面，可以同时管理多个讨论主题及多个对话，如图 9-36 所示，A 和 B 就是不同的主题。

图9-36　多个讨论主题

9.4.2　不托管在axureShare的讨论功能

Discussions Not Hosted On axureShare

另一个开启讨论功能的方式是，Axure 生成原型时，在原型生成对话框中的 Discussion 页签中输入你在 axureShare 上获取的 ID 号。HTML 原型文件可以选择存储在你想要的第三方服务器或内部服务器上。操作步骤如下：

1. 在Generate Prototype（生成原型）对话框中选择Discuss（讨论）页签，并点击 Get a new ID at share.axure.com或者直接打开*share.axure.com*。

2. 登录并点击New Project按钮（图9-37，A），这里不需要上传项目文件。这时可以在列表中看到新创建的项目。

图9-37　创建项目

3. 回到Axure中的Generate Prototype对话框，并点击Discuss页签。

4. 将项目的ID复制粘贴或输入Prototype ID（required）输入框（图9-38，A）中，并点击Generate（生成）按钮。

5. 向所有你希望参与讨论的人发一封电子邮件，告诉他们原型的URL以及Discuss页签的密码等。

是否需要为讨论设置密码？如果你设置了密码，就可以通过是否提供密码来控制谁能评论或者添加反馈。如果你想要的反馈是关于业务策略方面的，那么可能将反馈开放给开发人员或其他能够访问原型地址的人就没太大必要。如果你不太确定，也可以问一下团队其他成员。Axure 的讨论功能很有前景，因为它与产品结合得很好。这项功能不仅可以在团队项目中使用，也可以在标准的 RP 文件上使用。

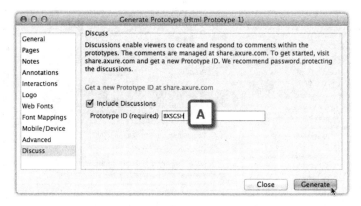

图9-38 输入Prototype ID

为参与讨论的利益相关者和用户提供一套在原型中导航浏览的方式也很重要。一般来说，不是所有的控件都设计了交互。当用户的鼠标移入一个特定区域时，会弹出一个指引提示（由隐藏的动态面板构建），告诉用户哪里可以点击。这个指引弹出层可以包含字母或数字标记符号，你可以基于标记符号区域进行讨论。这些标记符号能够帮助你获取更加结构化、有针对性的反馈意见，让所有评审者关注同一个元素。

9.4.3 发布到Axure Share

Publishing To Axure Share

最后，还有一种方法将你的项目托管到axureShare 就是使用 Publish(发布)菜单。

1. 从Publish菜单（图9-39，A）或Publish按钮（B）中选择Publish to Axure Share...选项（C）。

2. 在Publish to Axure Share对话框（图9-40，A），若你之前没有账号，可以选择Create Account页签（B）在发布的同时创建账号。

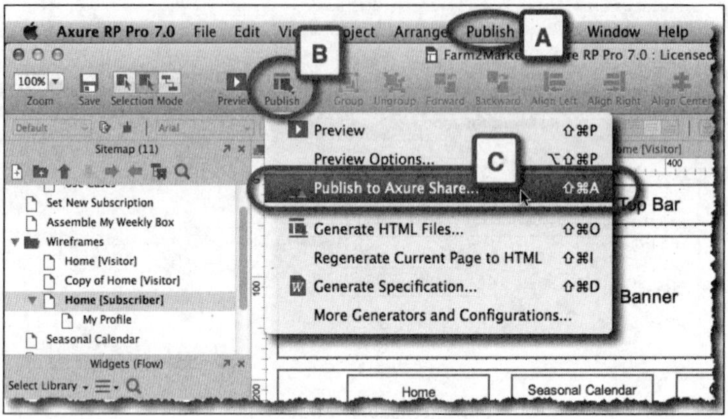

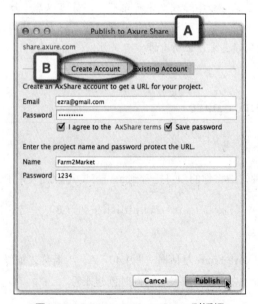

图9-39　Publish菜单

 请注意下面的截图（见图9-40），截取的时间是2014年3月，那时Axure的官方托管和分享服务还叫作AxShare，现在已经改为了axureShare。

图9-40　Publish to Axure Share对话框

3. 如果你已经有了axureShare账号，可以切换到Existing Account页签（图9-41，A）。

4. 默认选中的是Create a new project 选项（B）。

5. 使用Folder选项（C）可以将项目指向axureShare下的文件夹（D）。不过，在这里还不能新建文件夹。

6. 另外，你还可以选择Replace an existing project选项（E）来更新原来的项目，不过你要输入原来的项目ID。

请注意下面的截图（见图9-41），截取的时间是2014年3月，那时Axure的官方托管和分享服务还叫作AxShare，现在已经改为了axureShare。

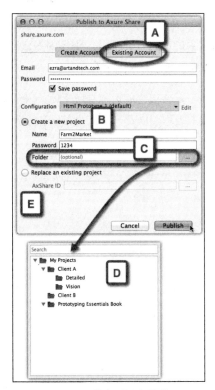

图9-41　发布到已有账号

9.5　总结

Summary

一旦体验过 Axure 的共享项目功能，就会"深陷其中，欲罢不能"。

Axure 的团队项目功能给 UX 团队带来了不可估量的价值：

- 提供一种可控制的环境，让团队中的不同成员在同一个原型和规格文档上进行协作。

- 提供完整的版本控制，一旦出现错误，能即刻恢复到以前的版本。

- 提供讨论功能，以便团队和利益相关者进行沟通。这项功能也是对整个团队迭代过程的补充。

Axure 是一款值得信赖的原型设计工具，不仅因为它有着丰富可靠的功能，更因为它是根据 UX 设计特性而量身打造的平台。

这本书到这里就结束了，希望它能对你有所帮助。附录是"从业者的实践"，包含故障排除小提示和有趣的教程，以及一些从业者分享的学习案例。

附录
从业者的实践
Practitioners' Corner

Axure 享有一群最具活力、乐于分享的忠实用户。来自世界各地的 UX 设计师会通过 Axure 论坛、axureworld.org 等社区慷慨地与他人分享他们的专业知识，而且这些分享绝大多数都是免费的。

按理说这种开放协作的社区文化是不易形成的，因为大家都在使用这个工具，可能很多人在商业上还是竞争对手，所以，我们是非常幸运的——能够分享到这些不断积累的财富。

在这本书的编写过程中我们也从社区里汲取精华。在下面的章节里，你会发现很多内容都是由资深的 UX 设计师编写的，希望你可以从别人的经验中得到帮助。

此外，该附录还包括了一个关于世界各地的 Axure 用户使用状况的简短调查结果，还有一些 Axure 常见故障排除小提示。

Axure用户调查
Survey Of Axure Users

2014 年，我们收到了 123 位 UX 从业者对我们放在 Axure 论坛还有 Linkedin 群组 AxureWorld 和 Ax-Stream 上的调查反馈。表附 -1 就是我们的调查结果，我们很惊讶地发现很多人都在使用 Axure 的团队项目功能，很多人都有响应式 Web 设计经验，很多人在使用 Axure 来生成 Word/PDF 规格文档。

表附 -1   调查反馈

问题和选项	回答占比
Q1. 你使用 Axure 多长时间？	
6 年以上	20.3%
2~5 年	58.5%
1 年以下	20.3%
我知道 Axure 但没有用过	0.8%
Q2. 你是否曾在项目中涉及过 RWD 原型设计？	
是	69.9%
否	30.1%
Q3. Axure 是你唯一的原型设计工具吗？	
是	64.2%
否	35.8%
Q4. 你是否曾使用过 Axure 共享项目（在 Axure 7 里面叫团队项目）？	
是	52.0%
否	48.0%
Q5. 你是否曾使用 Axure 来生成 Word/PDF 规格文档？	
是	62.6%
否	37.4%
Q6. 你是否曾使用过触发事件？	
是	45.5%
否	54.5%
Q7. 你是否曾使用过变量？	
是	86.2%
否	13.8%
Q8. Axure 的哪些功能让你觉得难以掌握？	
触发事件（Raised Events）	26.0%
模板（Masters）	4.9%
动态面板（Dynamic Panels）	13.0%
变量（Variables）	22.0%
函数（Functions）	24.4%
创建易读的 PDF/Word 文档	34.1%
出问题时的调试	49.6%
中继器（Repeater）	29.3%

续表

问题和选项	回答占比
Q9. 你在使用 Axure 7 时遇到性能问题了吗?	
没问题	26.8%
生成原型之后的 HTML 运行缓慢	37.4%
页面之间切换缓慢	31.7%
在任务之间切换比较耗时	26.8%
Axure 每天要崩溃 2 次以上	15.4%

　　一个有趣的发现就是，只有不到一半的人使用过触发事件并且有四分之一的人认为这个功能难以掌握。而我们觉得触发事件是 Axure 里最有用的动作之一（见第 5 章"高级交互"）。所以，如果超过一半的受访者没有使用过触发事件，那也就可以推断他们没有创建出最有效和可靠的原型。

交互效果调试故障排除清单
Troubleshooting Interactions Checklists

　　有时，原型的交互并不会像预期的那样正常运行，如果这时候项目时间又紧张的话会让人倍感焦急。出错是不可避免的，你应该留出时间调试原型。当然，错误的原因有很多，不过我们总结出了一些常见错误的产生原因和解决办法，希望可以帮你更有效地系统性解决错误。

　　我们在调试 Axure 的交互时往往会求助于有经验的用户，特别是迫在眉睫的时候，他们的帮助显得尤为重要。下面这份故障排除清单可以帮你减少出错的几率，减少压力和烦恼，这对团队协作也非常重要。

　　如果你是个新手用户，下面的内容可以帮助你快速吸收和学习最佳实践，当你构建交互原型的技能提高之后，可以大大减少因为出错而浪费的时间和产生挫败感。对于有经验的用户，我们也希望你能够为你的同事提供这样一份清单。

通用方法

The General Approach

以下内容结合一些常识以及这些年来我们学习到的经验，它帮助我们减少错误并更有效地解决问题：

- Axure 在运行事件时会按照交互列表中的顺序进行，因此，确保它们的顺序按照你所期望的排列。

- 为控件和动态面板设定唯一的名称，这将减少因为指错对象而引发的错误。

- 如果一个页面有多个错误，那么一次只解决一个。当你发现了一个错误，就要解决它，并在排除下一个错误之前验证该错误是否已纠正。

- 阅读交互面板中的代码。例如，你可能百分百确定你设置某个控件为 Show（显示），但在阅读代码的过程中你可能会发现它被设置成了 Hide（隐藏）。

- 当你在添加 Bring to Front（前移）和 Send to Back（后移）动作时，有时候你想要操作的控件只是被其他控件遮挡了。

- 当你在解决某一错误时撞了南墙，越来越沮丧时，最好先离开一会儿再重新审查。

- 如果有个问题花了很长时间都想不出来，尝试下面方法。

  ○ 第一种分离问题的方法：删除整个Case（情景）重新开始，或者做个拷贝，删除原始内容，再慢慢一个个地添加事件，直到出错。

  ○ 第二种分离问题的方法：新建一个RP文件，重建有问题的Case（情景），不要复制或导入原有文件。当你一步步地构建交互时，考虑操作的逻辑和顺序。

  ○ 复制、粘贴可以节省很多时间，但通常错误也因此产生。看看原始交互，想想它的工作原理，再看看粘贴后的交互，确保所有的动作都指向正确的控件。

  ○ 请同事帮忙。

   ○ 发送Axure文件给Axure支持团队，他们会很乐意帮忙。

   ○ 另外还可以在Axure论坛（*http://www.axure.com/forum/forum.php*）上寻求帮助。

调试时的常见问题

Questions To Ask When Debugging

  以下反映的是我们经常会重复犯的错误。并不是说我们比一般人愚钝，发生这些错误的原因可能是快节奏的工作、多任务同时进行或其他正常原因。所以遇到出错时可以问自己下面的问题：

- 这个动作指向了正确的控件或动态面板了吗？

- 你使用了正确的动作吗？

- 事件的顺序正确吗？

- 有没有动作把之前的动作覆盖了？例如，你设置了一个 Show 动作，但在后面你又设置了一个 Hide 动作，最后的效果是 Axure 隐藏了控件或动态面板，以至于你无法看到 Show 的动作。

- 在你想要点击某个控件时，它前面是不是有其他控件遮住了它以至于无法点击？

- 你有没有审查页面或模板级别的事件？可能页面或模板级别的一个动作取消了你的控件 / 动态面板的事件。

- 你有没有为全局变量设置一个初始值？

- 变量的值是不是按预期设定的？生成的 HTML 原型可以通过交互来改变变量的值。你应该要清楚变量的初始值以及随着原型进展的变化值。一步步点击原型，当发现变量的值与预期不符时，停下来去检查相关情景的交互动作，以确保设置正确的变量值。

● 有没有多余的动作？当你向一个情景添加动作时，最初的一些动作可能会和后面的动作冲突，或者发生一些意想不到的行为。

更多常见问题

Common Hurdles

这一节以 Axure 功能的维度来组织，主要讲的是一些新手用户会遇到的问题，如表附 -2 所示。

表附 -2   新手用户常见问题

分类	问题	建议
模板	在线框图上有个模板，但我不知道怎么给它创建事件	在模板中创建一个触发事件，注意触发事件的名称不能有空格，更多内容参见第 5 章 "高级交互"
模板	我创建了一个触发事件，但还是没有在线框图中看到它	前往模板线框图，确保你想要引发的触发事件被勾选
移动控件或动态面板	控件或动态面板哪儿去了	检查 Move To 或 Move By 选项。例如，你可能是想要它移动到 x 坐标为 1200 px 的位置，但可能设置成了移动 1200 px 的距离
条件	什么时候用 All 和 Any	如果你使用 All，只有当所有条件都满足时才会生效。当使用 Any 时，只要满足其中一个条件就会生效
适配视图	为什么我的视图发生了变化？我并没有想要这样	如果你勾选了 Affect All Views 选项，所有视图都会被 "绑" 在一起。这个选项只在你想要将修改应用到所有视图时才会被选中，所以在修改前先检查一下这个选项是否需要被选中
适配视图	在生成的 HTML 原型所有视图不会切换该怎么办	这很可能是个设置问题，前往生成器的 Adaptive Views 选项，勾选 Generate All Pages 选项

原型构建教程
Construction Tutorials

　　Axure 有一个蓬勃发展的用户社区，分享也十分精彩。为了这本书，我们走近了一批经验丰富的用户，并让他们为读者们分别写一个教程，这些教程正好填补了本书的一些空白。每个 RP 文件都可以在 axureShare 上下载和预览，和其他教程一样，我们建议你自己去重新构建原型。

模拟预键入搜索
Simulating A Type-ahead Search Experience

　　教程作者： Shira Luk-Zilberman。

　　教程等级： 中级/高级。

　　Shira Luk-Zilberman 是 Sizmek 公司的用户体验设计师，曾在一家以色列的顶尖 UX 咨询机构 Netcraft 任职。她拥有计算机科学的学士和硕士学位，并且走向了软件工程的职业生涯，直到她意识到 UX 设计更加有趣。

　　Shira 把她的分析能力和技术带到了设计中，擅长创建复杂领域的可用性解决方案。她总是兴奋地探索使用 Axure 最先进的功能（或方法）来创建真实的体验。她是 Axure 论坛的活跃用户，还是 Facebook 上以色列 Axure 社区的管理员，经常在那里回答（或提出）问题。

　　当她不构建原型时，就忙着照顾那个占据了她大部分时间的小孩 Noga。她的 Linkedin 是 *il.linkedin.com/in/shiraluk/*。

　　在本教程中，我想和大家分享如何利用 Axure 7 的中继器控件来模拟搜索框的一些效果。界面包含一个搜索框和一个下拉列表，当用户输入一个搜索词时，列表中的值动态变化，并根据输入的文本显示相关的建议。

　　使用这一模式的界面有 Google（图附 -1，A）、Facebook（B）、Linkedin（C）。

图附-1　搜索模式

在本教程中我们会涉及以下主题：

- 简单模拟 Google 搜索的预键入功能。

- 模拟 Facebook 的图文列表。

- 模拟 Linkedin 的分栏列表。

在之前的版本中，如果要模拟类似的效果，就需要用到一个包含多个状态的动态面板，并且只能匹配一个简单的搜索词，如果要修改设计也非常麻烦。

中继器控件可以让我们创建一个通用的、易于维护的界面，能够应对任何搜索词，非常强大！

创建类似Google的预键入搜索界面

除了模拟预键入行为，这部分还包括如何处理控件的边框以及搜索框无内容的情况。

首先创建一个新文件，并拖一个 Repeater（中继器）控件到 Home 页面。把中继器控件命名为 RPTR_SearchOptions。

配置中继器

执行以下步骤来配置中继器：

1. 双击控件。

2. 打开新页签RPTR_SearchOptions（Home）（附图-2，A），在底下的 Repeater Dataset（B）中将第一行重命名为 Search_Option（C），并且插入一些你想要的搜索建议内容（D）。

 这个列表的内容不用自己挤破脑袋想，可以复制 Google 的真实预键入值。

3. 保持在RPTR_SearchOptions（Home）页签（图附-3，A）中，将中继器的形状（B）重命名为 LBL_SearchOption（C）。

4. 将底下的中继器面板切换到Repeater Item Interactions页签（D），双击OnItemLoad事件（E）来创建交互。

5. 在打开的Case Editor（OnItemLoad）窗口（图附-4，A），选择Set Text动作（B），并点击 fx 按钮（C）设置将要在中继器中显示的值。

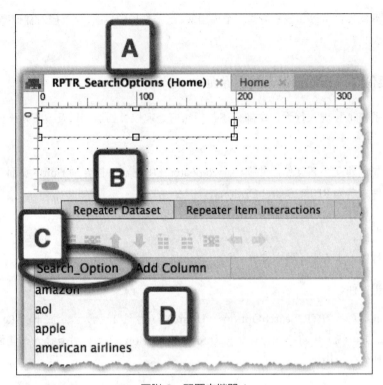

图附-2   配置中继器 1

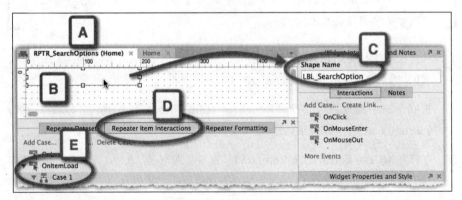

图附-3   配置中继器2

6. 在打开的Edit Text 窗口（D），点击Insert Variable or Function...链接（E），从 Repeater/Dataset分类中选择 Item.Search_Option（F）。前面步骤中规范命名的好处就体现出来了。

7. 回到Case Editor（OnItemLoad）窗口，配置的动作已经显示在Configure actions一栏中（G）。

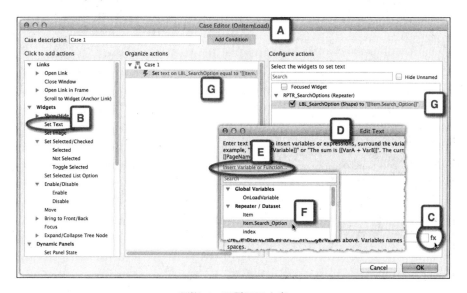

图附-4　配置显示内容

8. 切回到Home页面（图附-5，A），可以看到数据集中的值生效了（B）。预览可以帮助我们检查格式，你可以在RPTR_SearchOptions（Home）页签（C）中对中继器（D）应用样式，例如，左对齐（E）、左边距（F）。

9. 回到Home 页签（G）预览效果，如果需要的话可以再次调整中继器（H）。

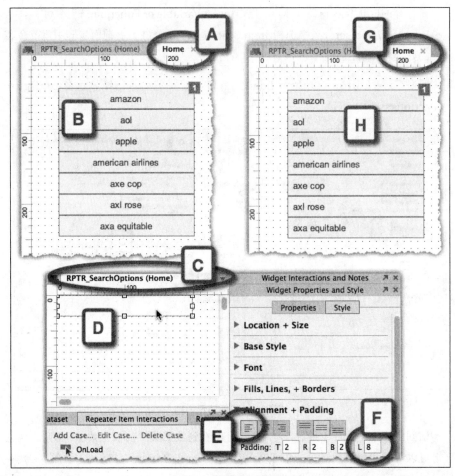

图附-5   调整中继器样式

模拟搜索

在放置好中继器控件之后，继续来构建原型，让搜索框和下拉列表建立联系。

仍然在 Home 页签（图附 -6，A）添加一个 Text Field 控件（B）用来当搜索框，将它命名为 TXT_Search（C）。我们将通过 OnTextChange（D）事件来动态改变中继器的值。双击它打开 Case Editor 窗口。

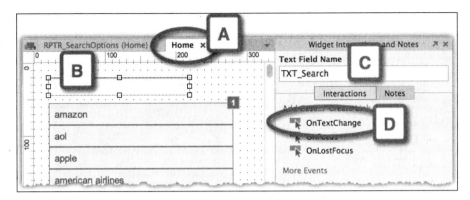

图附-6　添加搜索框

在继续之前先简单讲一下实现原理：我们使用中继器的 Add Filter 动作来控制中继器的内容，并且在每次输入框文本变化的时候为中继器应用新的过滤器，过滤规则就是匹配搜索框中输入的文本。

最棘手的部分就是过滤出包含搜索文本的搜索选项。Add Filter 动作将一个布尔表达式（正确/错误）应用到中继器中的选项，被评定为正确的选项就会被过滤出来并显示，被评定为错误的选项就会被隐藏。我们的目标是建立一个表达式让包含搜索框文本的选项变成"正确"的。

简单地说就是，我们告诉 Axure：当用户在搜索框中输入的时候，从中继器中查找匹配的选项，如果匹配就显示出来。

以下是具体的步骤：

1. 在 Case Editor（OnTextChange）窗口（图附-7，A），从 Repeaters 分类（C）中选择 Add Filter 动作（B）。

2. 我们想要中继器中的列表项目根据搜索框内容显示。点击 fx 按钮（D）打开 Edit Value 窗口，如图附-8所示。

3. 首先选择想要过滤的那一列，在该案例中是 Search_Option 这一列。

4. 在 Edit Value 窗口（图附-8，A），点击 Insert Variable or Function…链接（B），从 Repeater/Dataset 中选择 Item.Search_Option（C）。

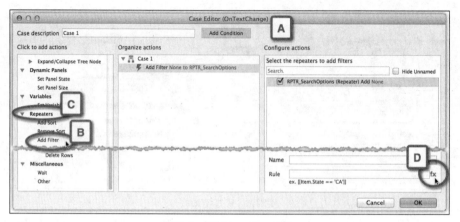

图附-7　添加Add Filter动作

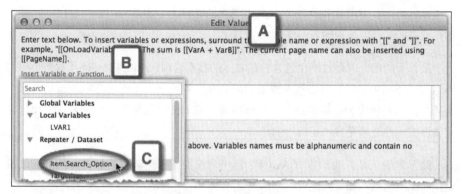

图附-8　选择中继器的列

5.　这时，在文本框中会粘贴上[[Item.Sarch_Option]]，将鼠标指针放置在n和]]之间，并移到下一步。

6.　仍然在Edit Value窗口（图附-9，A）中，再次点击 Insert Variable or Function...链接（B）。

7.　从String分类（C）中选择indexOf（'searchValue'）（D）。

8.　indexOf方法会返回输入框中的值在字符串中第一次出现的位置，在下面的步骤中，你可以看到它的作用。

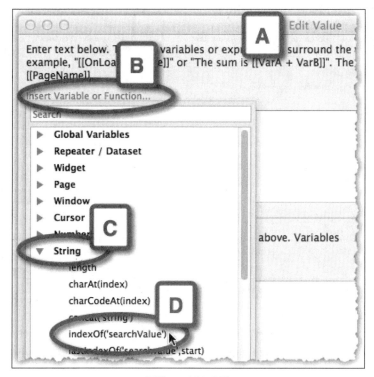

图附-9　插入方法

9.　继续在Edit Value对话框（图附-10，A）中，点击Add Local Variable链接（B）
　　创建一个类型为text on widget的本地变量（D）并命名为LVAR1（C），我们要
　　用它来关联输入框TXT_Search（E）。

　　还记得我们刚才使用的字符串方法 indexOf（）吗？它可以返回输入框的值在
字符串中的位置。换句话说，如果表达式 [[Item.Search_Option.indexOf（LVAR1）]]
大于或等于 0，就表示 item.Search_Option 中有包含 LVAR1 选项，如果返回的是−1，
则表示没有匹配上的项。

　　将 [[Item.Search_OptionLVAR.indexOf（'searchValue'）]] 中 的 searchValue 替
换成 LVAR1，并判断它是否大于或等于 0。最后的查询字符串代码应该是：

[[Item.Search_OptionLVAR.indexOf（LVAR1）>=0]]

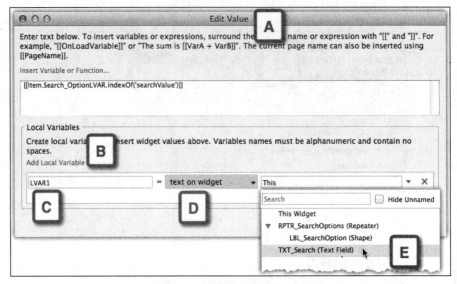

图附-10　创建变量关联输入框

这种查询字符串的代码会区分大小写，如果想让它不区分大小写，可以添加一个toLowerCase（）方法，它会将字符串转换为小写字母，如下：

[[Item.Search_OptionLVAR.indexOf（LVAR1.toLowerCase（））>=0]]

在浏览器中预览 Home 页面（图附 -11，A），当你在搜索框（B）中输入字母时，相关的预键入选项就会立即出现在列表中（C）。

现在我们已经创建了一个可以动态过滤搜索选项的搜索框。

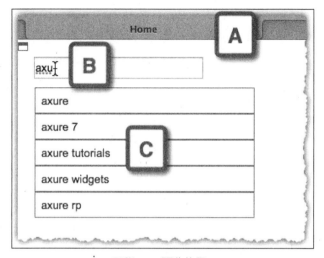

图附-11 预览效果1

调整边框

现在我们来做一个 Google 风格的外边框，诀窍在于此：

将中继器的形状（图附-12，A）改为底部边框形状（B），调整它的位置为：Left，0；Top，-1（C）。

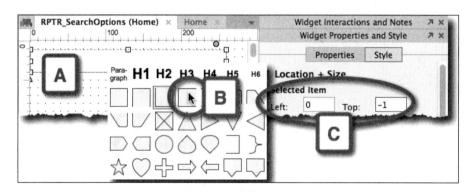

图附-12 调整中继器形状

现在，当中继器出现的时候，每个选项的底边框都会被前一个遮挡，除了最后一个（图附-13，A）。

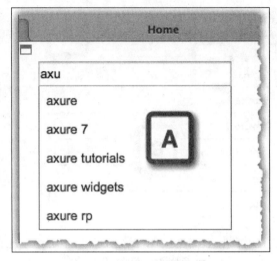

图附-13　调整后的下拉列表

但是这时你会发现少了个顶部边框，下面来把顶部边框加回去。在中继器形状中添加一个水平线，命名为 HL_TopBorder（图附 -14，A），并设置为 Hidden（B）。

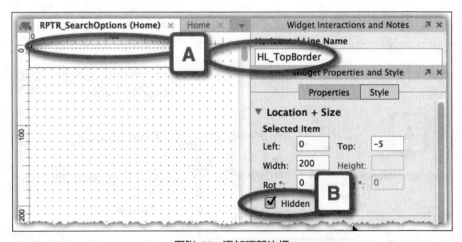

图附-14　添加顶部边框

如果希望这个水平线只出现在第一个选项中，则可以这样做：

1. 选择RPTR_SearchOptions（Home）页签（图附-15，A），在OnItemLoad事件

（B）中添加一个情景。

2. 双击打开Case Editor（OnItemLoad）窗口（C），点击Add Condition按钮（D）。

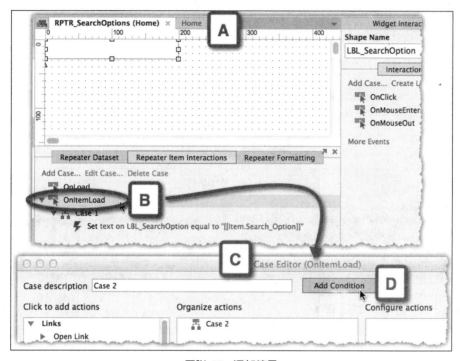

图附-15 添加情景

3. 我们可以通过内置方法isFirst来判断出现的是否是第一个元素。我们通过给OnItemLoad事件添加条件来判断是否是中继器的第一个元素。

4. 在Condition Builder窗口（图附-16，A）中，将第一个下拉列表设置为value（B），点击下一个输入框的fx按钮（C）来打开Edit Text窗口（D）。

5. 点击Insert Variable or Function…链接（E），从Repeater/Dataset（F）中选择isFirst（G）。

6. 完成后的条件应该是：if "[[Item.isFirst]]" equals "true"（图附-17，A）。

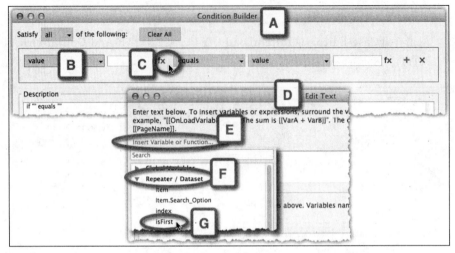

图附-16　添加条件

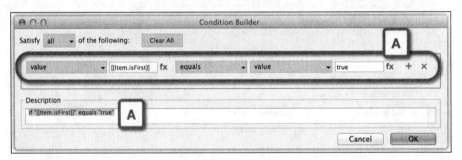

图附-17　完成后的条件

7.　关闭Condition Builder窗口。

8.　回到Case Editor（OnItemLoad）窗口（图附-18，A），使用Show动作（B）来控制HL_TopBorder（C）是否显示。

9.　关闭Case Editor（OnItemLoad）窗口。

　　现在 OnItemLoad 事件拥有了两个情景（图附-19，A），记住这两个情景并不是相互排斥的，一个控制下拉列表，另一个控制顶部边框。使用 Toggle IF/ELSE IF 选项（B）让两个情景都变成 IF，取代默认的 IF-ELSE。

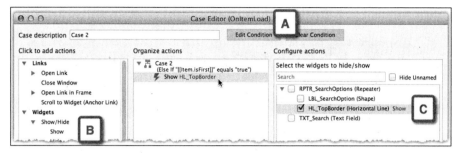

图附-18 添加Show动作

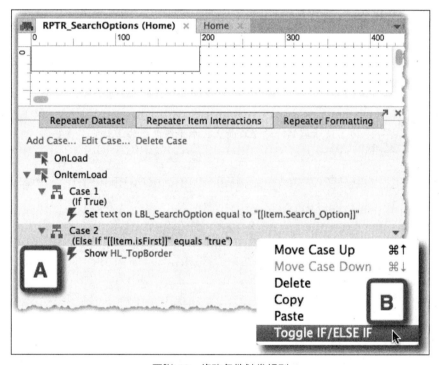

图附-19 修改条件触发规则

最后两个情景应该看起来如图附-20 所示。

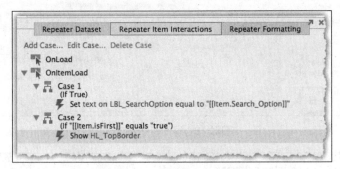

图附-20　两个情景的最终设置

在浏览器中预览 Home 页面，瞧，只有第一个下拉选项的顶部有一条水平边框线（图附-21，A）。

 为了便于调试，这里页面上把水平线设置为了红色。

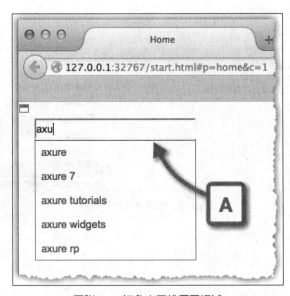

图附-21　红色水平线便于调试

处理文本内容为空的情况

下面是完成类似 Google 搜索框交互最后优化的步骤：

1. 为了让下拉列表不在用户开始输入前出现，隐藏中继器控件（图附-22，A）。

2. 确保当搜索框内容为空的时候不出现中继器。在**OnTextChange**事件中添加条件
    当文本框为空（B）的时候隐藏中继器，再添加另一个条件，当它不为空的时候
    （C）显示中继器。

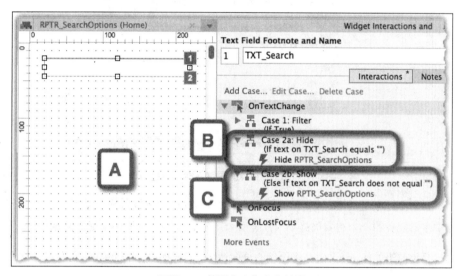

图附-22 处理文本为空的情况

至此，我们成功模拟了类似 Google 的预键入搜索界面。在下面的部分，我们将
把这个界面应用到 Facebook 的界面中。

创建类似Facebook的预键入搜索

Facebook 的预键入搜索在行为模式上与 Google 的类似，但是在界面上会更加
复杂一点。Facebook 的预键入下拉列表包含了图片（图附-23，A）、标题（B）和摘
要（C）。

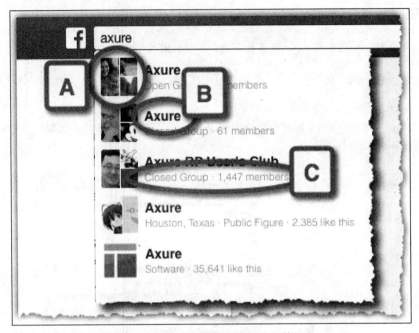

图附-23　Facebook的预键入搜索下拉列表

要将刚才创建的 Google 预键入搜索改成 Facebook 预键入搜索非常容易，这就是中继器控件的一个主要优势。一旦你有一个模式基础，要做些改变就很容易。

1. 复制原来的Home页面，将原来的页面命名为Google Type Ahead，将新的页面命名为Facebook Type Ahead。

2. 在中继器项目页面的RPTR_SearchOptions（Facebook Type Ahead）页签（图附-24，A），更新Repeater Dataset页签（B）。

3. 将Search_Option列（C）的内容改成公司名称。

4. 新增一列命名为Summary_Line（D），用它存储摘要。

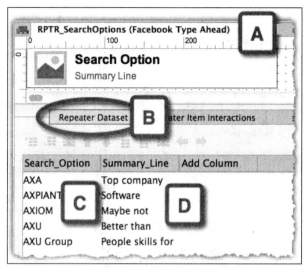

图附-24 更新中继器数据集

5. 现在来更新中继器的两个Label控件以匹配Facebook的界面：

　　○　Search Option（图附-25，A），命名为LBL_Name。

　　○　Summary Line（B），命名为LBL_SummaryLine。

6. 再添加一个图片控件（C），命名为Item_Image。

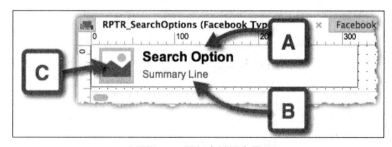

图附-25 更新中继器布局

7. 如果有需要，调整好控件的宽高。

8. 在Repeater Item Interactions页签（图附-26，A）下，将两个新增的Label控件LBL_Name和LBL_SummaryLine关联上中继器的数据（B）。

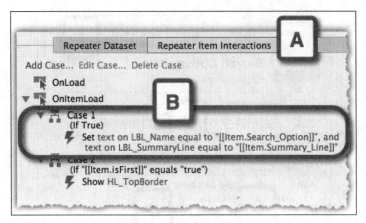

图附-26　关联中继器的数据

在浏览器中预览页面（见图附-27），将 Google 预键入搜索改成 Facebook 预键入搜索只需要更新一下数据集和中继器布局。

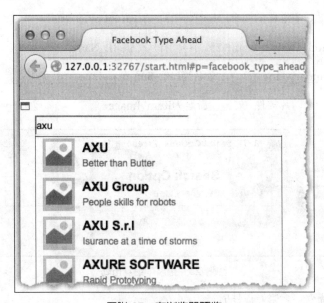

图附-27　在浏览器预览

下面，来创建类似于 Linkedin 的预键入搜索界面。

创建类似于Linkedin的预键入搜索

Linkedin 的预键入搜索模拟起来会稍复杂，它包含了两种类型的内容：分类（图附 -28，A）和结果（B）。为了简化它，我们先忽略 Linkedin 面板的第一部分（C），它是一个到搜索结果页的链接。

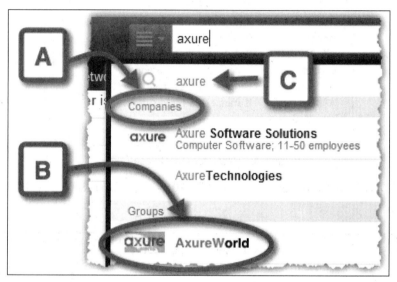

图附-28　Linkedin的预键入搜索界面

更新数据

执行以下操作以更新数据：

1.　复制Facebook Type Ahead页面，并将新页面重命名为LinkedIN Type Ahead。

2.　调整Repeater Dataset页签（图附-29，A），添加一列并命名为Item_Type（B），这一列可以帮助我们区分"分类"和"结果"。

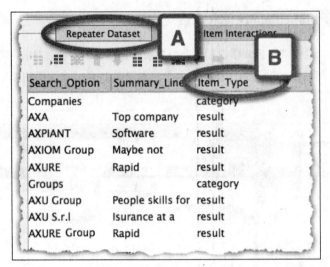

图附-29　调整Repeater Dataset页签

3. 将界面调整成Linkedin模式（见图附-30）。调整后的最终样式如图附-31所示。

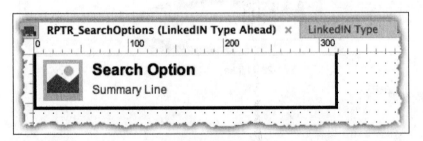

图附-30　调整界面

关于两个分类（Companies（公司）和 Groups（组织））还有两个问题要解决：

- 让它们看起来仍像个搜索结果项。

- 在搜索的时候它们要起到过滤的作用。

我们先处理后面一个问题，因为它比较简单。

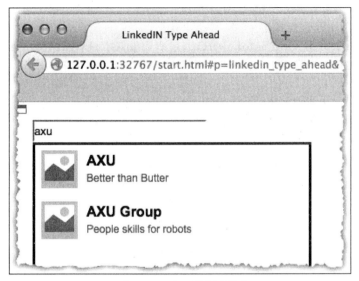

图附-31　调整后的最终样式

确保"分类"一直显示

为了确保"分类"内容不被过滤，需要在搜索框的 OnTextChange 事件中添加另一个条件，我们使用逻辑操作符 OR（它在代码里面看起来像两条竖线，||），它可以结合两个表达式。

在 Google 和 Facebook 案例中使用的字符串是：

[[item.Search_Option.toLowerCase（）.indexOf（LVAR1.toLowerCase（））>=0]]

下面是我们想要增加的表达式：

item.Item_Type=='category'

这个条件会检查数据集中内容的 item.Item_Type 属性是否是"分类"。对分类字段来说，这个条件永远都是正确的，而且我们使用 OR 操作符，对分类字段来说，整个表达式也永远是正确的，这能确保它们在过滤的时候一直显示。

所以新的条件查询代码应该是：

[[item.Search_Option.toLowerCase（）.indexOf（LVAR1.toLowerCase（））
>=0|| item.Item_Type=='category']]

现在结果里面始终都会包含 Companies 和 Groups 这两个分类（图附 -32，A），
不管搜索词是什么。这意味着这些分类会一直出现，不管它下面的结果（B）是否匹
配搜索词。

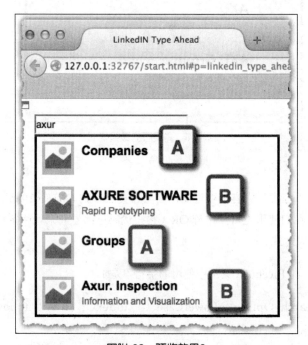

图附-32　预览效果2

 这个问题可以得到解决，但解决方案已经超出本书讨论范围。

修改分类字段的样式

现在我们要来处理棘手的问题，改变 Companies 和 Groups 内容的样式，让它

们看起来像一个分类标题：

1. 将中继器内容控件转换成动态面板（图附-33，A），命名为DP_List_Items（B）。

2. 动态面板包含两个状态（C）：

   ○ 第一个状态用来显示搜索结果项，里面的内容不变，将这个状态命名为Result_Item。

   ○ 第二个状态用来显示分类字段。复制第一个状态来创建第二个状态，我们会将它的样式调整成分类标题。将这个状态命名为Category_Item。

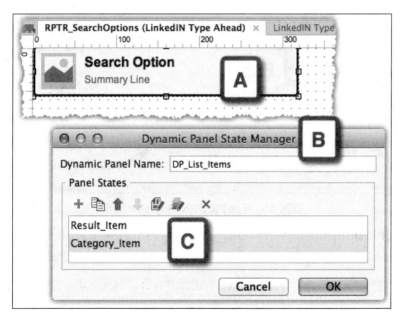

图附-33　调整中继器内容项

3. 注意之前添加的水平线HL_TopBorder应该待在动态面板之外，保留之前的隐藏设置。

4. 下面来调整Category_Item状态的内容，删除原来复制过来的图片和两个Label控件，创建一个新的Label控件并命名为LBL_Category-Name，如图附-34所示。

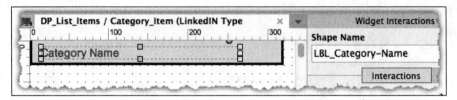

图附-34   调整Category_Item状态的内容

5.   当然还要改变矩形控件的背景颜色和高度。在Repeater Item Interactions页签（图附-35，A）下，更新中继器的OnItemLoad动作（B），将LBL_Category-Name和数据集中的Search_Option栏关联起来（C）。

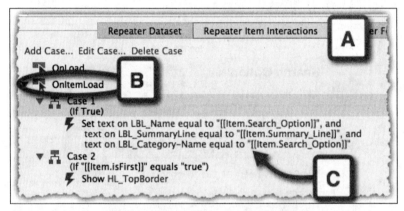

图附-35   修改中继器的OnItemLoad动作

6.   下面给OnItemLoad事件再添加一个情景，用来切换动态面板状态以显示分类。

7.   在这个情景中，我们添加一个条件，若条件符合，则改变动态面板的状态以显示分类。

8.   在Condition Builder窗口，将条件那一行的第一个下拉列表选择value选项（图附-36，A）。点击fx按钮（B）打开Edit Text窗口（C）。点击Insert Variable or Function...链接（D），从Repeater/Dataset 中选择Item.Item_Type（F）。

9.   关闭Edit Text窗口，将第三个下拉列表设置成equals（G），将第四个下拉列表选择value（H），在最后一个输入框中输入category（I）。

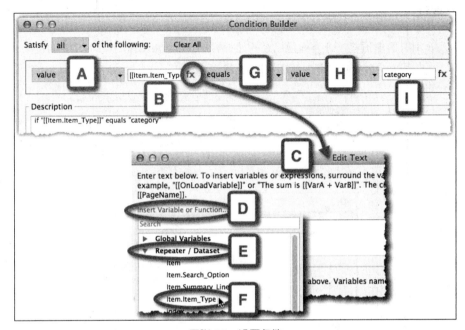

图附-36 设置条件

10. 关闭Condition Builder窗口并且添加一个动作,将动态面板的状态设置成 Category_Item(图附-37,A)。

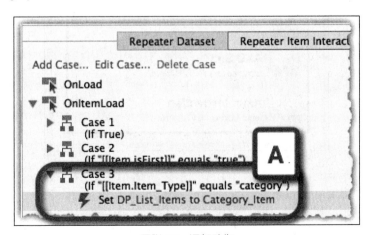

图附-37 添加动作

11. 记得切换情景的ELSE IF为IF。

12. 在浏览器中预览，分类标题已经开始变得像Linkedin风格了，但是新的挑战来
    了，那就是分类项之间的缝隙（图附-38，A）。

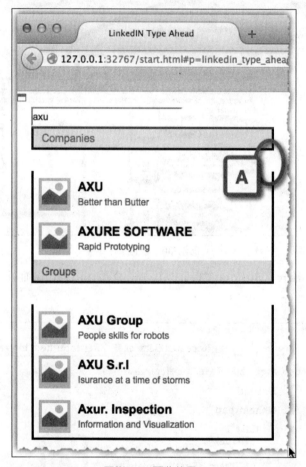

图附-38　预览效果3

这是因为 Result_Item 的行高是 60 px，而 Category_Item 的行高是 30 px。中继
器无法调整是因为这个面板的高度是动态的，所以它把所有项都设置成了 60 px。

希望最新版本的 Axure 能够解决这个问题，在那之前，我们来使用另一个技巧。

处理缝隙

现在有个 30 px 的缝隙要修复，基本的原理就是把这些项的位置往上提。这有些棘手，因为第一个 Companies 分类需要移动-30 px，Groups 分类需要移动-60 px，这样才可以修复它们的缝隙。如果后面我们添加第三个分类，就需要移动-90 px。所以，棘手之处就在于要为不同的项移动不同的距离。

添加一个新的全局变量并命名为 ItemOffset。这个变量用来存储当前的偏移量，当我们遇到一个新的分类时，只要按 30 px 递减就可以。

图附-39 显示了如何调整 OnItemLoad 事件。

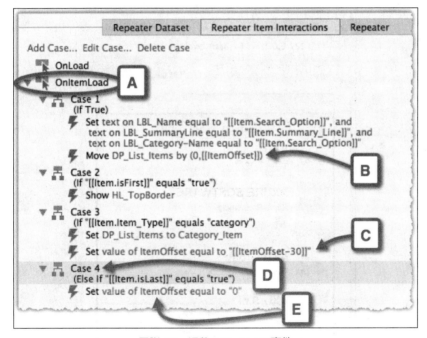

图附-39 调整OnItemLoad事件

对 OnItemLoad 事件（图附-39，A）进行如下调整：

1. 当中继器显示的时候，我们看到的第一个项应该是Companies分类。

2. 第一个情景被触发时，Companies会移动0 px——它看起来并没有移动过，只是触发了一个动作。

3. 如果这个项是一个分类，那第三个情景就会被触发，ItemOffset变量就会被设置成-30 px（C），那么之后的项就会移动-30 px。

4. 如果我们遇到了第二个分类，那么第三个情景会再次被触发，ItemOffset变量便会更新成-60 px，那么之后的项就会移动-60 px。任务完成！

5. 当最后一个项显示之后，将ItemOffset全局变量设置成0。

　　最终效果如图附-40 所示。

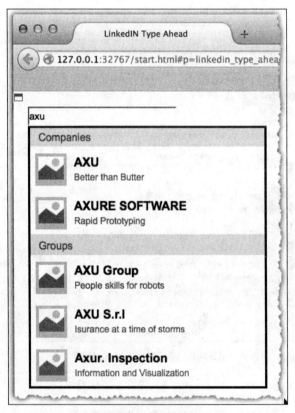

图附-40　最终效果

如果要添加一个新的分类，则可以在中继器的数据集中添加一个分类项，就这么简单！

总结

这个案例展示了如何用中继器创建强大通用的界面，并且可以轻易地更新数据和样式。和许多强大的功能一样，掌握中继器的用法需要多花一些时间。然而，一旦掌握了，就可以创建出从未有过的高保真界面。

创建一个在电脑上查看的RWD模拟器

Building A Form-factor Viewer/Emulator To Support Effective RWD Demos On The Desktop

教程作者：Svetlin Denkov。

教程等级：中级/高级。

Svetlin Denkov 是芝加哥 GN ReSound 公司的 UX 原型设计师，经常使用不同的技术来为移动和平板设备创建可交互性很强的原型。他在 DePaul 大学取得了人机交互专业硕士学位。Svetlin 还是芝加哥 IxDA 协会的带领人，基本上每月都会为当地的 UX 社区组织技术交流活动。

他使用 Axure 已经有很多年，这也是他最喜爱的原型工具。在业余时间里，作为一个大师级的用户，他经常在 Axure 论坛里帮助别人，他的昵称是 light_forget。你也可以关注他的 Twitter @svetlindenkov，他会发表一些关于 UX、原型设计以及技术相关的内容。

在不做原型设计的时候，Svetlin 会泡一杯浓浓的乌龙茶来寻找创作灵感。另外，他还喜欢骑山地自行车。

Svetlin 一直都在尝试创建响应式 Web 设计（RWD）。他很惊喜地在 Axure 7 的 Beta 版里发现了适配视图功能。依托于这个软件，他测试了移动优先的响应式 Web 设计。

电子杂志《UXmatters》（*http://www.uxmatters.com*）启发了他的早期实验。他为 UXmatters 移动网站做了两个 RWD 页面（从首页链接到文章页），并将他在实验中的发现分享给了 Axure 社区。

然而在他分享的过程中，遇到了一个意想不到的问题。要在电脑上触发不同的界面布局（图附-41，A 和 C），必须要拖动浏览器右下角的位置来改变宽度（B）。这给当时的一些 UX 设计师和设计顾问造成了困扰，很多人都需要解释才能明白如何操作才能在电脑上模拟效果。

从他收集的反馈来看，这种响应式 Web 设计的演示方法不太好用，因为观众会为这种演示方法分心。对于不熟悉的人来说，改变浏览器大小以及随之而来的屏幕滞缓变化都会带来困扰。

这是非常致命的，特别是在设计评审中向利益相关者演示时，所以演示响应式 Web 设计需要一个新的方法。

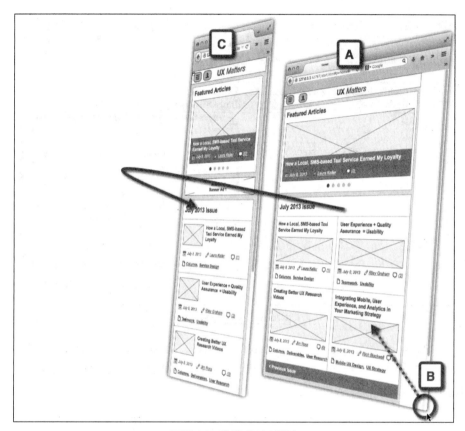

图附-41　响应式Web设计

设置

幸运的是，有一个相对容易实现的解决方案可供 UX 设计师选择。在开始说明之前，我们需要针对这个解决方案做一些假设。

要提前想好将要模拟的页面尺寸。在本教程中，我使用的是 iPhone 5S 的竖屏和横屏宽度（图附-42，A 和 B）。

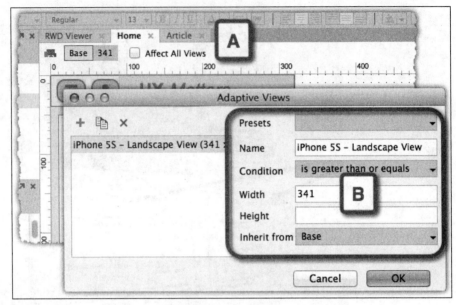

图附-42 设定页面宽度

iPhone 5S 的屏幕分辨率是 1136 px×640 px，关于移动项目设置的更多信息可以参考 *http://www.Axure.com* 上关于 iPhone 的教程。本教程中包含的两个页面分别是 Home（图附-43，A）和 Article（B）。

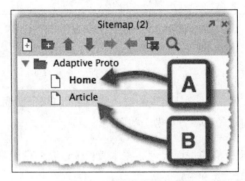

图附-43 教程中的两个页面

在 Home 页面的文章标题（图附-44, A）等地方，设置链接动作（B）到文章页面。

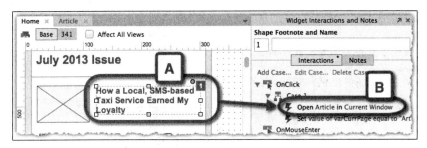

图附-44 设置链接

构建模拟器

这个解决方案包含了一个新页面 RWD Viewer（图附-45，A）、有两个状态的动态面板（C）、用来切换状态的控制器（B）。每个状态都包含了一个 iFrame 控件，且宽度已经被设置成了相应页面的尺寸（D），如图附-46 所示。

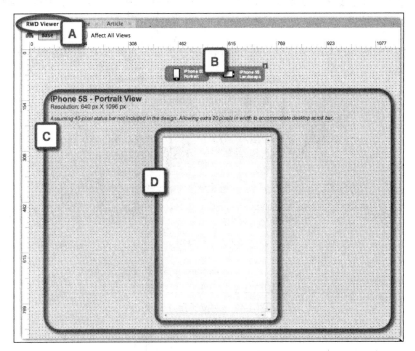

图附-45 RWD Viewer页面

设置界面

执行下面的步骤来设置界面：

1. 创建一个新的RWD Viewer页面（图附-46，A）。

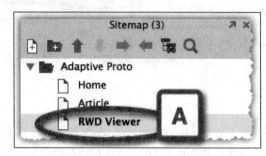

图附-46　创建RWD Viewer页面

2. 创建两个按钮来表示两个页面尺寸，并用图标来表示手机的方向（图附-47，A 和B）。当然你也可以简单地表示一下。

3. 使用Selection Group功能为两个按钮建立一个分组，并命名为buttons（C）。

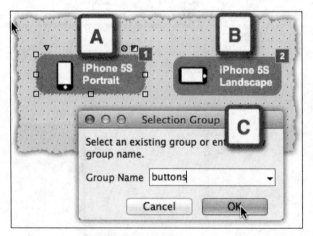

图附-47　为按钮建立分组

4. 创建一个包含两个状态的动态面板，命名为dp_Viewer（图附-48，A），并将两 个状态分别命名为s1_iPhone5SPortrait（B）和s2_iPhone5SLandscape（C）。

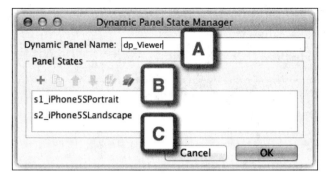

图附-48 创建动态面板

5. 设置动态面板的宽、高,确保它可以显示两个状态的所有内容。

接下来,为动态面板的每个状态添加 iFrame 控件,并将宽、高设置成特定尺寸:iPhone 5S 竖屏的宽、高是 340 px×548 px(图附-49,A),横屏的是 588 px×320 px。

在宽度设置上留了 20 px 给浏览器的滚动条。如果你用的是 Chrome 或 Safari 浏览器,滚动条只需要 2 px 宽度。另外,在纵向上还有 20 px 是用来容纳 iPhone 的状态栏。关于更多处理 iOS 状态条的信息可以访问 Axure 论坛 *http://forum.Axure.com*。

图附-49 显示的是竖屏状态(A)的 Location + Size 面板设置(B)。

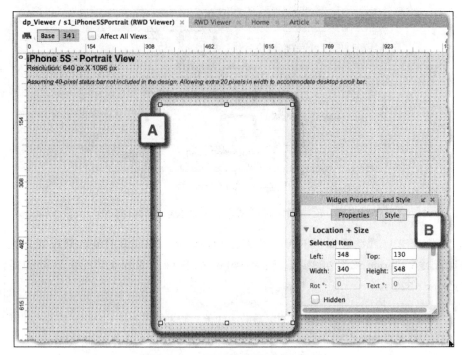

图附-49　竖屏状态的坐标和尺寸设置

图附-50 显示的是横屏状态（A）的 Location + Size 面板设置（B）。

下面我们来配置 iFrame，将 Home 页面设置为两个 iFrame 的目标页面（图附-51，A）。为了让界面看起来更简洁，我们将 iFrame 的滚动条选项设置成 Show as Needed 选项（B），让它在需要的时候出现。

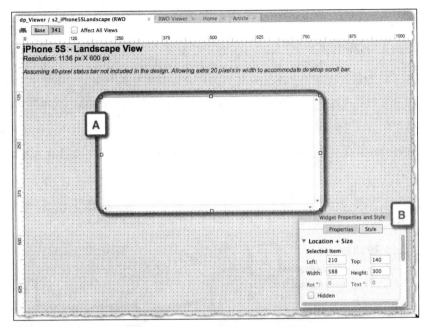

图附-50　横屏状态的坐标和尺寸设置

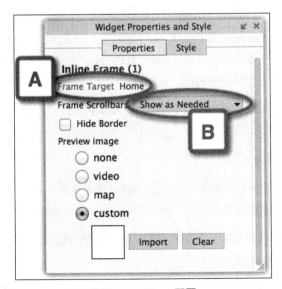

图附-51　iFrame配置

添加交互

下面来为线框图添加交互：

1.　为了将当前情境从一个iFrame传到另一个，需要使用一个全局变量来存储当前打开的页面是什么。创建一个全局变量命名为gVarCurrPage，设置默认值为Home。

2.　在Home页面（图附-52，A）中点击文章链接，将全局变量设置为Article（B）。

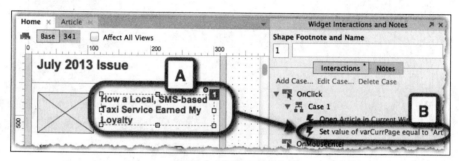

图附-52　配置链接动作

3.　同样地，在Article页面，如果用户点击相关导航返回Home页面，就要把gVarCurrPage变量的值设置成Home。也就是说，在所有链接动作中，如果要跳转页面，都要对全局变量的值进行更新。

4.　为之前创建用来切换状态的两个按钮设置相应的动作。

5.　点击第一个按钮的时候，将动态面板dp_Viewer设置为状态s1_iPhone5SPortrait。

6.　添加一个条件来检查变量gVarCurrPage的值，然后在iFrame中打开相对应的页面。例如，如果变量的值是Article，则在if_iPhone5SPortrait中打开Article页面。

7.　将同样的方法应用到第二个按钮，只不过这次是将动态面板dp_Viewer设置为状态s2_iPhone5SLandscape。

8.　如果还需要更多尺寸，就需要添加更多按钮，并设置相应的动作。

测试原型

在浏览器中预览原型来检查一下页面交互和布局。可能还需要调整一下 iFrame 的边框或说明文案的位置。现在，可以通过两个按钮（图附-53，A 和 B）来优雅地切换视图了，而不再需要拖动浏览器改变大小，在评审会议上演示原型的时候也可以让观众获得更好的体验。

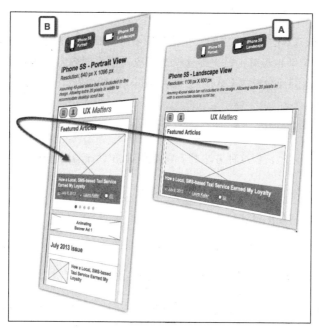

图附-53　预览原型

可能存在的局限性

这种方法可以显著提高响应式 Web 设计的演示效果，但它也存在一定的局限性：

- 响应式 Web 设计设计者需要为所有尺寸设置相关界面和按钮动作。如果其中有一些尺寸需要合并或移除，就意味着要对所有按钮动作进行更新。

- 使用动态面板来组织和承载不同的屏幕尺寸也可能让设计者混淆。当你在切换视图的时候，不仅要检查动态面板的状态，还要检查页面的名称。当状态或者页面变多的时候，就会变得非常复杂。

最新版的 Axure 在页面交互中有个 OnAdaptiveViewChange 事件可以帮助处理动态面板的状态，但这也解决不了需要拖动浏览器调整宽度的问题。

- 另外一个内在问题就是在切换视图的时候都需要在 iFrame 中加载页面，这样会在切换的时候造成一定的时间间隔。可以通过增加一个过渡界面来解决这个问题，不过这已经超出本教程的范围。

随着 Axure 7.0 的发布，它的云存储服务 axureShare（*http://share.axure.com*）的页面加载速度也显著提升，但这个速度取决于页面内容的数量和类型（例如，丰富的视觉图片加载速度就比矢量的 Axure 控件加载速度慢）。

总结

尽管存在局限性，但这种方法对于响应式 Web 设计的沟通还是有一定帮助的：

- 帮助项目组成员和利益相关者理解跨设备的视图设计。

- 促进评审过程中的设计讨论。

- 加强迭代设计过程的团队合作。

- 模拟器中演示的原型页面也可以在电脑或移动设备上演示。

除了花费时间、精力在创建响应式 Web 设计上，用户体验设计师还要花时间、精力在原型演示上。他 / 她必须在准备演示之前创建好模拟器。对于有着相同目标设备平台的项目，模拟器可以通用，创建了一个之后就可以应用到其他项目中。不过应用的时候要特别小心，注意相应的页面名称是否正确。

这个方法可能不适用于所有项目，特别是一些交互特别复杂的原型。最理想的是那种只有简单链接的交互原型。不管怎么样，我还是希望这个教程可以对你创建响应式 Web 设计有一定的帮助。

利用情景跨越不同的控件和事件

Reusing Cases Across Different Widgets and Events

教程作者：Ritch。

教程等级：中级/高级。

Ritch 是 Ax-Stream（一家从事 Axure RP 培训的 Axure 欧洲合作伙伴）的 CEO。他从 1995 年便开始从事 UX、UCD、可用性等工作，特别擅长前期概念原型的设计和可用性测试（使用 Axure）。Ritch 在这个领域发表了多篇论文，并且被收录在 2007 年出版的《人机交互百科全书》的编辑板块中。他还是用户体验专家协会（UXPA）的特邀讲师之一。

从 2008 年开始，作为一名 UX 设计师，他一直在使用 Axure 来做项目：设计高度复杂的 Axure 原型，开发控件库，将 Axure 整合进 UCD 和敏捷方法。他在本书的上一版本（《Axure RP 6 原型设计精髓》）中也贡献了一个教程。他还是 Axure 论坛的大师级人物，拥有自己的 Axure RP Pro Linkedin 组织，还会定期参加 AxureWorld 的演讲。

他在 Loughborough 大学的人类科学与高科技研究中心（HUSAT）取得了博士学位，并在五个国家进行过演讲，内容涉及 UXD、UCD、可用性、IT 策略、业务分析、IT 开发方法等。

在 Ax-Stream 做培训时，我们的听众经常会问能不能在不同的事件和控件中重复使用一个情景（Case）。更多的技术人员会问："是否可以在 Axure 里定义一个子程序的库，让它可以被重复使用？"

这些需求可以用下面这个案例来解决，图附-54 所示的是我们用 Axure 7 做的一个非常简单的可用性调查问卷。

1. Was this system easy to use?　　　　　⦿Yes　　◯No

2. Did you feel comfortable using this system?　　◯Yes　　◯No

3. Was it easy to learn to use this system?　　　◯Yes　　◯No

Total score

图附-54　可用性调查问卷

　　这里有三个问题，每个问题后面有两个单选按钮。在选择完每个答案之后，我们要统计总分，每一个 Yes 得 1 分，所以如果用户选择了 3 个 Yes，总分是 3 分，如果用户选择了 3 个 No，总分是 0 分。

　　下面在 Axure 7 里执行以下步骤来创建这个原型：

1. 创建一个页面命名为 questionnaire（图附-55，A）。

2. 添加三个 Label 控件来放置三个问题（B），再加上相应的 Yes 和 No 单选按钮（C）。

3. 添加一个矩形控件来显示总分（D）。

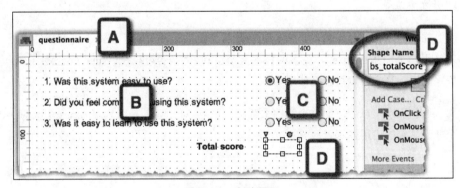

图附-55　创建原型

4. 为所有单选按钮以及用来显示总分的控件命名。

5. 为每一组单选按钮（图附-56，A）建立分组（B），这样每一组的答案就是唯一的。

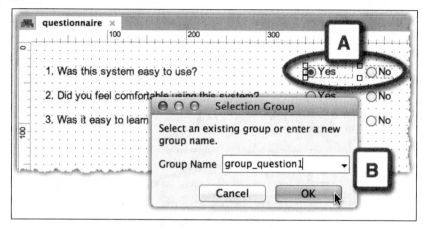

图附-56 为单选按钮添加分组

6. 为第一个单选按钮的 OnClick事件 （图附-57，A）添加一个情景（Case）并命名为 setTotalScore （B）。它会基于单选按钮的状态来计算总分。

7. 添加三个本地变量：LVAR1_question1、LVAR1_question2、LVAR1_question3，用来标记三个Yes单选按钮的选中状态（C）。如果选中的话，变量的值就会变成1。三个变量的总和又会添加到一个称为gVar_totalScore的全局变量上。

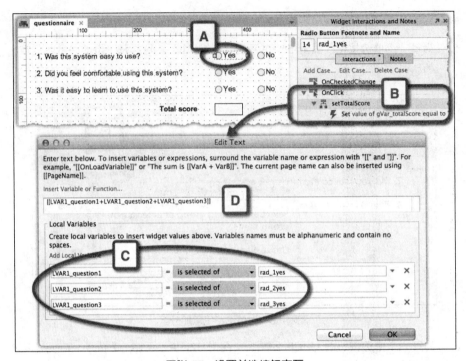

图附-57   设置单选按钮交互

8.   在同一个按钮（图附-58，A）上添加一个动作（C）到setTotalScore情景
     （B），使用**Set Text**动作。

9.   将gVar_totalScore变量的值显示在 bs_totalScore 矩形控件（D）上。

    将这个情景复制到所有单选按钮，当用户点击任何按钮时，分数都会被统计、
更新并显示。

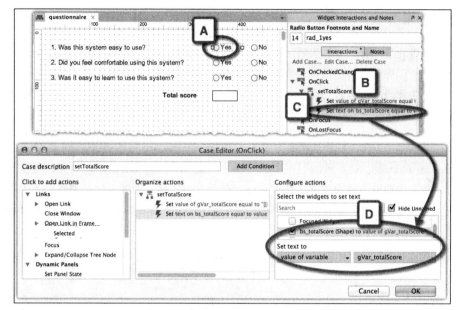

图附-58　添加交互动作，显示总分

问题

这个案例可以运行得很好，但是这个 Axure 原型架构有一个显著的问题就是，后期的维护成本非常高！如果我们想要增加额外的问题或更多单选按钮，问题就出现了。

除了向新增加的单选按钮添加情景（Case）以外，我们还需要更新原来六个单选按钮，这样总分才能够正确计算。这是一个相当冗长和烦琐的任务，在实际工作场景中，我们可能也会遇到这种情况。记住，原型的最关键特征是要快速！

如果每个情景里面都有很多动作和条件要更新，我们可以删除原来的情景，并且复制、粘贴已经更新好的情景，以便节省时间。然而这依旧是一个相当冗长和烦琐的过程。它的重复性工作也意味着很容易出错，例如，如果有一个或多个控件忘记更新了，我们很难察觉，可能还会以为所有控件都已经被更新了。

解决方案

　　幸运的是，有一个伟大的解决方案可以解决这个问题。这个方法会使用一个只有一个空状态的动态面板。这个动态面板响应一个由单选按钮触发的事件，并在这个事件中完成所有分数的统计动作，且显示最终分数。之前分散在各个单选按钮上的一系列动作都可以在一个地方集中管理。

　　下面我们来实现这个解决方案，复制 questionnaire 页面并将新页面命名为 questionnaire2（图附-59，A）。添加第四个问题（B），因为是复制的页面，所以还有一些工作要做：调整控件、计算总分。在看答案之前，尝试着自己去做一下。添加一个动态面板，放置在 bs_totalScore 控件右侧（C）命名为 calculator。不需要对这个动态面板的状态做任何操作。

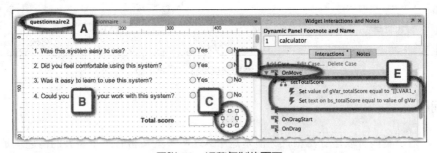

图附-59　调整复制的页面

　　从 questionnaire 页面的任一单选按钮中复制 setTotalScore 动作，粘贴到 calculator 动态面板的 OnMove 事件上。为单选按钮（图附-60，A）创建一个 Move calculator by（0,0）的情景（B）到 OnClick 事件。

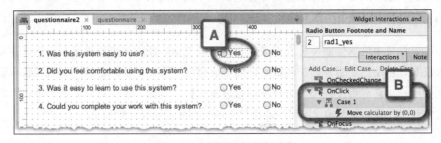

图附-60　为单选按钮添加动作

这个动态面板实际上并没有移动，只不过这个动作触发了动态面板的 OnMove 事件，然后再执行分数的统计和显示。将这个动作复制到所有单选按钮。

这种架构意味着如果我们要增加更多问题，只需要更新一下动态面板的 OnMove 事件，并且复制、粘贴一个简单的动作到新增加的单选按钮就可以，而不需要更新原有的单选按钮。

总结

当然，这种方法只有在原型中需要大量使用重复情景时，才能体现出节约时间、预防出错等优势。但是这种架构有一个不太显著但是很关键的优势，就是让原型中的各个控件 / 事件所执行的交互动作变得可追踪。这种架构也让管理复杂的交互变得更加容易。不过，这也增加了原型潜在的复杂性。

这种架构的最终目的就是去触发动态面板的 OnMove 事件，然后再根据变量来判断（使用条件）要执行的动作。事实上，一些 Axure 专家，包括我自己，经常会把这种架构应用到一些非常复杂的原型。我们使用一个单一的动态面板或者一组变量来管理大多数甚至全部的交互动作。以我的经验，这种方法可以让交互模型变得更简单清晰，也更容易找到漏洞（Bug）。事实上，这样的例子可以在 Ax-Stream 的 Drag，Swipes and Spins 控件库中一个称为 menuPanDragSwipeRepeaterItems 的控件中找到（可以在 *www.ax-stream.com* 中免费下载）。

这种架构还可以应用在 Axure 原型设计的扩展中。我们可以在页面上放置一系列控制用的动态面板，就像一个子程序库，如果有需要，可以在任何控件或事件中调用它们。

当然，和所有的 Axure 功能一样，如果我们想要跨页面使用这些控制面板，可以将它们装进模板（Master）。同样地，也可以把它们放到自定义控件库中，这样它们就可以被不同的项目重复使用。我也希望这样的控件库可以在 Axure 社区里传播，这会让 Axure 的原型设计速度更快。和编程一样，很多能够解决常见问题的子程序和对象都会对开发者免费开放。

　　显然,这种艰巨的任务更适合那些有技术背景、能够创建复杂 Axure 原型的人们。不过,通过动态面板的 OnMove 事件来减少冗余,这种交互模式应该还不太难以理解,所以我希望它可以得到更广泛的应用。

使用Axure UI套装——控件库

Using The Axure UI Kit, A Widget Library

　　教程作者：Marc-Oliver Gern。

　　教程等级：初级到高级。

　　如果一个软件产品的交互组件和 UI 元素不能保持一致性,那就真的是场噩梦。这不仅会对用户和开发者产生困扰,也抬高了开发成本,因为它们难以管理和更新。我们的目标是用尽可能少的 UI 组件来设计应用的全部功能。

　　Marc 创建了一个新的 Axure 工具包（*http://wearebridge.co/ux-tools*）来帮助 UX、IX 和视觉设计师打造更好、更快、更一致的原型。它包括了 UI 元素、页面模块和页面模板。你现在可以利用他所提供的一些模板来轻松创建线框图或流程图,或者创建自己的控件库。控件库不仅可以让界面保持一致性,还可以用来定义和记录设计成果。Axure 的控件库可以很容易地分享、测试、保持更新。

　　本节会带你简单地走一遍在控件库中创建一个新的页面模块的过程。一个页面模块会包含多个 UI 元素,可以根据自身属性有不同的变化。随着单页面的普及,动态模块已经变得越来越重要。

概念和定义

　　我们假设你已经有了一个控件库,并且已经定义好了一个一致性的形式语言（颜色、形状、比例、字体、外边距、内边距等）。我们可以直接开始一个新模块的设计。对于新模块的情景、功能和形式我们也已经清楚了解。

接下来，我通常的方法就是去网络上找最佳实践，看看是否有已经建立好的设计模式可以采用。特别是当你为一些封闭的平台做设计时，例如 iOS、Android 或 XBOX 等，你要确保"遵循现有框架"（Roman Nurik，来自 Android 设计团队）。如果你在一些大的网站或应用中看到过某种模式，那么这种模式可能已经通过了用户测试。你还可以通过 Google 来获得更多关于可用性和性能方面的信息，网上的知识很丰富。

如果需要更多灵感来提升设计，可以去下面的网站中找找：*www.pattrns.com*、*www.littlebigdetails.com*、*www.behance.com*、*www.cssdesignawards.com*，等等，这里有很多有趣的设计。毕竟，设计需要想象力和实验，而不仅仅依靠数据。

最后，你可能找到了一个比较好的方向，甚至已经有了两个解决方案。现在要快速地和前端开发工程师来看一下是否存在性能问题。他也会估算一个大致的工作量。第一步的目标是找到一个最完美的解决方案来解决你的设计问题。

创建原型

你有了一个清晰的想法，并做了笔记，画了草图，然后开始在 Axure 中创建新的页面模块。我希望你使用 Axure 内置控件库并创建一个新的库，它更易于管理、分享和分发你的组件。

首先，看看现有的 UI 元素哪些可以复用。记住交互设计师的一句口头禅：build more with less，more efficiently（用更小的资源做更多、更高效的事）。像前端开发工程师一样去思考，考虑哪一些代码可以复用。看看我们的网站或应用，有哪些元素组合可以被复用。

以下面的网页模块（见图附-61）为例，它是一个新手用户的欢迎模块。它将很多功能都包裹进了一个动态控件，并且由一些基本 UI 元素组成：手风琴折叠组件、表单文本域、按钮、幻灯片，还有模块窗口自身。这些基本元素或许在你的控件库中已经有了，你要做的就是把它们组合到一起，并使用全局统一的风格样式。对于小屏幕设备，分辨率和适配视图可以只保留左、右手风琴折叠的那一部分。

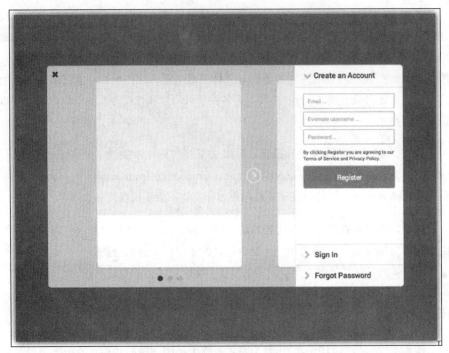

图附-61　欢迎模块

那些组件（手风琴折叠组件、表单文本域、按钮、视图控制器）你应该已经有了，现在就可以立即拿来用。

如果你在组件之外创建了一个模板（Master），就可以使用控件交互和页面交互。页面交互可以用onPageLoad事件来做一些初始化设置，例如，将动态面板设置成一个特定的状态。确保对所有组件或者模块都进行命名，它可以让你更容易地添加交互，更快地找到对应的控件。

背景

在构建组件时，要考虑即将使用这个控件库的相关人员（其他设计师、研究员、策划或文案人员）的使用情境。比如前面的例子，我没有定义每个单独的元素，也没有添加其他状态或视图，这个模块是开放的，我只是提供了一个框架，其他人可以在这个基础上继续工作。我们来讨论这样一个案例：一个 UX 研究员想要在欢迎模块上测试不同的图片和文案，你要让他能够快速地修改内容、建立多个测试案例。另外，你也可能有机会去为不同的市场设计产品，这时，一个控件库就会是一个很好的工具。使用 Axure 的控件库来定义全局样式属性是一件非常好的事情。你可以很轻易地修改控件库中绿色按钮的字体。也许总经理不喜欢绿色的按钮，也可以一键把它改成灰色。

你以为已经完成了吗？错，还有一些扫尾的工作：添加描述、命名，并把它放到相关文件夹中以便别人可以方便地找到。我通常会使用一些类似于 UI 元素、页面模块、页面组件等的分类。也许使用开发人员的命名规范还会更有意义。

测试

你已经创建了一个新的模块，现在可以进行测试了。打开一个新的文档，并从控件库中把新的模块拖到页面中。我经常使用 Dropbox 的公开文件夹，这样就可以使用一个链接将它分享给利益相关者。在浏览器中预览效果，点击所有交互组件、查看所有视图等，如果需要的话，别忘了在平板电脑或小屏幕设备上也进行预览。你要特别留意可读性、定位、过渡效果等。有没有发现少了什么交互？可能从控件库中拖出控件的时候，一些控件之间失去了关联，回到原型中看看交互动作，有没有一些未定义（Undefined）的代码。这个阶段的目标就是保证原型能够坚如磐石，这样才能给真正的用户做测试。

迭代

你会发现一些可用性问题或性能问题，并且还从用户体验研究中拿到了一些测试结果，然后开始进行优化：软件的 1.0 版本往往会频繁地更新，所以一定要持续跟踪变化。我经常会为所有控件库添加一个更新日志页面。你也可以用 Axure 的 Note（注释）来跟踪变化。这样，所有使用你的控件库的人都能够了解这些变化。现在，你可能不是这个控件库的唯一使用者了，所以这是一个记录工作的很好方式。

现在你已经为控件库添加了一个页面模块。可以发个邮件来告诉你的同事，向他们介绍这个新的模块。下面开始用 Axure 来创建你自己的 UI 工具包或者交互风格指南吧！

团队协作

Collaboration

下面的内容是部分 Axure 用户使用 Axure 的团队项目（之前的版本称为共享项目）功能来进行团队协作的经验分享。比如，Ildikó 的故事讲的是一个小团队的合作经历，可能她所遇到的挑战你也曾遇到过。这整本书讲的都是一些策略，我们希望它能够帮助读者们解决一些问题。而 Orbitz 的案例（一个全球旅行网站），则是通过另一个侧面来讲述团队协作。他们的过程给整个 Axure 组织带来了巨大的转变。

小团队的协作

Collaboration in Small Teams

本节作者：Ildikó Balla。

Ildikó Balla 是居住在澳大利亚悉尼的 UX 顾问。她在移动、Web、桌面应用等领域已经工作了 6 年，涉及的业务有简单的网站，也有复杂的后台管理系统以及电子商务平台等，并且带领了一个小的交互设计师团队。无论是做交互设计还是高保真原型，Axure 陪伴了 Ildikó 5 年之久。

Ildikó 现在任职于 reInteractive 公司（*www.reinteractive.net*），澳大利亚最大的专注于 Ruby on Rails 的开发公司。她负责需求分析、信息架构、交互设计，以及复杂的 Web 应用程序和商务智能解决方案的用户测试。

Ildikó 经常在她公司的博客上发表一些关于 UX、交互设计、原型设计的文章。她还定期出席 AxureWorld 或者一些与 Axure 和 UX 相关的活动。她还是《Axure RP

Prototyping Cookbook》（John Henry Krahenbuhl 著，Packt 出版）一书的技术评审。

在业余时间，她乐于摄影、旅行、骑行、学习新语言等。

团队项目的思考

在我经历的一个项目中，我带领了一个由三个新手交互设计师组成的小团队，他们对于 Axure 都不太熟悉。所以我不得不将我自己的 UX 和 Axure 的工具经验快速地分享给他们。另一个挑战就是他们中一些成员英语交流能力有限，特别是需要对原型做注释时。

我们需要对线框图进行注释，这些注释会提供给业务分析师，再由他们来产出更详细的规格文档，配合 HTML 原型以供利益相关者浏览。

为了支持团队协作，我们使用了 Axure 的共享项目功能（在 Axure 7 中改名称团队项目）。在公司 IT 部门的帮助下，我们将共享项目文件存放在公司的 SVN 服务器上。

我是一个命名规范的推崇者，我鼓励我的团队去使用命名规范，因为它可以节省大量的时间，特别是当你需要去猜测某一东西"是什么"或者"能干嘛"的时候。但是，我最终没有执行它，因为很难对所有事情做到面面俱到。

我们的原型会包含一些视觉设计和高保真交互。我们的工作方式就是每个团队成员都会分到一组页面，并负责相关页面的交互设计。

如果 Axure 支持的话，我们会自己写代码来添加交互说明。但在全局变量上，我们却遇到了一个挑战。因为每个团队成员都会根据需要创建一些变量，我们之前也不可能建立一个变量列表，列出它的所有人、应用场景，等等。所以最后 Axure 中全局变量就像雨后春笋般地一个个冒出来，还不敢去随意删除，因为谁也不知道谁在什么地方用到了它。

团队的每个成员都有自己的一块原型页面，这些成员之间有着明显的风格差异。有的人布局工整，有的人则比较粗放，例如，使用扭曲的图片或线条宽度不一等。

这就带来了一致性的问题，我们开始的时候没有统一一个控件库，不过后来立马就开始使用模板（Master），不至于让一致性问题失控。我们还建立了一个风格指南，它可以真正确保一致性。

大团队的协作

Enterprise Team Sharing

本节作者：Susan Grossman。

Susan Grossman 是一个企业顾问，工作头衔经常是资深 UX 分析师、交互设计师、技术培训师。她在不同的公司都使用过 Axure，这些团队的工作方式和流程都有细微的差别，经历了不同的项目风格，有瀑布型的、敏捷型的、精益型的。她还作为自愿者无偿去帮助提升可用性和实现无障碍设计。她居住在加利福尼亚，还养了一只罗得西亚脊背犬。

Susan 的经验分享是关于在大 UX 团队中使用 Axure 协作功能遇到的挑战，一些基本原则和 Ildikó 的很相似。

团队项目的思考

在企业环境下使用 Axure，在企业防火墙之外在线共享项目是必须的，我无法想象回到家里无法工作的情况。

最好有好几个库，可以让你为不同的项目设置权限和进行版本控制。其中一个库用来存放项目日志，并支持项目分组，在创建共享项目的时候，最好可以有 Email 来发送通知，告诉你项目地址的 URL。能够使用共享项目的 UX 团队一定是非常繁忙的，对我来说，它更强调的是团队合作精神，即使你在远程工作，也应该在所有签入列表中看所有的更新摘要以及更新人。

为每次签入添加注释、下载之前的版本，这些都是已经存在的功能。不过我还想要的一个功能就是去获得一个之前版本的部分内容，并将它导入当前文件。因为很多时候由于业务需求变更，一些内容会被砍掉，但是在后面的版本中这些内容又可能在别的地方被加回来。

Axure 允许我们选择生成的页面，所以一些团队会设置多个原型封面（即原型打开的第一个页面）。有一个封面是必须要生成的，它会解释你演示的线框图是什么，它包括什么、不包括什么，还有一些使用须知、视觉风格（高保真或者草图）等。

还有一个页面可能永远都不会生成，但是却可以在项目被人们打开时看到。它包含了一些项目的原始资料，例如，需求摘要、未发布的功能特性、历史版本记录等。

为什么要部署在防火墙之外

你不需要自己创建一个主机或库进行安装和维护，可以从一些地方租用。

很多公司都有一个在线 Bug 跟踪系统，或者把它们的知识存放在一个防火墙之外的地方，这些使用场景和你使用 Axure 共享项目中的很像。不管项目成员在哪里，他们都希望能够随时访问到这些平台，而不需要经过什么网络认证等步骤。当我们使用 Axure 的团队项目时，你的文件会变得越来越大、越来越笨重，或者在网络不好的情况下根本无法连接。在你下了班或周末等无法及时赶回办公室时，总会需要从外部来访问文件。

这个库还需要支持不同级别的权限设置，因为我们可能会不小心删了别人的文件，或动了别人的项目。就像墨菲定律，不管事情变坏的可能性有多小，它总是会发生的。至少你需要限制管理人员的角色（可以增 / 删），还要有个超级管理员可以设置项目成员的项目签入和签出权限。

流程和规范

对于使用 Axure 共享项目的 UX 团队来说，建立一个流程和规范非常有必要。它应该包括如何使用库、如何在站点地图中添加或删除页面、什么情况下必须使用模板、什么时候新建模板、如何创建交互等。

保持最新

在开始工作之前，我们要从共享目录上获取最新变更，否则，很有可能会把别人的工作覆盖。

在生成原型或快速预览之前，也一定要先从共享目录中获取所有变更，否则很有可能你生成的原型已经失效。我就看到过客户质问说为什么他们明明看到某部分内容已经改好了，最后却没有显示。

永远不要使用 Check out Everything 选项，除非你要对所有页面做修改，同时你也要通知该项目的所有成员。没有什么比这更郁闷的了：当某天深夜你想要修复一个页面时，却发现这个页面被一个不需要用到这个页面的同事签出。页面应该按开始时制订好的计划签出。

有一些团队要求成员每天下班前完成所有签入操作，这样既可以做版本控制，也可以利用签入日志做进度记录。还有一些团队会规定某些特定部分，在完成评审之前不许签入。这种方式对于新模板或对旧模板进行修改都非常有效，对于需要很多人参与的大项目来说也是很好的选择。

文件大小

我们需要利用 Axure 的共享目录来保存历史版本的一个很重要原因就是需考虑文件大小。在项目开始的时候，我们往往会创建多个版本线框图，经过评审和讨论有一些页面会被放弃，然后我们会将这些页面删除，以减小文件大小和降低复杂度。如果将这些历史版本全都保留在文件里，那会让同步或下载变得非常缓慢。

而在共享目录里面保存历史版本会非常方便，或者当业务方突然又想起以前版本中看到的一些内容想拿来用时，我们也可以快速获取旧版本。没有用的页面不建议保留在文件里，因为可能某个同事在不知道的情况下会使用这些页面，而这又是业务方不需要的。

另外，在建共享项目的时候，还要了解和考虑团队成员的办公环境。如果你上传了一个比较大的项目文件，一些使用老电脑的同事可能就会出状况：运行错误、程序崩溃、耗时等。可能不是 Axure 出了问题，而是运行 Axure 来获取共享项目的系统出了问题。

全局命名规范

正如前面提到的，在项目初始阶段，我们会快速建立几个页面，并作为根页面，后面的页面都会在此基础上建立。这时页面上很多元素的命名一般都参考原始需求、用例编号、用例名称等。

例如，一个页面有两个初始概念版本，一个是页签式的面板，另一个是动态面板，而最终版本可能是一个控制面板。有一点很重要：每个不同版本的页面命名都要有一定的规范，即使人们在远程会议上也能通过名称就知道对方指的是哪个页面、哪个元素。

动态面板

在一些项目中，对于一个相同的页面，可能不同的角色访问会有不同的界面或显示不同的数据。这时，我们会在 Axure 里利用动态面板让这些角色对应的界面动态显示。我们在页面左上角或右上角放置一个小的控制面板，通过它让界面在不同的角色之间切换。业务方也很喜欢这种清晰直观的方式。

不过，接下来可能就要开很多额外的会议，因为这些动态的界面是没有实际的页面来承载的，它们只是动态面板的某些状态。我们需要向其他人交代为什么没有对应的线框图页面。

针对这种情况，我们也可以不使用动态面板，而是建立多个真实的页面，但保留页面上的控制面板。业务方仍然可以通过控制面板来切换不同角色的界面，只不过现在是切换真实的页面。不过，如果是用来显示数据反馈、成功或错误提示等，我还是建议使用页面内的动态面板方式。

团队技能

不是所有的团队成员都能够熟练使用 Axure。可能有些能力强的成员在开始的时候就已经把所有的模板都建好了，而一些人还在做故事板或者粗线框稿。怎么为线框图添加交互就要依赖团队的整体水平了。如果大部分人技能都一般，那么最好只使用一些基本的交互，这样才能保证最后产品的一致性。

建立复杂的交互动作也会有一个风险。我曾经就和一个 Axure 高手合作过，他把他的技能应用到了项目中，建立了很多复杂的流程和概念原型。在他走了之后，项目也换人了，当要进行一些重要需求更新时，新成员却不知道应该如何更新线框图和交互。

如果团队成员的 Axure 技能都很强，那么就可以合理利用 Axure 的高级功能了。

大多数 UX 从业者都比较擅长故事板和信息架构，所有团队成员都应该可以利用 Axure 建立网站地图和流程图。Axure 让这些任务变得简单，并且可以在站点地图中组织不同的版本，将你的工作和规划可视化地呈现给业务方。在这个阶段，可以使用简单的故事板，就像我们在 Visio 里使用一样，可以把故事板放在第一页，把站点地图放在第二页。

制作和发布原型以及更新

我合作过的一些团队会使用加密的 AxShare 来发布他们的原型。AxShare 允许每个团队创建自己独立的 URL 和密码。

在发布之前要确保发布的所有页面都经过评审和确认，这也就意味着有人需要去管理 Axure 生成器中的页签，以确保选中的都是确认后的页面，当有多个成员共同使用同一文件时，这会变得复杂、难管理。

不是所有的文件都会用来发布，但要确保用来发布的文件已经更新至最新版。在发布之前，你可以在本地检查一下，以确保该发布的页面都已经签入、不该发布的页面都已经取消、需要给开发团队看的注解都已经添加。

设定期望

在做大型网站或 Web 应用项目时，可能会遇到多个团队合作的情况，每个团队对于要产出的交付物都有各自的预期。通常，这种预期在各团队之间存在较大差异。

幸好，Axure 让产出的交付物质量大大提高，从而缩小了团队之间的差距。另外，在需求阶段就可以先约定好交付物的形式，例如，前面提到的封面设定就是一种约定。

你要构建的是什么?

整个团队需要对如何使用 Axure 达成共识。

原型构建或者设计的目标是什么? 用这些交互来进行分析还是只是用来描述需求? 业务需求是希望加到线框图里面还是用另外的交付物呈现? 预期的原型复杂程度是怎么样的? 所有的这些因素都会影响到对 Axure 技能水平的需求。另外，是否需要把所有的需求、线框图整合进一个规格说明书里? 如果需要，团队成员最好都知道如何利用 Axure 来生成一个可用的需求文档。

是否套用现有的视觉样式? 是否是在另外一个团队建立的产品基础上做更新? 如果是的话，你一定希望看到有已经建好的模板或者可用的控件，这会帮你们节约很多时间，不过这也依赖你们选择的构建方式。

我曾见到过一些 UX 设计能力很强的人只会使用一些基本的 Axure 技能，很多功能都不知道怎么用。如果为他们搭配一些 Axure 高手，那可能会产出质量非常高的交付物，但如果单打独斗的话，他们注定会失败，并让业务方和开发人员都不满意。

线框图的界面外观

下面的部分会讨论线框图保真度的重要性和影响。

高保真的线框图让观点得以真正呈现

一些公司曾经聘请我帮他们做项目评审，他们把 Axure 文件给我，让我看所有路径和流程。这些 Axure 文件包含了所有页面之间的导航链接以及高保真的内容（最终图片和文字）。这些 Axure 文件让我可以彻底地评审项目，并且完全理解页面上的交互动作及响应。正是这种高保真的原型让我们免去了一些阐述性的会议，并且可以百分百远程工作，这样就可以花更多时间专注在项目的分析上。

高保真线框图也可以导致极度失望

在做一些大型项目时，原型也不会随着文案人员和 UI 人员对内容或图片的更新而更新。原型只是用来在设计的某一阶段定义一些基本的交互和布局。

在这种情况下，Axure 只是作为一个工具来帮助业务方理解他们需要什么，什么应该做，什么不应该做。一旦确定下来，这个 Axure 文件就被只当成一个工具，指导 UI 人员或文案人员产出相应的内容。紧接着团队开始开发编程，然后产出真实的产品以供测试。在线框图的不同阶段，整个团队会用它来讨论用户路径，表达他们的忧虑、提意见，等等。

这时候如果线框图是高保真的，那么业务方就会想要在原型中看到真实的内容，而不是占位符，并且想要知道图片最后会是什么样的。系统管理员则会去点击每个链接，而实际上并不是所有的链接都添加完成，他们会希望你把所有的链接都加上。然后开发人员会告诉你，除非把最终内容和所有可能的流程都加上，否则他们不会开始开发。

如果你试图满足这些需求，可以把内容换成确定后的文案，把界面调成确定后的样式，等等。原型看起来出乎意料地真实，但接下来你必须一直保持更新，直到这个应用终结，并且这中间也不要想着去投入新的项目了。这会搞得大家都很沮丧，你可能永远都要专注于调整小细节，工作量远远超出预期。

草图的好处

在项目开始的时候一定要设定好大家对于 Axure 线框图的预期。确保利益相关者都能非常清楚地知道交付物会是什么样子，例如，它的范围和保真程度。在大型项目中，如果有必要的话还可以让所有团队都签署这个关于交付物的协议，并提醒利益相关者。

有很多方法可以传达出原型的观点，例如，利用 Axure 本身的视觉效果。只在需要强调的地方使用颜色，将头像和图片置灰或者使用 Axure 的草图效果，这些都可以传达出线框图并不演示产品的界面外观。它看起来更像是故事板而不是原型。

Lorem Ipsum（乱数假文）和占位符一样好用，不过要掌握好何时以及如何使用。结合草图效果，在初始阶段的内容段落使用 Lorem Ipsum 可以让业务方专注于你的交互而不是内容本身。但要引起注意的是我最近碰到的一个例子，我竟然在一个项目的测试环境中看到了 Lorem Ipsum，开发团队在提交代码的时候没有把这些文本清除，而这种错误只有在测试中才会被发现。

把Axure当成文档库

Axure As A Document Base

本节作者：Adam C. Basey、Suresh Kandeeban、Melissa Sisco、Vinoth Balu Gunasekaran、Julie Harpring。

Adam C. Basey 是 Orbitz Worldwide（一家在线旅游公司）的一个信息架构师，他也曾在 Accenture、User Centric 以及 Indiana University Alumni Association 等组织机构工作，从事的都是关于 IT（信息技术）或 HCI（人机交互）相关领域的工作。他在印第安纳大学获得了人机交互 / 设计专业的学士和硕士学位。他对设计总是充满了激情，并且能够让事情变得简单。他是一个专家，能够鸟瞰问题，并能在动手解决之前理清思路。他爱好健身，是 ACE 认证的培训师。在业余时间里，他还经营着他的 *bodybybasey.com* 网站。他的 Linkedin 地址是 *http://www.linkedin.com/in/adambasey*。

Suresh Kandeeban 是 Cognizant Interactive（顶级的服务和顾问公司）的信息架构师，在 Cognizant Technology Solutions 的用户体验部门工作。他是 Axure 爱好者，一直在探索如何更好地使用 Axure，并且乐于分享他的知识。他在使用 Axure 方面是专家，也精通其他原型工具，例如，Balsamiq、Visio 等。他喜欢阅读移动相关的设计书籍，响应式设计、SEO 等也是他感兴趣的领域。他的个人网站是 *www.sureshkandeeban.com*，也可以在 Linkedin 上（*http://linkedin.com/pub/suresh-*

kandeeban/72/a3b/973）找到他。

Melissa Sisco 是 CA Technologies（一家大型独立软件公司）的用户体验主管。她在用户体验领域工作了 16 年之久，致力于将糟糕的产品体验转化为积极、简单、直观的设计。之前她在 Orbitz Worldwide 任职，帮助 UX 团队完成了原型工具从 Visio 到 Axure 的转变。在到 Orbitz 之前，Melissa 曾是 Accenture 的用户体验团队的一员，为世界 500 强企业设计过很多网站。她的 Linkedin 地址是 *http://www.linkedin.com/in/melissasisco/*。

Vinoth Balu Gunasekaran 是 Cognizant Technology Solutions 公司（一家全球领先的商业和信息技术咨询公司）的认知交互与用户体验部门主管。他在交互设计领域已经工作了 10 年之久，为商业应用、门户网站、电子商务网站等领域架构用户体验解决方案。在一个长期的咨询项目中，他帮美国一家在线旅行公司做过一个商业方案，在工具上带领团队向 Axure 过渡，并在过程中完成线框图规格文档。当不忙于客户项目的时候，Vinoth 通常会从事一些概念方案验证、基础研究等工作，为 Congizant 公司的全球客户准备解决方案。

Julie Harpring 是 Orbitz Worldwide 的高级用户体验设计师，前不久还为她的 UX 团队建立了一个 Axure 自定义控件库。自 2005 年进入交互设计领域以来，Julie 曾为 Orbitz Worldwide、eBookers、HotelClub、CVS Caremark、Motorola Solutions、Missouri 大学、Goodyear 等组织机构创建过移动、平板、桌面电脑等方面的解决方案。她在印第安纳大学获得了人机交互学硕士学位，还在英国的 Missouri 大学获得了新闻学学士学位和艺术类专业的学士学位。Julie 喜欢用她新闻学的技能去洞察用户，并依此创建出令人振奋的新概念。她的 Linkedin 地址是 *www.linkedin.com/in/julieharpring/*。

下面这个案例非常好地阐述了一个企业或组织为什么会从 Visio 转向了 Axure，也讲述了如何利用这个工具来进行前期战略规划，赢得长期价值。

下面的案例包括了以下团队成员的反馈和贡献。

背景

多年来，Visio 一直是我们公司的文档工具，用它来绘制线框图，并用它来收集我们的产品平台所有可能用到的组件、组件的排列组合及各种页面。我们把这样一个集合称为模板文档。

我们公司 UX 团队一个典型的项目过程是这样的：当接到一个项目时，我们会复制模板文档，创建出一个副本，再在这个副本基础上根据项目需求进行修改。这个副本会被当作项目文档（Project Document）。项目文档用来让业务方评审，并且在发布前不断迭代更新。一旦项目上线，这个项目文档就会并入原来的模板文档，以确保模板文档可以保持最新。我们称之为合并，图附-62 显示了这个合并过程。

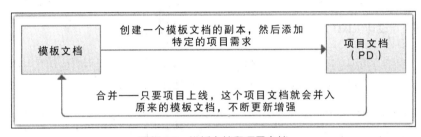

图附-62 模板文档和项目文档

在以前，这个过程（见图附-62）都是在 Visio 里完成的。Visio 曾被当成一个伟大的线框图和文档工具，但是缺少了 UX 产业发展需要的一些功能。有时候，向利益相关者展示一些可交互的原型或线框图，能够帮助他们更容易地理解概念。我们需要一个能够画线框图、添加注释、捕获功能规格，以及创建交互原型的工具，所以我们开始探索 Visio 以外的工具。

现在 Axure 已经变成了我们公司的原型工具，不过我们还是需要在 Axure 里面重建一遍我们的 Visio 模板文档。所以，为什么选择 Axure？它对我们的模板文档有什么帮助？下面我们一一道来。

为什么使用Axure

下面来讲讲 Axure 如何优化我们的 UX 设计流程，以及它如何保持我们现有信息架构而又丰富了我们的交互设计能力：

流程优化

- 创建更精简的文档；

- 简化编辑和记录过程；

- 让文档的交付过程变成流线型；

- 简化合并过程；

- 在原型的创建过程中，项目文档就已经差不多生成了；

- 团队中的大部分成员都能熟练使用 Axure；

- 让原型制作效率更高。

丰富交互设计（IxD）

Axure 提供了一个强大的原型画布，还有很多交互设计需要的核心元素：IxD 就是用来定义系统行为的，以回答"用户如何实现他们想做的事情"。

例如，我们在交互设计里面定义的网页电子邮件应用的下拉列表、按钮、复选框等元素就是用来回答"我应该如何给别人回复这封电子邮件"的。

保持现有信息架构（IA）

Axure 可以保持现有的信息架构。我们定义信息架构，以回答"用户如何找到他们想要的信息"。

例如，在信息架构里定义一个大型网站的导航就是用来回答"我可以在哪里找到公司的企业简介"的。

研究Axure作为文档工具的能力

在研究了众多线框图 / 原型工具之后，我们的团队找到了 Axure。它不仅非常适合做项目文档，也很适合建立模板文档。

我们建立了一个 5 人工作小组，每周开 1~2 次会议，持续了 6 个月，从以下方面去研究 Axure 作为文档工具的能力。

概念验证

我们工作组干的第一件事就是利用 Axure 的团队项目（Team Project）功能来重新创建一个较复杂的模板文档，因为非常有必要测试一下之前用 Visio 创建的内容和工作方法在 Axure 的环境下能否实现，再确定一种新的工作方式。

基本上，我们就是想要创建一份概念证明（POC），以说服管理层和 UX 团队去购买并使用这个工具。在创建 POC 的过程中，我们也可以确定为什么 Axure 对我们来说是一个更好的工具，如表附-3 所示。

表附-3　Axure 和 Visio 功能比分 1

功能	描述	分值	
		Axure	Visio
作为项目文档的优势	将共享项目导出到一个镜像 RP 文件来创建项目文档	5	1
创建报告	使用注释来创建报告（例如文档）	4	2
模板	收集一些常用控件，并在之后的项目中复用	5	1
分享文档	可以生成 HTML 链接给别人分享文档	5	1
版本控制	内置版本控制功能，可以返回到之前的状态	3	0
合并	在某些情况下可以导入之前的项目文档（来替换当前页面或创建新页面）	5	1
架构 / 导航	在文档内容之间建立链接	5	2
站点地图	通过一个站点地图来链接到各个页面	4	1
文件管理	可以看到所有正在做的页面	4	1
控件	自定义控件和控件社区	3	2

用Axure来改进项目文档

表附-4 显示的是 Axure 对项目文档和 UX 交付过程的改进。

表附-4   Axure 和 Visio 功能比分 2

功能	描述	分值	
		Axure	Visio
分层	使注释、线框图和设计于一体	4	2
项目文档 / 交付物	可以通过一个唯一链接让利益相关者始终看到的都是最新项目文档	4	2
项目文档版本控制	交付物自带版本控制功能	3	2
项目文档架构 / 导航	让利益相关者可以通过左侧面板链接到文档内容	5	2
站点地图	让利益相关者可以通过一个站点地图链接到各个页面	5	2
控件	自定义控件和控件社区	3	2
原型制作	原型设计已经包含了信息架构的内容	5	1

精简文档

接下来我们进行了很多会议讨论，目的就是让我们的质量工程师、用户界面工程师、产品专家、开发人员也一起来讨论我们需要什么样的文档。更重要的是，这也是一个机会去移除模板文档中那些已经不再需要的内容。基本上，我们就是对文档进行了瘦身精简。

评估工作量

将文档从 Visio 迁移到 Axure 的首要任务是评估工作量。我们考虑了两种不同的方法，不过一个基本的原则就是"不使用动态效果"（即我们将模板从 Visio 转移到 Axure 只使用静态线框图而不添加任何交互），如下所示。

- 方法 A：演化（从 Visio 中复制内容或截屏，添加到新建的 Axure 文档）。
  - 优点：节约时间。
  - 缺点：从项目的角度来讲，这些内容并不能复用。
- 方法 B：重建（在 Axure 里重新创建所有控件）。
  - 优点：无论是新建还是合并项目文档，所有内容都可以完全复用。

○　缺点：较费时间。

计算工作量

下面就是关于迁移文档的工作量计算：

- 对现有的 Visio 模板文档做个快速盘点。

- 将它们分成三类：简单、中等复杂、高度复杂。

- 从每种复杂度中抽取一个样例，将它转到 Axure 文档，并计算方法 A 和方法 B 所需花费的时间。

- 将团队分成两组，一组用方法 A 创建，一组用方法 B 创建。

- 在任务完成后，计算迁移所需时间。

表附 -5 显示了两种方法的工作量评估。

表附 -5　两种方法的工作量评估

高度复杂类所需时间 /h	中等复杂类所需时间 /h	简单类所需时间 /h	文件数量	总工作量	资源 / 人	持续时间 /d
方法 A：平均每个文档 1.5 h						
0.5	0.5	0.5	305	305 × 1.5 h= 457.5 h	1	57
方法 B：平均每个文档 12h						
6	4.5	1.5	305	305 × 12 h= 3660 h	1	457

假设一个人一个月工作 20 d，方法 A 需要 3 个月，方法 B 需要 23 个月。

最后基于 UX 团队的愿景，我们选择了方法 B，在 Axure 中重建整个文档，虽然这个过程确实比较花时间。

内部工作流程

下面这个流程表（见表附 -6）显示了设计过程中的各阶段的 UX 工作模式。

表附-6　项目工作流程

第一步	第二步	第三步	第四步	下一阶段	产出物
阶段A：项目开始					
从共享目录中获取所有更新	快速签入 / 签出以更新线框图或注释	导出 RP 文件	保留相关页面	B 项目更新	项目 RP 文件
阶段B：项目更新					
用户研究 / 概念产出	在当前文件基础上创建共享项目	与利益相关才共享 UX 文件		C 可用性测试（可选）	项目 RPPRJ 文件
阶段C：可用性测试（可选）					
准备可用性测试材料	创建链接以访问可交互的原型	用户测试		D 合并（项目上线后）	高度保真可交互的 RP/RPPRJ 文件
阶段D：合并（项目上线后）					
从共享目录中获取所有更新	将文件存档	将所有模板页面签出并更新	快速签入 / 签出以移除注释		模板文档 RPPRJ 文件

工作流程细节

下面详细介绍工作流程中的各个阶段。

阶段A：项目开始

这个阶段首先要从共享目录中获取所有更新，以确保我们基于最新的模板文档创建新项目。

经常会遇到两个人同时编辑一个页面而产生冲突的情况，以前我们用 Excel 来解决这种冲突，但后来我们发现了一种潜在的 Axure 内置解决方案，就是对站点地图页面添加相关用户名注释。

图附-63 显示了如何利用 Axure 的注释功能来添加页面跟踪器（为了保密，真实内容已擦除）。

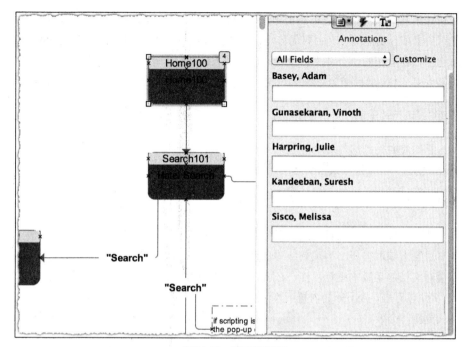

图附-63 页面跟踪器

随着工作流程中的签入 / 签出，用户可以对页面进行注释，这样团队中的所有成员就可以看到模板文档正在被谁使用。

下一步，UX 团队成员可以从共享的模板文档（RPPRJ）导出文件（RP），这样做的目的是让导出的文件可以仅保留与项目相关的页面，并且确保不会对模板文档造成改变。

所有项目文档的内容在项目上线前都不应该出现在模板文档中。因为团队成员在进行不同项目时可能会同时访问模板文档，所以我们使用 Axure 的注释功能来创建文档跟踪器，让团队成员在更新之前可以方便地找到对方进行交流。

阶段B：项目更新

这个阶段大多是进行设计探索。UX 架构师 / 设计师会将导出的 RP 文件转换成一个共享的 RPPJR 文件以方便大家展开协同工作，不过他们现在共享的是项目文档。

根据评审和迭代，设计会不断更新，最后会产出一个最终版本供利益相关者查看。使用共享项目功能的一个主要优势是，在迭代过程中，UX 架构师和 UX 设计师的产出物可以存放在同一个共享目录下，以方便人们在同一个地方查看。另一个主要优势是方便了 UX 架构师和 UX 设计师之间的交流，以确保设计和线框图能够同步呈现。

阶段C：可用性测试

正如前面提到的，这个阶段并不是所有项目都需要。如果需要的话，可以利用 Axure 创建一些带链接或可交互的原型。

阶段D：合并

这个阶段只有在项目上线之后才会进行。和第一阶段一样，团队成员必须先从共享目录上获取模板文档最新版本的所有更新。我们公司有一个传统，就是在更新前会对文档的老版本进行存档，在 Axure 里我们使用的方法是将 RPPRJ 文件导出成 RP 文件以存档。Axure 的内置版本历史功能并不能满足我们的特殊需求，因为它是一天更新一个版本。

团队成员在获取了模板文档的最新版本后，会将其导出成 RP 文件并存档。然后再签出需要进行更新的页面，将项目文档中的变化更新到页面上。他们可以复制、粘贴，也可以使用 Axure 的导入功能。

一旦团队成员完成了合并，他们就会清除站点地图页面上用来当文件跟踪器的注释，以表明他们完成了这个项目。这样，模板文档就完成了更新，而项目文档也会被归档到一个称为 UX_Projects 的文件夹下，并标记为已合并，在下面的章节我们就来介绍。

存储/共享文件

我们创建了如下三个文件夹让人们管理他们在设计过程中的产出物。

- UX_Doc Base：这个文件夹用来存放模板文档。
- UX_Projects：这个文件夹用来存放项目文档（项目 RP 文件、项目 RPPRJ 文件、设计组件，等等）。

- Design_Server：这个文件夹用来存放发布后的原型，以供利益相关者访问。我们进行权限控制，利益相关者只能访问生成的 HTML 文件，这样我们可以随时修改项目文档，而不会对它们造成影响。

向UX团队和管理层演示

还有一个任务就是要向 UX 团队和管理层演示我们的成果。我们对相关概念证明（POC）进行了多次迭代，包括内部流程文档、培训材料和其他一些产出物。我们的方法经过了多次迭代，最后终于产出基于 Axure 的文档版本，并为团队所接受，同意我们从 Visio 迁移到 Axure。

培训/变更管理

为了让团队快速上手基于 Axure 的文档模式，我们做了以下事情。

- 视 / 音频教学：通过一个有趣的视频讲述 POC 的工作方式，让团队活跃起来。
- Wiki 页面：用来存放关于使用基于 Axure 文档的内部流程文档。
- 开放时间：让大家自由提问并且持续培训。
- 工作会议：组织 UX 团队的小组会议，针对他们特定的项目需求和项目文档进行讨论。
- 团队会议：在需要的时候，召开团队会议来展示流程变化带来的成果。
- 回顾：开会讨论在设计和流程上哪些地方还需要改进，以及如何改进。

Axure迁移

经过研究和实践，我们证明了 Axure 是可行的，并且经过几轮报告和讨论，我们征得了管理团队的同意，成功地把文档从 Visio 迁移到了 Axure。

我们最后确定了一个来自印度南部叫做 Jessintha Jeyaraj 的人来帮助我们完成最后的迁移工作。至此，我们才真正可以说："基于 Axure 的文档真正运行起来了！"

关于作者
About The Author

Ezra Schwartz 是一名经验丰富的体验架构师，帮助企业实现杰出用户体验和进行战略构想。Ezra 主导了全球企业的许多重大关键项目，擅长将大型、数据驱动的系统转化为移动优先、跨设备 /OS 的 UX 框架。

Ezra 喜欢解决复杂系统所面临的问题，也对创建复杂系统的企业、使用复杂系统的用户感兴趣。他所成功领导的用户体验项目涵盖金融、教育、航空、医疗、出版、传媒、制造和软件开发等多个行业。Ezra 对于能够从事项目并能到世界各地旅行，还能和世界上各个领域的杰出专家进行合作感到幸运。Ezra 会为非营利性组织提供无偿服务。

Ezra 是 *AxureWorld.org* 的创始人和组织者。*AxureWorld.org* 是一个专注于快速 UX 原型设计的国际化免费讨论社区。Ezra 经常在一些学术会议和个人博客 (*www.artandtech.com*) 上讨论用户体验相关的主题。

Elizabeth Srail 从 2001 年开始就一直秉承小时候父母教育的"多站在别人的立场考虑问题"理念从事和引领设计工作，这个理念也是她设计成功的关键。在人人都在社交媒体上说话的时代，Elizabeth 非常注重倾听，认真听取用户和利益相关者的想法，解决和改善设计问题，从而让设计更易用、贴心和有趣。她在管理中也运用同样的理念，认为善待他人是最强大的领导力。

Elizabeth 从 2008 年就开始使用 Axure，她很喜欢 Axure 能够通过创建交互式原型表达自己的想法，而不再需要耗费精力通过口头交流阐述设计，因为 Axure 原型本身已经清晰表达设计和体验。最棒的是通过 Axure 创建交互式原型不需要进行代码编程。

Elizabeth 和 Ezra 在 2009 年相识，从此就一直合作如何更好地优化 Axure，也经常探讨和辩论 UX 的发展和实践。

Elizabeth 是虔诚的阿斯汤伽瑜伽 (Ashtanga Yoga) 老师和修炼者。练习瑜伽让她缓解工作压力，从而更加富有创造力。

致谢
Acknowledgement

Ezra Schwartz

本书献给我的母亲 Eda。

献给 Tsippi 和 Shlomo Bobbe。

献给我的妻子 Orit，尽管我食言了不再写书的承诺，但你仍然给予了我全力的支持。也要献给我的儿子 Ben 和 Yoav。你们在我写《Axure RP 6 原型设计精髓》时，已经比我聪明，而现在你们的身高和体重均已经超越了我，是你们的耐心等待让我感受到家庭的温暖，感谢你们。

感谢我的家人：Julia、Hillel 和 Eitan Gauchman、Hedva Schwartz、Ruth 和 Doron Blatt。感谢我的好朋友：Lisa Comforty、Jim Carlton、Caroline Harney、Christine、Scott Marriott 和 Ayelet。感谢 Alon Fishbach 和 Barbara Drapchow 的黑管培训课程，教会我演奏音乐，给我提供创作灵感。也要感谢 Alan Brazil 在每天早上晨跑时和我击掌庆祝。

感谢为本书的编写作出了直接或间接贡献的所有同事和朋友，很抱歉无法全部列举。在此我特别感谢 Kalpana Aravabhumi、Sunni Barbera、Oren Beit-Arie、Kirk Billiter、Juli Boice、Janet Borggren、Martin Boso、Mary Burton、Gary Duvall、Richard Douglass、Sharer、Ginger Shepard、Sam Spicer、Andres Sulleiro、Arturo Ttovato、Kalyani Tumuluri、Zack Webb、Cord Woodruff、Donny Young、Maxine Zats 和 Lynn Zealand，感谢你们的支持和鼓励。

非常感谢我的同事 Sam Spicer、Ben Judy 和 Jan Tomáš 为本书进行的技术评审。你们的细致、坦诚、博学、深入思考和慷慨建议让本书更加出色。

我也要感谢 Axure 社区中对我提出的问题进行专业分享的伙伴们：Ildikó Balla、Adam Basey、Svetlin Denkov、Gary Duvall、Suresh，感谢你们！

最后很重要的是，我要感谢本书的幕后英雄。衷心感谢 Packt 出版社的编辑和工作人员，尤其是 Ellen，你们在这整个项目中给予我极大的耐心、指导和不断的鼓励，与你们合作出版本书是我人生的一件乐事！

Elizabeth Srail

首先感谢父母 Ruth 和 Ronald Srail，是你们付出的巨大努力让我和妹妹能够拥有一个安心、有爱、和谐的家。

我要感谢我的外甥，能够在星期六和我待一整天，陪伴我编写本书的一些章节。我的外甥女是个聪明的姑娘，虽然那天你去了一个生日聚会，但我还是要感谢你。你们俩都是那么讨人喜欢，我希望你们都能把握住你们的整个人生。

我也要感谢我的朋友们，能够容忍我"强拉"着你们听我讲述本书，尤其是我亲爱的 Chris de Lizer 和 Abby Miller。

我主要的 Axure 工作都涉及共享工程（Shared Projects）的使用。我喜欢称呼我的同事和伙伴们为"Axure 室友"。我很荣幸能够向我优秀的室友们分享新的 Axure 技巧，在这条路上我结交了很多好友：Josh Barr、Katrina Benco、Teryn Cleary、Jacqui de Borja、Kathy Mirescu、Beth Roman、Rachel Siciliano、Laurie Tvedt 和 Sarah Wallace。虽然工作在相当艰苦的项目中，但我们都非常投入并竭尽所能。

Axure 公司的 Victor Hsu 和 Paul Sharer 花费了很多时间向 Ezra 和我讲解 Axure 7 的新功能和特性。在 Axure 7 的预发测试阶段，他们也听取了我们的一些反馈意见。你们即使在面临最后发布期限的压力情况下，也能抽出时间听取意见，感谢你们！

最后我们要感谢 Packt 出版社的所有编辑和工作人员：Ellen Bishop、Venitha Cutinho、Pankaj Kadam 和 Azharuddin Sheikh。你们在本书编写和校对过程中给予的支持、巨大的耐心和努力的付出，让 Ezra 和我一直非常感动。另外，还要感谢技术审核人员 Sam Spicer、Ben Judy 和 Jan Tomáš，为我们提供了很多有启发和有用的反馈意见。

关于试读人员
About The Reviewers

Ben Judy

Ben Judy 致力于将复杂科技变成动人的产品。他热衷于理解人的需求，为人们设计出更好的系统。

1996 年时，Ben 就创建了自己的第一个网站，2006 年开始使用 Axure，遵循以用户为中心的方法，为多种不同项目创建快速原型。

Ben 曾在全球世界 500 强公司、小企业、创业团队分别担任过 UX 经理、咨询顾问、项目承包人。在复杂的项目中，Ben 能够聚焦于简洁，这是他所坚持的用户体验。

Ben 和妻子 Kristen、两个女儿 Ashley 和 Emily，生活在得克萨斯州的达拉斯市附近。女儿是上天给予 Ben 的恩赐，让他无比幸福。

Sam Spicer

Sam Spicer 是一位有着 14 年经验的数字设计专家。Sam 从前端开发开始涉入这一行业，在 2000 年初取得了人机交互的硕士学位并开始进入信息架构领域。从此他就致力于在电商、金融、零售和食品等不同行业的国际品牌的重塑和再设计工作。在专业和工作之外，你会发现 Sam 享受和家人待在一起的乐趣和小情调，如一起酿造啤酒。

衷心感谢 Ezra 能够让我参与进来，我乐此不疲且学到很多。当然，我也非常感谢我的妻子 Nikki，没有你的陪伴和支持，我将一事无成。

Jan Tomáš

　　Jan Tomáš 是 CIRCUS DESIGN（*www.circusdesign.cz*）的创始人，他是用户研究和原型设计专家。他每天使用 Axure RP 设计 Web 和移动应用的原型，与开发者、管理者和其他利益相关者进行交流。Jan 也是一位用户体验社区的活跃会员，组织了一个名为"UX Circus Show（*www.uxcircus.cz*）"的活动，每个月都能够开心地分享经验和工作成果。

关于译者
About The Translator

　　七印部落是互联网翻译团队、图书策划团队，致力于翻译前沿、好玩的与 IT、设计相关的英文图书、视频和相关资源。翻译的图书包括《启示录：打造用户喜爱的产品》《四步创业法》《即兴的智慧》《设计方法与策略：代尔夫特设计指南》《X 创新》等；翻译的视频包括《乔布斯：遗失的访谈》《乔布斯：访谈 1995》《Elon Musk：钢铁侠传奇人生》等，并被网易公开课、新浪公开课等收录，在优酷上拥有专属频道。微信、微博 @ 七印部落不定期发布新的翻译作品与译者招募信息，如果你也想参与，就动动手指快来报名吧！

　　　　　　　　陈良泳　阿里巴巴交互设计专家。先后从事淘宝网 / 淘宝搜索、一淘网、来往 / 钉钉、阿里 O2O 等相关 PC 和无线产品的用户体验设计。提倡产品团队要走进用户、走入生活，团队共建和设计思考，用原型快速迭代，最终打造价值和体验兼具的产品。

钟顶明　从程序界叛逃的设计师，会写代码，更爱设计。具有 6 年 UX 设计经验，涉及桌面客户端、Web 端、移动端等。曾在淘宝 UED 负责淘宝搜索业务线产品的交互设计。现加入海康威视萤石团队，从事智能硬件交互设计。推崇精益设计、快速验证的原则，关注设计过程，更关注设计结果和反馈。

洪喜华　资深交互设计师，湖南大学设计艺术学硕士。在淘宝 UED 中负责淘宝搜索业务线产品的交互设计及创新产品的设计与推进。致力于设计创新，努力打造用户喜欢的产品。设计过程中倡导交互产物专注于用户体验而非最终交付物。